本书受“数字媒体信息化管理”重庆市特色学科专业群项目资助

不确定环境下基于确信度证据推理的多属性决策方法研究

靳留乾　著

科 学 出 版 社
北 京

内容简介

随着决策环境日益复杂，决策问题的不确定性突显。在不确定性条件下，如何借助定量工具分析决策者的主观判断，是一个值得研究的问题。证据推理作为一种面向不确定性信息融合的推理理论与方法，为解决不确定性多属性决策问题提供了新的研究思路，即将搜集到的信息和个体经验作为判断和推理的证据，通过融合证据信息对方案进行评价和排序。本书从实际需求出发，提出确信结构并将其引入证据推理，既符合人类认知，又简化知识表示和知识推理算法。借鉴模糊集理论的研究成果，将确信结构推广至区间值确信结构，以表示多种带有不确定性的定量信息和定性知识。进一步，在确信结构和区间值确信结构的基础上，研究不确定性推理模型和不确定性多属性决策方法及其应用。

本书适合从事决策科学、系统科学和管理科学相关的从业人员、教师、工程技术人员参考阅读，也可作为管理科学与工程及其相关专业的本科生、硕士研究生的参考用书。

图书在版编目(CIP)数据

不确定环境下基于确信度证据推理的多属性决策方法研究 / 靳留乾著. —北京: 科学出版社, 2019.6(2020.12 重印)

ISBN 978-7-03-058264-5

Ⅰ. ①不… Ⅱ. ①靳… Ⅲ. ①人工智能-算法 Ⅳ. ①TP18

中国版本图书馆 CIP 数据核字 (2018) 第 156360 号

责任编辑：张　展　雷　蕾 / 责任校对：彭　映

责任印制：罗　科 / 封面设计：墨创文化

科学出版社出版

北京东黄城根北街16 号

邮政编码：100717

http://www.sciencep.com

成都锦瑞印刷有限责任公司印刷

科学出版社发行　各地新华书店经销

*

2019 年 6 月第　一　版　开本：787×1092　1/16

2020 年 12 月第二次印刷　印张：13

字数：308 000

定价：98.00 元

（如有印装质量问题，我社负责调换）

前　言

决策科学与系统科学和管理科学密切相关，是自然科学和社会科学的交叉。随着决策环境的日益复杂，决策问题的不确定性凸显。在不确定性条件下，如何借助定量工具分析决策者的主观判断，是一个值得研究的问题。证据推理作为一种面向不确定性信息融合的推理理论与方法，为解决不确定性多属性决策问题提供了新的研究思路，即将搜集到的信息和个体经验作为判断和推理的证据，通过融合证据信息对方案进行评价和排序。

从实际需求出发，提出确信结构并将其引入证据推理，既符合人类认知，又简化了知识表示和知识推理算法。借鉴模糊集理论的研究成果，将确信结构推广至区间值确信结构，以表示多种带有不确定性的定量信息和定性知识。进一步，在确信结构和区间值确信结构的基础上，研究不确定性推理模型和不确定性多属性决策方法及其应用。

本书的研究工作主要包含以下 5 个方面：

第一，考虑实际决策问题的数据和信息往往具有不确定性，且自然语言表达知识的方法和计算机程序实现的方法之间存在差异，提出了确信结构和确信规则库知识表示。接着，给出面向不确定性信息融合的确信度证据推理的两种算法，并分析说明两种算法的性质以及两种算法之间的关系。进一步在确信规则库和确信度证据推理算法的基础上，提出了确信规则库推理模型。

第二，考虑确定程度的范围(即区间)较其精确值更易理解和获取的现实情况，将确信结构推广为区间值确信结构。进一步给出不同类型的数据和信息转化为区间值确信结构的方法，以及区间值确信度证据推理算法和区间值确信规则库推理模型。该模型具有对带有概率不确定性、模糊不确定性及不完全性等不确定性的混合型数据进行建模的能力，具有广泛的适用性。

第三，考虑实际决策问题的决策环境和决策信息具有不确定性、决策者认知能力具有局限性，提出了基于确信结构的不确定性多属性决策方法。该方法中属性值以确信结构给出，依据确信度证据推理算法融合决策信息；借鉴前景理论的研究成果，考虑未来状态的不确定性，给出单状态确信结构多属性决策方法和多状态确信结构多属性决策方法。

第四，在区间值确信度证据推理和基于确信结构的不确定性多属性决策方法的基础上，提出了单状态区间值确信结构多属性决策方法和多状态区间值确信结构多属性决策方法。在模糊集理论的基础上，区间值确信结构多属性决策方法将前景理论从实数域推广至区间数域，得到区间值确信结构的区间数标示价值函数和区间值确信度权重函数，拓宽了前景理论的应用范围。

第五，针对无线电干扰日趋复杂、严重，无线电管理部门的干扰查处工作难度不断增加这一实际问题，借助专家经验以及本书提出的不确定性推理模型和不确定性多属性决策方法，构建了航空无线电干扰查处智能决策支持系统。该系统中的不确定性推理模型和不确定性多属性决策方法能够根据受干扰单位提供的干扰表征或相关监测结果，准确而快速地提供下一步监测方案及排序；帮助无线电管理者定位干扰源、找到干扰原因；提高无线电管理工作的效率和效果，具有一定的实际应用价值。

靳留乾

2018.4.25

目　录

第1章　绪　　论

1.1　研究背景和研究意义

20 世纪 60 年代，美国著名经济与管理学家、第十届(1978)诺贝尔经济学奖获奖者 H. A. Simon 曾经说过：“管理就是决策”(Simon，1997)，可见决策在管理中的重要性。“决策”一词在不同环境中的含义不同：决策是依据智力和意志的选择行为，决策是选择行为的结果，决策是制定选择行为的过程……小到个人的衣食住行、大到国家的统筹管理都离不开决策，决策普遍存在于人类活动的各个方面。对决策的客观需求吸引着行为科学家、社会科学家和哲学家研究决策者的实际决策行为，寻求更加精细的描述性决策方法，以便经济学家、管理人员等提出更加高效的规范性决策方法(岳超源，2010)。

以航空无线电干扰查处为例。这个方面的工作是一个需要无线电管理部门根据专家的经验知识和带有不确定性的干扰特征以及干扰查处过程中遇到的实际情况，通过推理得到(一个或多个)可行的监测方案和可能的干扰原因，并选择一种监测方案查找干扰、确定干扰原因的不确定性多属性决策问题。由于干扰产生的影响和干扰的未来状态带有不确定性，因而随着干扰的不断发生，无线电管理者的心理参考点也会发生变化。基于上述分析，航空无线电干扰查处是一个需要考虑决策者行为的不确定性多属性决策问题。

根据决策环境和决策信息的不确定性、决策者行为的差异性以及对决策问题认识的不完备性等特点，研究不确定性多属性决策问题具有重要的理论和现实意义。

1. 多属性决策问题的普遍存在性和决策结果的重要性要求多属性决策方法具有合理性和有效性

多属性决策问题广泛存在于经济、金融和管理活动中，如股票投资组合选择(Xidonas et al.，2009；Xidonas et al.，2010)、消费者需求分析(Yan et al.，2015；汪伟等，2012)、可执行方案评估(Chen et al.，2011；Xu et al.，2013；Dong et al.，2015)、风险分析与管理(Mokhtari et al.，2012；Ansaripoor et al.，2014；Kulak et al.，2015)、物流网络选址与管理(Manzini et al.，2012；Fraile et al.，2016)、资源合理分配(Hu et al.，2014；Dios et al.，2015)等。

决策结果是否正确，直接关系到企业、集体或个人的成败，正确的决策可以引起巨大的成功，错误的决策可能导致严重的失败。多属性决策问题的普遍存在性和决策结果的重要性要求合理、科学、有效的多属性决策方法为决策者提供决策支持。虽然多属性决策方法的研究已经取得了丰富的成果(丁勇，2011；Xu et al.，2016)，但是随着社会、经济的发展，决策环境的变化，决策问题越来越复杂，因而需要新的理论和方法来丰富和完善现有多属性决策方法体系，进一步提高多属性决策方法的合理性、科学性和有效性(李喜华，2012)。

2. 不确定性因素普遍存在，大部分决策属于不确定性决策，不确定性多属性决策方法成为研究热点

由于决策环境和决策信息具有不确定性、决策者认知能力具有局限性，因而大部分多属性决策属于不确定性多属性决策，不确定性多属性决策方法成为研究热点(Pacheco et al.，2015；Chen et al.，2015；Tock and Marechal，2015)。不确定性多属性决策包含4个方面的不确定性(Liu et al.，2014；Pereira et al.，2015；Merigo et al.，2016)：①决策信息本身的不确定性；②对定性属性进行量化时，决策者的主观判断的不确定性；③未来状态存在情况(即存在哪一个未来状态或哪几个未来状态)的随机性；④存在两种或两种以上可能的未来状态，而何种未来状态终将产生的不确定性。不确定性多属性决策的关键在于尽量多而准地掌握数据和信息，结合经验进行决策。但是，简单地依据经验做出决策往往会导致失误。考虑 if-then 规则是较容易理解的知识表示形式，且基于 if-then 规则的推理是演绎推理，保证了推理结果的正确性(陈文伟和陈晟，2010)，因此，可以将经验转化为 if-then 规则形成规则库，应用不确定性推理方法和不确定性多属性决策方法构建决策支持系统，帮助决策者做出选择。

3. 决策者的行为特征应当体现在决策过程和决策结果中

在多属性决策问题中，除了问题本身和外部环境引起的风险和不确定性，决策者的行为特征也会对决策结果产生影响，即决策结果包含了决策者的风险态度和价值观等信息(郝晶晶等，2015)。因此，研究考虑决策者的行为特征的决策方法具有重要意义。现有的决策方法在考虑决策者的行为特征时，往往将决策者假设为“理性人”(Von Neumann and Morgenstern，2004)，建立基于期望效用理论的决策方法。但是，事实证明决策者并不是完全理性的。1979 年，Kahneman 和 Tversky(1979)在实验的基础上提出了前景理论，该理论结合了经济学、管理学和心理学的研究成果，体现了决策者在决策过程中的心理行为特征，能够更加准确地描述和解释不确定因素下决策者的判断和选择行为。

本书从实际需求出发，综合运用不确定性推理、决策理论、运筹学、心理行为学和知识管理相关的研究成果，研究不确定性多属性决策问题。首先，将确信结构引入证据推理，提出确信规则库知识表示及不确定性推理方法，使得知识表示形式更加清晰、推理过程更加简洁；其次，结合规范性决策理论—不确定性推理和描述性决策理论—前景理论，提出不确定性多属性决策方法。该方法弥补了规范性决策在“理性人”假设方面的不足，也弥补了描述性决策方法在理论推导方面的缺陷。

就理论而言，本书的研究内容扩展了不确定性知识表示方法，丰富了不确定性推理和不确定性多属性决策理论，为解决不确定性多属性决策问题提供了新思路，具有一定的理论价值。就实践而言，考虑到专家经验知识的不确定性，笔者通过建立航空无线电干扰查处智能决策支持系统，实现研究成果与实际应用相结合，帮助无线电管理者快速而准确地查找干扰原因、排除干扰，为无线电管理者提供决策支持，具有一定的应用价值。

1.2　国内外研究现状

本书基于不确定性推理方法—证据推理和描述性决策方法—前景理论研究不确定性多属性决策方法，从不确定性多属性决策方法、证据推理和前景理论三个方面阐述研究现状。

1.2.1　不确定性多属性决策的国内外研究现状

20 世纪 50 年代，Churchma(1957)首次利用简单加权法解决了商业投资中的多属性决策问题。随后，多属性决策方法在现实决策问题中的应用逐渐丰富起来，多属性决策理论开始成为研究热点。进入 80 年代，Hwang 和 Yoon 回顾总结了经典多属性决策方法，出版了首部多属性决策专著 *Multiple Attribute Decision Making*。目前，经典的决策方法主要有期望效用理论(expected utility theory，EUT；Von Neumann and Morgenstern，2004)、逼近理想解法(technique for order preference by similarity to ideal solution，TOPSIS；Hwang and Yoon，1981)、级别高于关系法(elimination et choice translating reality，ELECTRE；Roy，1971)、偏好顺序结构评估法(preference ranking organization method for enrichment evaluation，PROMETHEE；Roy，1971)和层次分析法(analytic hierarchy process，AHP；Saaty，1990)等。

不确定性多属性决策理论主要针对不确定条件下的多属性决策问题，是经典多属性决策理论的拓展。自从诺贝尔经济学奖获得者 Fishburn(1965)开始研究不确定性多属性决策问题以来，虽然该领域取得了大量的理论和应用成果(Yan and Ma，2015)，但仍有许多属性值和属性权重具有不确定性的多属性决策问题得不到较好地解决，对不确定性多属性决策方法的研究还不完善。因此，不确定性多属性决策方法仍是国内外学者关注的研究热点。

Xu 等(2010)对不确定性进行分类，指出不确定性包含：随机性、模糊性、不精确性、不可区分性、不可比性、不完全性和不可信性等。针对不确定性多属性决策方法，属性值和属性权重的不确定性主要包含如下表现形式：

(1)属性值以区间数、梯形模糊数或三角模糊数、直觉模糊数、语言变量、随机变量以及不完全信息的形式给出。

(2)属性权重完全未知或部分未知，主要以不完全信息、区间数或语言变量的形式给出。

根据属性值和属性权重的不确定性，不确定性多属性决策方法主要分为以下 4 类：

1)模糊多属性决策

从决策活动中充满了许多界限不清的模糊信息的现实以及对模糊性进行有效处理的需求出发，Zadeh(1965)提出了模糊集的概念。将模糊集理论应用于解决决策问题，使得决策者所依据的决策信息更加符合实际，决策结果更加有效。模糊多属性决策方法(Wang et al.，2014；Mardani et al.，2015；Li et al.，2015；De Miguel et al.，2016；Xu and Zhao，2016)一般包括以下步骤：首先获取属性权重和模糊属性值；其次基于模糊算子将两者合成得到各方案的模糊效用值；最后根据模糊数排序方法实现模糊效用值的排序，选择模糊效用值最大的方案作为最优方案。常见的模糊属性值包括：区间数(Yue，2013)、梯形模糊数(Tsabadze，2015)、三角模糊数(Dong et al.，2015)、直觉模糊数(Zhou et al.，2014)、区间直觉模糊数(Qi et al.，2015)、直觉梯形模糊数(Li and Chen，2015)、直觉三角模糊数(Wang and Zhang，2013)、语言变量(Pedrycz and Song，2014)和混合模糊数(Khalili-Damghani et al.，2013；Feng and Lai，2014；Wan and Dong，2015)等。

2)不完全信息多属性决策

决策者在进行决策时可能面临以下三种情况(Kim and Ahn，1999a)：①知识或数据缺乏；②某些属性难以完整给出或量化；③决策者的信息处理能力有限。当这些情况出现时，决策者获得的决策信息通常是不完全的。不完全的决策信息通常由不完全信息的线性不等式组合(Park and Kim，1997；Kim and Ahn，1999b)，或由不完全信息偏好矩阵(Wu and Xu，2012；Armbruster and Delage，2015)，或由不完全信息模糊偏好矩阵(Xu and Liao，2015；Perez-Fermamdez et al.，2016)给出。不完全信息多属性决策方法主要包括以下三个方面：①通过补全空缺值的方式，将不完全信息系统转化为完全信息系统(龚本刚，2007；王坚强等，2009)；②基于证据推理方法处理多属性决策中的空缺值(Fu et al.，2014)；③根据偏好矩阵给出的偏好关系，构建并求解目标规划模型(Behret，2014；Meng and Chen，2015)。

3)混合型多属性决策

多属性决策问题中决策属性的属性值可以划分为定量的和定性的、明确的和模糊的、完全的和不完全的等多种类型。混合型多属性决策问题就是包含不同类型的决策属性值的多属性决策问题。已有的混合型多属性决策方法主要针对属性值为数值、模糊数、语言变量等的多属性决策问题(程贲等，2011；文杏梓等，2014)。

4)基于智能方法的多属性决策

传统决策方法主要采用定量分析方法实现数值计算和数据融合，难以有效解决不确定性多属性决策问题。因而，学者们开始将神经网络(Tank and Hopfield，1986)、遗传算法(Holland，1975；Marzouk and Abubakr，2016)、机器学习(Bishop，2007；Heidi et al.，2013)和专家系统(Carminati et al.，2015)等人工智能技术应用于求解不确定性多属性决策问题，提出了多种基于智能方法的多属性决策方法，并将传统决策支持系统转化为智能决策支持系统(Damghani et al.，2011；Mokhtari et al.，2012；Zhuang et al.，2013；Singhaputtangkul et al.，2013；Carminati et al.，2015；Guo et al.，2015)。

1.2.2 证据推理在决策理论中的国内外研究现状

Yang 和 Sen(1994)在 Dempster-Shafer 证据理论(简称：D-S 理论；Dempster，1967；

Shafer，1976）的基础上提出证据推理（evidential reasoning，ER）算法，并将其应用于求解不确定性多属性决策问题。与 D-S 理论相比，ER 算法具有计算量小和能够解决冲突证据组合的优点（Yang and Singh，1994）。基于证据推理的不确定性多属性决策方法以基于评价等级（也称为信度分布）的置信结构描述不确定性决策信息，通过基于 Dempster 合成规则的证据推理算法实现信息融合。近二十年来，通过众多学者的努力，证据推理在不确定性多属性决策领域得到了较大的发展。

为了有效处理不确定多属性决策中的定量信息和定性信息，学者们提出了将不同类型的信息转化为置信结构的信息转化方法。Yang（2001）提出了基于规则和效用的信息转化方法，将以语义等级描述的定量信息、以区间描述的定量信息、以主观判断描述的定性信息和以主观判断描述的符号信息转化为置信结构，给出统一的信息表示框架。考虑到精确信度的局限性，Wang 等（2006a）在基于规则和效用的信息转化方法的基础上，提出了区间型置信结构的转化方法。Sonmez（2007）根据决策者掌握知识的情况提出了三种信息转化情境，并建议针对不同情况选择不同的信息转化方法。周谧（2009）考虑到已有信息转化方法主要针对效益型和成本型属性，提出了远离型、远离区间型、固定型和区间型属性的信息表示和信息转化方法。

为了使得证据推理能够更好地支持不确定性多属性决策，学者们讨论并拓展了证据推理方法。Yang 和 Xu（2002a）提出证据推理应满足的 4 个合成公理，说明原始的 ER 算法仅仅是近似地满足这些公理，并进一步提出满足 4 个合成公理的证据推理方法，即递归证据推理算法。Yang 和 Xu（2002b）详细讨论了证据推理方法的非线性特征，以指导基于运筹学/人工智能的不确定性多属性决策方法的研究。Wang 等（2006b）和 Yang 等（2006b）在递归证据推理算法的基础上，进一步提出解析证据推理算法。该方法直接给出证据推理聚合函数，相对于递归推理算法运算更简便、更适用于优化问题的求解。Yang 和 Xu（2013）在 D-S 理论的信度分布的基础上增加权重信息，提出权重信度分布，给出带有权重的证据推理算法；引入可靠度的概念，得到带有可靠度的权重信度分布，进一步给出带有权重和可靠度的证据推理算法及其性质，并说明原始的 ER 算法和 D-S 理论都是带有权重和可靠度的证据推理算法的特例。

为了充分利用决策者和专家的知识、经验，学者们将证据推理与规则库相结合进行研究。Yang 等（2006a）在 D-S 理论、模糊集理论和传统 if-then 规则库的基础上，提出基于证据推理算法的置信规则库推理方法（belief rule base inference methodology using the evidential reasoning approach，RIMER）。Liu 等（2012，2013）在置信规则库的基础上，提出了前提和结论都带有不确定性的扩展置信规则库（extended belief rule base，EBRB）和基于证据推理算法的扩展置信规则库推理方法（extended belief rule base inference methodology using the evidential reasoning approach，RIMER+）。

为了使证据推理得到更好的推广和应用，学者们开发了基于证据推理的软件。Xu 和 Yang（2003，2005）开发了基于证据推理的智能决策系统软件。Calzada 等（2011）根据 RIMER 和 RIMER+开发了基于置信规则库推理方法的智能决策支持工具和基于扩展置信规则库推理方法和地理信息系统的空间决策支持工具。Ngan（2015）利用 Matlab 开发了基于仿真的置信规则库推理框架，补充了基于证据推理方法的应用软件。

近些年来，由于证据推理能够较好地处理多种不确定性信息，因而被成功应用于解决不确定性多属性决策问题。Guo 等(2007)针对不确定性多属性决策问题中的无知性和模糊性，结合证据推理能够处理定量数据和定性信息的特点，提出了一种不确定性多属性决策方法，并将该方法应用于车辆评估问题。Liu 等(2008)针对工程系统安全问题，基于模糊规则证据推理建立多目标非线性规划模型，结合专家经验分析评价工程系统的安全性。Chin 等(2008，2009)通过将证据推理和层次分析法相结合，引入区间评价等级和区间置信度，提出了新的产品设计评估模型，并将该模型应用于新产品设计的评估与筛选。Hu 等(2010)提出了一种新的基于证据推理的系统可靠性预测模型，并将该模型应用于预测涡轮增压器发动机系统的可靠性。Jiang 等(2011)基于置信结构和证据推理提出了分层的武器系统性能评估模型，并将该系统应用于主战坦克能力评估。Li 等(2011)考虑产品需求的预测误差不一定遵循随机分布或预测区间的实际情况，借助置信规则库和证据推理，提出了基于区间输入的置信规则库库存控制方法，帮助决策者控制、管理库存。Yang 等(2012)提出了基于置信规则库和证据推理的消费者消费偏好分析和消费需求预测模型，并将该模型应用于英国柠檬水消费需求的分析。Mokhtari 等(2012)和 Chen 等(2014)结合模糊集理论和证据推理，提出了风险评估模型，充分利用了风险管理和风险评估中带有不确定性的定量数据和定性信息，为风险管理者提供决策依据。Bazargan-Lari (2014)针对水资源蓄意污染问题，结合证据推理和逼近理想解法提出了一种多属性决策方法，并根据该方法为决策者选择水资源监测站的最优布局方案。Tang 等(2014)通过调查发现客户需求和产品设计之间的关系是非线性的，在这种非线性关系的基础上考虑客户需求的主观性和不完备性，结合基于证据推理算法的置信规则库推理方法和自适应神经模糊推理系统评价客户满意度。Chin 和 Fu(2014)考虑了基数偏好和序数偏好在多属性决策中的重要性，特别是在决策经验知识和决策信息不完整的情况下，基数偏好和序数偏好对决策方法的可靠性和灵活性的影响，提出一种基于证据推理的不确定性多属性决策方法，并将该方法应用于中国某一汽车制造企业的产品生产周期管理。Fu 和 Wang(2015)基于区间数研究属性权重未知、评价等级效用未知及属性权重和评级等级效用未知三种情况下的基于区间差异的证据推理方法，提出基于区间差异证据推理的最优选择问题的求解方法，并将该方法应用于汽车性能评价。Ngan(2015)针对证据推理涉及公式较为复杂的实际情况，提出了一种基于仿真的框架重铸证据推理，进一步提出不确定性多属性决策方法，并将该方法应用于工程安全隐患分析。Kong 等(2015)针对医疗质量评估问题，将客观的医疗质量评估指标和专家或病人的主观判断相结合，提出了基于证据推理的医疗质量评估框架，并依据该框架评估了三家教学医院的医疗质量。

1.2.3 前景理论在决策理论中的国内外研究现状

自 20 世纪 50 年代 Von Neumann 和 Morgenstern 提出期望效用理论以来，该理论在不确定性决策方法研究中长期占据统治地位。期望效用理论建立在“理性人”假设的基础上，但由于“理性人”假设只是一种理想的假设，因而在不确定性条件下基于期望效用理论的决策方法不适用于解决实际问题(刘培德，2011)。为了更加真实地刻画不确定性条件下决策者的决策行为。在 Simon (1982)提出的“有限理性”理论基础上，Kahneman 和 Tversky (1979，1992)通过观察和研究不确定性条件下决策者的决策行为，实证分析了决策者的非理性因素，发现在不确定性条件下决策者是有限理性的，决策行为是存在偏差的。

结合心理学、行为学和博弈论的方法，在实证分析的基础上，Kahneman 和 Tversky (1979)提出了前景理论(prospect theory，PT)。前景理论是描述性决策理论的，“把心理学研究和经济学研究结合在一起，研究不确定情况下的决策制定”。1992 年，Tversky (1992)提出了累积前景理论(cumulative prospect theory，CPT)，避免了与一阶随机占优的矛盾。

为了更好地描述决策行为，价值函数、概率权重函数及其参数成为前景理论的重要研究内容。Tversky 和 Fox(1995)以及 Fox 和 Tversky(1998)提出两阶段方法确定决策权重：首先，决策者根据事件发生的随机性判定事件发生的概率；其次，应用概率权重函数将概率转化为决策权重。Prelec (1998)基于行为公理提出了一种函数形状与累积前景理论的权重函数形状相似的指数概率权重函数。Gonzalez 和 Wu(1999)研究了概率函数的形状，认为可以用曲率和仰角两个参数刻画概率权重函数，构造新的概率权重函数。Wakker 和 Zank(2002)在累积前景理论价值函数的基础上，提出一种两阶段幂函数价值函数。周维和王明哲(2005)在确定权重的两阶段方法的基础上，提出了在不确定性条件下求解决策权重的三阶段方法框架。曾建敏(2007)在 Kahneman 和 Tversky (1979)实验的基础上，以中国学生为被试行设计并执行实验，得到了相应的价值函数参数和概率权重函数，并与 Kahneman 和 Tversky(1979)实验的结果进行比较，说明了不同类型决策者对应的价值函数参数不同。Gurevich 等(2009)针对金融市场，使用美国股票期权数据，研究了价值函数和权重函数的参数取值。马健和孔先霞(2011)在曾建敏所做实验的基础上，改进了前景理论价值函数并扩展其参数范围，进一步说明了决策者风险态度决定价值函数参数。

参考点是影响前景理论决策结果的重要因素之一。参考点的选择受决策者主观感受的影响，每个决策者可以从不同的角度确定参考点。Kahneman 和 Tversky(1979)最早以当前状态(status quo，SQ)作为参考点，当前状态可能是现实中应用最多的参考点。除了当前状态对决策者行为和决策结果产生显著影响，目标(goals，G；Heath et al.，1999)和最小需求(minimum requirement，MR；Lopes and Oden，1999)也会影响决策者的行为，可以作为参考点。

考虑自然状态的不确定性，Schmidt 等(2008)在前景理论和累积前景理论的基础上引入非固定参考点，提出了第三代前景理论(third-generation prospect theory，PT3)，允许参考点在不同状态下的取值不同。第三代前景理论采用参照依赖主观期望效用理论(Sugden，2003)定义参考点依赖的决策权重，并验证了愿接受的卖价与选择之间的偏好逆转主要受态度系数、权重系数及损失规避系数的影响。Liu 等(2011)在第三代前景理论的基础上，分析了愿接受的卖价和愿支付的买价之间的偏好逆转。

近些年来，前景理论在多属性决策问题中的应用研究受到越来越多的关注。Tamura (2005)在前景理论的基础上，基于 D-S 理论引入了不确定性条件下的可测价值函数，提出了一种多属性决策方法。Lahdelma 和 Salminen（2009）在确定随机多准则可接受性分析（stochastic multicriteria acceptability analysis，SMAA）的基础上，提出了基于前景理论的单属性价值 SMAA-P 方法。王坚强等（2009）针对属性权重不完全且属性值为梯形模糊数或区间数的多属性决策问题，给出了不确定性多属性决策方法。胡军华等（2009）基于前景理论及加权和法，提出了权重未知且属性值为离散型随机变量的多属性决策方法。王正新等（2010）研究了决策者的风险态度对判断和选择决策方案的影响，借鉴逼近理想解法和累积前景理论的思想，提出了一种多属性灰关联决策方法。Xu 等（2011）利用范例分析、问卷调查和统计方法，结合决策者的主观判断和旅行者的目标需求，给出一种基于累积前景理论的路径选择模型。Cheng 等（2011）从国际建筑企业入境风险决策问题出发，结合模糊偏好关系和前景理论提出并通过程序实现了风险决策方法，为国家市场的管理者和建筑公司的决策者提供了决策支持。Liu 等（2011）研究了区间概率条件下属性值为语言变量的风险型多属性决策问题，提出一种基于前景理论的决策方法。Krohling 和 Souza（2012）利用模糊数和前景理论解决了带有风险和不确定性属性的多属性决策问题，并将所提方法应用于海洋石油泄漏风险评估问题。Wang 等（2012）在前景理论的基础上给出了前景记分函数，进一步给出了属性值为区间直觉模糊数的多属性决策方法。李鹏等（2012）研究了属性值为直觉模糊数且属性权重未知的随机多属性决策问题，运用灰色理论确定属性权重，基于前景理论提出了不确定性多属性决策方法。Kemel 和 Paraschiv（2013）基于前景理论，针对运输路线选择问题给出考虑时间和资金成本的不确定性多属性决策方法。Fan 等（2013）针对属性值为数值或区间数的多属性决策问题，以目标为参考点，基于前景理论和加权和法给出了 4 种属性值组合下的多属性决策方法。李鹏等（2013）研究了属性值为直觉模糊数且属性权重未知的随机多属性决策问题，根据前景理论和直觉模糊数的记分函数得到不同方案的确定因子，并根据确定因子对方案进行排序。Liu 等（2014）针对突发事件应急风险决策问题，基于前景理论计算不同情境下的方案价值，根据情境权重和方案价值得到综合价值，再依据综合价值对方案进行排序。程铁军等（2014）针对不完全信息下的突发事件应急风险决策问题，在逼近理想解法的基础上，给出基于属性值与正、负理想点距离的价值函数，提出了基于累积前景理论的区间型多属性决策方法。刘云志等（2014）基于三角模糊数和累积前景理论研究了风险型模糊多属性决策方法。龚承柱等（2014）将模糊数隶属度引入决策方法，根据各方案的累积前景值和隶属度合成得到的综合前景值，提出了基于前景理论和隶属度的混合型多属性决策方法。Qin 等（2015）针对属性值为区间二型模糊数的不确定性多属性决策问题，将 VIKOR（Vise Kriterijumska Optimizacija Kompromisno Resenje；Opricovic，1998）方法和前景理论相结合提出决策方法，并将该方法应用于风险投资评估问题。江文奇（2015）研究了属性值为区间数且属性权重不完全确定的多属性决策问题，提出一种基于前景理论和统计推断原理的多属性决策方法。赵坤等（2015）研究了属性值为语言变量且属性权重部分未知的多属性决策问题，根据改进的云模型生成方法将语言变量转化为云模型，再在云模型距离的基础上给出云前景价值，提出了基于前景理论及云模型的决策方法。Wang 等（2015）针对应急决策问题中决策者在紧急情况下的心理行为，结合前景理论和逼近理想解法给出了基于区间数的应急决策方法。

1.2.4　国内外研究现状的述评

综上所述，随着智能算法被越来越多地应用于求解决策问题，研究者也开始关注决策问题中的风险和不确定性以及决策者的心理行为对决策结果的影响。虽然现有的不确定性多属性决策方法以及证据推理和前景理论在决策理论的研究都取得了丰硕的成果，这些研究成果都为本书的研究工作奠定了坚实的基础，但仍然存在不足，具体表现在以下几个方面。

1) 不确定性多属性决策

已有的决策方法在处理具有多种数据类型的不确定性多属性决策问题时，通常先将属性值转化为同种数据类型，再根据传统决策方法或智能方法对方案进行评价和排序。然而，受数据类型限制，这类数据转化方法往往会改变甚至丢失信息的不确定性而产生错误的评价结果。因此，提出能够对多种不确定性建模的决策理论和方法是十分必要的。除此之外，已有的不确定性多属性决策方法往往明确地划分为规范性决策(即规定应当如何做决策)和描述性决策(即研究人们实际上是如何做决策)(Rines，2006)。然而，真正实用的决策方法应当是建立在描述性决策基础上的规范性决策方法。因此，在决策者行为特征的基础上，研究如何从若干备选方案中，按照一定的标准(最优、满意等)选择一个方案也是十分必要的。

针对属性值转化引起的不确定性改变问题，本书提出基于不确定性推理的不确定性多属性决策方法，该方法能够处理多种不确定性，避免因不确定性改变引起的错误。针对规范性决策方法和描述性决策方法相对独立的问题，本书在前景理论的基础上，引入了不确定性推理方法，通过推理帮助决策者做出选择。

2) 证据推理

证据推理和基于证据推理算法的置信规则库推理及其扩展方法均建立在置信结构和置信规则库知识表示的基础上。这种知识表示存在一些缺陷：①忽略规则前提的不确定性；②结论属性及其评价等级单一，不符合实际；③需要专家根据指定的评价等级描述知识的不确定性，即专家依据经验赋予知识或事实以“信息”(如语义描述的定量信息、区间描述的定量信息、主观决策描述的定性信息及主观决策描述的符号信息)，再将这些“信息”转化为置信结构，知识转化过程复杂，知识表示不易被理解和使用。因而，从便于专家描述知识、便于知识的计算机程序实现和实际需求角度出发，提出一种便于人们理解和使用的不确定性知识表示是十分必要的。此外，上述基于证据推理方法的决策理论和方法建立在“理性人”假设的基础之上，通过期望进行决策，这种假设与实际决策问题不符，没有考虑决策者的行为特征。

针对不确定性推理对知识表示的需求，从便于理解、便于实现的角度出发，本书在 MYCIN 系统知识表示和置信规则的基础上，提出了确信结构和确信规则库知识表示及其不确定性推理方法。针对基于证据推理的不确定性多属性决策方法没有考虑决策者行为特征的问题，本书将前景理论引入决策过程，考虑未来状态的不确定性，提出了单状态不确定性多属性决策方法和多状态不确定性多属性决策方法。

3) 前景理论

基于前景理论的不确定性多属性决策，主要是将具有不确定性的数据(区间数、梯形模糊数、随机数、语言变量、云模型等)转化为数值，然后根据价值函数和权重函数计算方案的前景值。这类方法在数据转化过程中会发生不确定性信息改变或丢失，影响决策结果。同时，已有的基于前景理论的不确定性多属性决策方法在对价值函数和权重函数的计算结果进行信息融合时，大多采用加权和法。但在实际决策中，更有效的评价决策方法是将搜集到的信息和经验作为判断和推理的证据进行证据推理、信息融合，从而评价方案，并对方案排序给出决策结果。

针对数据转化过程中信息丢失的问题，本书以确信结构描述具有不确定性的决策信息，提出了基于确信结构的价值函数和权重函数。考虑区间值确信结构更为实用，进一步给出区间值确信结构转化方法以及基于区间值确信结构的价值函数和权重函数。为更有效地评价备选方案，在前景理论的基础上，本书采用确信度证据推理融合不确定性信息，使得决策信息能够被充分利用，决策结果更具合理性。

1.3 主要研究内容和技术路线

本书借鉴已有的不确定性推理和决策理论的研究成果，主要面向不确定性信息融合研究不确定性推理以及基于不确定性推理的不确定性多属性决策理论和方法，解决属性值具有不确定性的多属性决策问题。本书以确信结构和区间值确信结构知识表示为突破口，依次研究确信度证据推理、确信规则库推理、区间值确信度证据推理和区间值确信规则库推理，以及确信结构多属性决策和区间值确信结构多属性决策，并将研究成果应用于航空无线电干扰查处智能决策支持系统的构建和功能实现。本书的研究思路和主要内容安排如下：

第 1 章：绪论。首先，说明本书的研究背景和研究意义，明确所要研究的具体问题；然后，梳理总结国内外研究现状并给出述评；最后，介绍本书的主要研究内容和技术路线，归纳文章框架。

第 2 章：理论基础。本章主要介绍本书的研究内容及相关基础知识，包括带确定因子的不确定性推理、证据推理、前景理论和决策支持系统 4 个部分。

第 3 章：基于证据推理的确信规则库推理。本章针对专家知识表达和计算机程序实现之间存在差异且知识具有不确定性的特点，提出了一种新的知识表示方法及其不确定性推理方法，以减少信息丢失，从而更好地描述、融合不确定性知识。首先，在 MYCIN 类确定因子的基础上给出包含事件及其确信度(即事件为真的确定程度)的确信结构，反映事件的不确定性，并在 Lukasiewicz 蕴涵代数的基础上研究确信结构的相似度；其次，在证据推理的基础上，给出确信度证据推理算法；再次，将确信结构引入 if-then 规则，提出综合考虑前提、结论和规则不确定性以及前提属性权重和规则权重的确信规则库知识表示方法，进一步，在确信度证据推理算法和确信规则库知识表示方法的基础上，提出确信规则库推理模型，并验证该模型是不确定性推理模型；最后，将确信规则库推理应用于美国航空航天局软件缺陷预测问题中。

第 4 章：基于证据推理的区间值确信规则库推理。本章考虑在知识获取过程中，专家知识存在主观性和不确定性，往往无法精确描述某一事件的确定程度，而只能提供确定范围(区间)，即对事件的最小确定程度(即信任程度)和最大确定程度(即不怀疑程度)提出区间值确信规则库推理，使得知识表示和推理过程更加符合实际。首先，在区间数和确信结构的基础上，给出包含事件及其区间值确信度的区间值确信结构，并基于确信结构的相似度和区间数相关基础知识给出区间值确信结构的相似度，在保留数据的不确定性、避免信息丢失的前提下，研究不同类型数据(如随机变量、模糊数和不完全信息等)转化为区间值确信结构的转化方法，进一步拓展区间值确信结构的知识表示能力；其次，在确信度证据推理的基础上，给出区间值确信度证据推理；再次，在区间值确信结构和确信规则库的基础上，提出区间值确信规则库知识表示，进一步，提出区间值确信规则库推理模型，并验证该模型是不确定性推理模型；最后，将区间值确信规则库推理应用于 UCI 数据库①分类问题中。

第 5 章：基于确信结构的不确定性多属性决策。本章针对大部分多属性决策属于不确定性多属性决策的实际情况，根据决策者的行为特征，结合确信度证据推理和前景理论，提出基于确信结构的不确定性多属性决策理论和方法。首先，考虑属性值往往具有非线性变化规律的特征，针对效益型属性、成本型属性和非效益非成本型属性给出了三种新的属性值规范化方法，并分析其适用范围；其次，考虑决策问题的未来状态具有随机性及决策者行为特征，根据确信度证据推理算法融合不确定性决策信息，提出单状态确信结构多属性决策方法(未来状态唯一)和多状态确信结构多属性决策方法(存在两种或两种以上未来状态)；最后，分别给出单状态确信结构多属性决策方法和多状态确信结构多属性决策方法在战术导弹评估和投资决策问题中的案例分析。

第 6 章：基于区间值确信结构的不确定性多属性决策。本章考虑区间值确信结构比确信结构更符合人类认知且更容易理解的实际情况，在基于确信结构的不确定性多属性决策的基础上，结合标示事件为区间数的区间值确信结构、区间值确信度证据推理和前景理论，提出基于区间值确信度的不确定性多属性决策理论和方法。首先，为了有效处理、充分利用区间数决策信息，给出了区间属性值规范化方法，并介绍区间权重规范化方法；然后，提出单状态区间值确信结构多属性决策方法和多状态区间值确信结构多属性决策方法；最后，分别给出单状态区间值确信结构多属性决策方法和多状态区间值确信结构多属性决策方法在应急物流方案选取和智能电网投资决策问题中的案例分析。

第 7 章：不确定性多属性决策方法的应用。本章针对无线电管理中的实际问题，根据领域专家描述知识和经验的表达习惯，基于本书所提出的不确定性推理以及不确定性多属性决策理论和方法，构建了航空无线电干扰查处智能决策支持系统。首先，从知识获取环节出发，介绍无线电干扰查处相关基础知识，包括无线电干扰分类，无线电干扰识别和查找设备以及无线电干扰查处步骤，通过咨询专家和参阅文献获取了航空无线电干扰查处的相关经验知识；其次，根据所获取的知识结合前面所提出的经验知识表示方法，在专家的

① UCI 数据库是加州大学(University of California)分校提出的用于机器学习的数据库。

帮助下，将经验知识转化为区间值确信规则库；再次，借助程序将知识和本书所提出的不确定性推理和不确定性多属性决策方法相结合，实现了智能决策支持系统的推理和决策功能，将区间值确信规则库导入 SQLite，构建知识库和数据库；通过 Matlab 实现区间值确信规则库推理模型和区间值确信结构多属性决策方法，得到模型库，利用 C#实现航空无线电干扰查处智能决策支持系统界面设计，以及数据库、模型库和知识库的合成与管理，完成航空无线电干扰查处智能决策支持系统构建；最后，通过航空无线电干扰查处实例验证航空无线电干扰查处智能决策支持系统的有效性，并说明本书所提出的不确定性推理和不确定性多属性决策方法具有实用性。

第 8 章：结论与研究展望。本章总结前文主要内容：建立面向信息融合的确信度证据推理和基于确信度证据推理的确信规则库推理模型，得到了基于区间值确性结构的不确定性推理模型；提出研究展望。

本书采用理论研究和实例分析相结合的研究方法，结合证据推理、前景理论、知识工程及模糊集理论，研究了不确定性推理和不确定性多属性决策理论和方法，并将研究成果应用于无线电管理工作中，技术路线如图 1-1 所示。

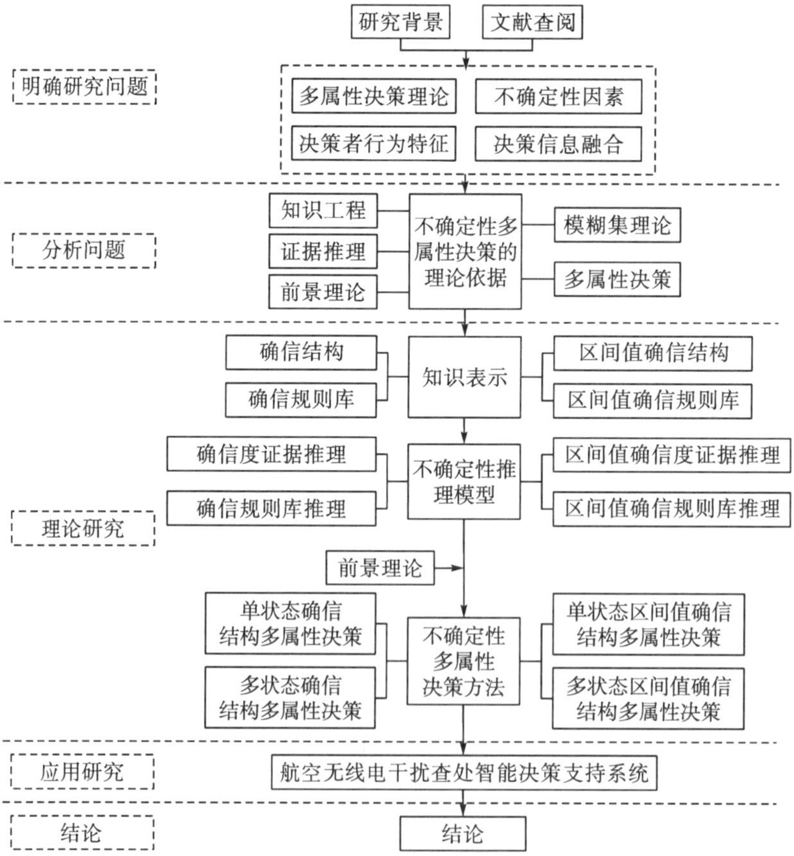

图 1-1 技术路线

从图 1-1 可以清晰地看出本书的研究主线：知识表示→不确定性推理模型→不确定性多属性决策方法→航空无线电干扰智能决策支持系统。本书以知识表示为切入点，遵循从简单到复杂，从推理到决策的总体思路，结合知识工程、不确定性推理、决策理论、模糊集理论等相关知识，研究了不确定性多属性决策理论和方法。

1.4　本章小结

本章是本书的绪论部分。首先，介绍本书的研究背景和研究意义；然后，整理归纳不确定性多属性决策以及证据理论和前景理论在决策理论中的国内外研究现状，并针对国内外研究现状做出述评；最后，介绍本书的主要研究内容、技术路线，明确文章结构框架。

第2章 理 论 基 础

2.1 带确定因子的不确定性推理

20 世纪 70 年代，Shortliffe 和 Buchanan(1975) 提出了帮助医生选择抗生素类药物、治疗血液感染者的专家系统。由于大部分抗生素类药物的英文后缀为“mycin”，如链霉素(streptomycin)、金霉素(aureomycin)、红霉素(erythromycin)等，因而该专家系统又称为 MYCIN 系统。MYCIN 系统提出了一种简单、实用的不确定性推理方法——带确定因子的不确定性推理(陈文伟和陈晟，2010)。

2.1.1 不确定性推理模型的基本结构

命题(或称事件)、简单命题和复合命题(王国俊，2007)是不确定性推理中的三个基本概念。命题就是陈述句，例如，

(1) 受干扰频率是地空数据链通信频率。

(2) 受干扰频率非地空数据链通信频率。

(3) 受干扰频率是地空数据链通信频率，且受干扰设备是超短波定向台。

(4) 如果干扰特征是固定监测网能够接收干扰，则干扰原因是地面干扰。

命题(1)是简单陈述句，这种不再包含更简单的陈述句的命题称为简单命题。复合命题是由一个或多个简单命题通过连接词“非”(逻辑“非”)、“且”(逻辑“与”)、“或”(逻辑“或”)以及“如果……，则……”(逻辑“蕴涵”)等组合而成的新命题。命题(2)～命题(4)是复合命题。

下面从基于 if-then 规则的专家系统引入不确定性推理模型。

基于 if-then 规则的专家系统是较常见的专家系统，这主要是由 if-then 规则的特点决定的：①if-then 规则知识表示是专家较容易表达、理解的知识表示形式；②基于 if-then 规则的推理是演绎推理，保证了推理结果的正确性；③大量 if-then 规则构成推理树(即知识树)，推理树的宽度反映了问题的范围，推理树的深度反映了问题的难度；④if-then 规则的这些特点使得基于 if-then 规则的专家系统对实际问题具有较强的适应能力。在基于 if-then 规则的专家系统中，不确定性推理模型的基本思路和方法可能不同，但其结构是相同的(陈文伟和陈晟，2010)。

在基于 if-then 规则的专家系统中，领域专家的知识由 if-then 规则表示：

$$\text{If} \quad A \quad \text{then} \quad B$$

其中，A 表示规则的前提(证据)，可以是简单命题也可以是复合命题；B 表示规则的结论(假设)，可以是简单命题也可以是复合命题。该规则简记为 A→B。

一条规则的不确定性主要体现在前提的不确定性、结论的不确定性和规则的不确定性。因而对于任意一个基于 if-then 规则的不确定性推理模型都应当包括下列内容：①前提(证据)的不确定性描述，即前提为真的程度以及对前提所知道的程度；②规则(知识)的不确定性描述，即规则为真的程度以及前提对结论产生影响的情况；③不确定性的更新算法(传播算法)，即求结论的不确定性的算法(徐扬等，1994；蔡自兴和姚莉，2006；蔡自兴和于光祐，2015)。

不确定性推理模型一般包括 4 个函数(蔡自兴和姚莉，2006)：

(1) 根据前提的不确定性和规则的不确定性，计算结论的不确定性。

(2) 当两条规则具有相同结论时，根据从这两条规则计算得到的结论的不确定性(即相互独立的不同知识源支持结论为真的程度)，计算结论的合成不确定性。

(3) 当前提为复合命题且组成该复合命题的各简单命题以逻辑“与”连接时，根据命题的不确定性计算复合命题的不确定性。

(4) 当前提为复合命题且组成该复合命题的各简单命题以逻辑“或”连接时，根据命题的不确定性计算复合命题的不确定性。

不确定性推理模型应满足下面 6 个基本条件(徐扬等，1994；蔡自兴和于光祐，2015)：

(1) 当输入事实和规则都是确定性时，该模型应满足确定性推理。

(2) 当对前提的不确定性一无所知时，前提对结论的不确定性没有任何影响。

(3) 当前提对结论未提供任何信息时，前提不影响结论的不确定性。

(4) 当前提与结论无关时，前提对结论不产生任何影响。

(5) 当前提为复合命题且组成该复合命题的各简单命题以逻辑“与”连接时，复合命题的不确定性值小于等于所有简单命题的不确定性值。

(6) 当前提为复合命题且组成该复合命题的各简单命题以逻辑“或”连接时，复合命题的不确定性值大于等于所有简单命题的不确定性值。

2.1.2　MYCIN 类确定因子模型

定义 2.1　(Shortliffe and Buchanan，1975) 在 MYCIN 系统中，由领域专家为每条规则赋予一个数值，该数值表示规则的精确程度，称为规则强度(certainty factor,CF)，即 MYCIN 类确定因子。

MYCIN 类确定因子是由前提引起的对结论信任的改变，而非结论的绝对信任，从而很好地描述前提的出现对结论的影响。

定义 2.2　(Shortliffe and Buchanan，1975)带有 MYCIN 类确定因子的 if-then 规则的一般形式如下：

$$\text{If}\quad E\quad \text{then}\quad H\qquad CF(H,E)$$

其中，E 表示规则的前提；H 表示规则的结论；CF(H,E)表示规则的规则强度。

下面简要介绍$[0,1]$上的 MYCIN 类确定因子模型(蔡经球，1995)。

1）MYCIN 类确定因子

在 MYCIN 类确定因子模型中，证据的不确定性可以用确定因子 CF（E）表示。规则的规则强度和证据的确定因子在$[0,1]$内取值，其典型值为

（1）当证据 E（或规则）确定为真时，CF（E）=1［或 CF（H,E）=1］。

（2）当证据 E（或规则）确定为假时，CF（E）=0［或 CF（H,E）=0］。

（3）当证据 E（或规则）一无所知时，CF（E）=0.5［或 CF（H,E）=0.5］。

证据确定因子的来源主要包括两个方面：①若某一证据是初始证据，则其确定因子由提供证据的决策者给出；②若将推理得到的中间结论作为证据，则根据不确定性的更新算法计算确定因子。

2）顺序传播

如果已知前提 E 的可信度因子为 CF（E），规则的规则强度为 CF（H,E），那么结论 H 的确定因子 CF（H）为

$$\mathrm{CF(H)}=\left[\mathrm{CF(H,E)}-0.5\right]\left[2\mathrm{CF(E)}-1\right]+0.5$$

3）平行传播

如果规则 E_1→H 得到的结论 H 的确定因子为 CF_1（H），规则 E_2→H 得到的结论 H 的确定因子为 CF_2（H），那么合并后结论 H 的确定因子 CF（H）为

（1）当 $CF_1(H)\geqslant 0.5$， $CF_2(H)\geqslant 0.5$ 时，

$$\mathrm{CF(H)}=2\left[\mathrm{CF_1(H)}+\mathrm{CF_2(H)}-\mathrm{CF_1(H)}\times\mathrm{CF_2(H)}\right]-1$$

（2）当 $CF_1(H)\leqslant 0.5$， $CF_2(H)\leqslant 0.5$ 时，

$$\mathrm{CF(H)}=2\mathrm{CF_1(H)}\times\mathrm{CF_2(H)}$$

（3）当 $CF_1(H)>0.5$， $CF_2(H)<0.5$ 或 $CF_1(H)<0.5$， $CF_2(H)>0.5$ 时，

$$\mathrm{CF(H)}=\mathrm{CF_1(H)}+\mathrm{CF_2(H)}-0.5$$

4）前提的逻辑组合

如果已知前提 E_1 的确定因子为 CF（E_1），前提 E_2 的确定因子为 CF（E_2），那么前提的逻辑组合 CF（$E_1\wedge E_2$）和 CF（$E_1\vee E_2$）的确定因子为

$$\mathrm{CF}(E_1\wedge E_2)=\min\{\mathrm{CF}(E_1),\mathrm{CF}(E_2)\}$$

$$\mathrm{CF}(E_1\vee E_2)=\max\{\mathrm{CF}(E_1),\mathrm{CF}(E_2)\}$$

2.2 证 据 推 理

近二十年来，经过众多学者的努力，证据推理取得了较大发展，主要包括两种算法：递归证据推理算法（Yang and Xu，2002a）和解析证据推理算法（Wang et al.，2006a；Yang et al.，2006b）。下面介绍这两种基本算法及相关定理。

2.2.1　递归证据推理算法

定义 2.3　(Yang and Xu，2002a) 设识别框架 $\Theta = \{\theta_q | q = 1,2,\cdots,Q\}$，其中，$\theta_q(q=1,2,\cdots,Q)$ 表示 Q 个相互独立的评价等级，即对任意 $i,j\in\{1,2,\cdots,Q\}$ 满足 $\theta_i \cap \theta_j = \varnothing$，$\varnothing$ 为空集；令 β_q 表示证据对 θ_q 的置信度，且满足

$$\beta_q \geqslant 0,\quad \sum_{t=1}^{Q}\beta_t \leqslant 1 \qquad q=1,2,\cdots,Q$$

特别地，当 $\sum_{t=1}^{Q}\beta_t = 1$ 时，表示评价等级是完整的；当 $\sum_{t=1}^{Q}\beta_t = 0$ 时，表示证据对假设的影响完全未知。

定义 2.4　(Yang and Xu，2002a) 设识别框架 $\Theta = \{\theta_q | q = 1,2,\cdots,Q\}$，证据集为 $E=\{e_l | l=1,2,\cdots,L\}$，权重集为 $W=\{w_1,\cdots,w_l,\cdots,w_L\}$，其中，$w_l$ 是 e_l 的权重且 $\sum_{t=1}^{L} w_t = 1$；令 $\beta_{q,l}$ 表示证据 e_l 对评价等级 θ_q 的置信度，则证据 e_l 表示为

$$e_l = \{(\theta_q, \beta_{q,l}), q=1,2,\cdots,Q; (\Theta, \beta_{\Theta,l})\} \qquad l=1,2,\cdots,L$$

其中，$0 \leqslant \beta_{q,l} \leqslant 1$；$\beta_{\Theta,l} = 1 - \sum_{t=1}^{Q}\beta_{t,l}$ 表示对全局未知的置信度，$\sum_{t=1}^{Q}\beta_{t,l} \leqslant 1$；证据 e_l 也可以表示为

$$e_l = \left\{ (\theta, \beta_{\theta,l}) \middle| \theta \subseteq \Theta, \sum_{\theta\subseteq\Theta}\beta_{\theta,l} = 1 \right\} \qquad l=1,2,\cdots,L$$

其中，$(\theta, \beta_{\theta,l})$ 是 e_l 的元素，表示在证据 e_l 的影响下事件 θ 的置信度为 $\beta_{\theta,l}$。

定义 2.5　(Yang and Xu，2002a) 设识别框架 $\Theta = \{\theta_q | q = 1,2,\cdots,Q\}$，证据集为 $E=\{e_l | l=1,2,\cdots,L\}$，权重集为 $W=\{w_1,\cdots,w_l,\cdots,w_L\}$，$w_l$ 是 e_l 的权重且 $\sum_{t=1}^{L} w_t = 1$，$\beta_{q,l}$ 表示证据 e_l 对评价等级 θ_q 的置信度，则基本概率指派函数为

$$m_{q,l} = w_l \beta_{q,l}$$

$$m_{\Theta,l} = 1 - \sum_{t=1}^{Q} m_{t,l} = 1 - \sum_{t=1}^{Q} w_l \beta_{t,l}$$

$$\bar{m}_{\Theta,l} = 1 - w_l$$

$$\tilde{m}_{\Theta,l} = w_l \left(1 - \sum_{t=1}^{Q}\beta_{t,l} \right)$$

其中，$m_{q,l}$ 表示证据 e_l 对评价等级 θ_q 的基本概率指派；$m_{\Theta,l}$ 表示证据 e_l 对集合 Θ 的基本概率指派，即未指派给任意评价等级的基本概率；$m_{\Theta,l} = \bar{m}_{\Theta,l} + \tilde{m}_{\Theta,l}$，$\bar{m}_{\Theta,l}$ 表示由证据 e_l 的重要程度(权重)引起的未指派的基本概率，$\tilde{m}_{\Theta,l}$ 表示由评价等级的不完整性(未知)引起的未

指派的基本概率。

证据的具体合成过程如下(Yang and Xu，2002a)：

记 $m_{q,O(1)}=m_{q,1}\left(q=1,2,\cdots,Q\right)$， $m_{\Theta,O(1)}=m_{\Theta,1}$， 合成前 $l+1\left(l=1,2,\cdots,L-1\right)$ 个证据后，得到

$$m_{q,O(l+1)}=K_{O(l+1)}\left(m_{q,O(l)}m_{q,l+1}+m_{q,O(l)}m_{\Theta,l+1}+m_{q,l+1}m_{\Theta,O(l)}\right)$$

$$m_{\Theta,O(l+1)}=\bar{m}_{\Theta,O(l+1)}+\tilde{m}_{\Theta,O(l+1)}$$

$$\bar{m}_{\Theta,O(l+1)}=K_{O(l+1)}\left(\bar{m}_{\Theta,O(l)}\bar{m}_{\Theta,l+1}\right)$$

$$\tilde{m}_{\Theta,O(l+1)}=K_{O(l+1)}\left(\tilde{m}_{\Theta,O(l)}\tilde{m}_{\Theta,l+1}+\bar{m}_{\Theta,O(l)}\tilde{m}_{\Theta,l+1}+\tilde{m}_{\Theta,O(l)}\bar{m}_{\Theta,l+1}\right)$$

其中，

$$K_{O(l+1)}=\left(1-\sum_{s=1}^{Q}\sum_{\substack{t=1\\t\neq s}}^{Q}m_{s,O(l)}m_{t,l+1}\right)^{-1}$$

其中，$K_{O(l+1)}$ 称为规模化因子(或归一化因子)，反映各证据之间冲突的程度，即各证据没有支持同一评价等级的程度。

合成所有 L 个证据后，得到

$$\beta_q=\frac{m_{q,O(L)}}{1-\bar{m}_{\Theta,O(L)}},\qquad q=1,2,\cdots,Q$$

$$\beta_\Theta=\frac{\tilde{m}_{\Theta,O(L)}}{1-\bar{m}_{\Theta,O(L)}}$$

其中，β_q 表示证据 E 对评价等级 θ_q 的置信度；β_Θ 表示未指派给任意评价等级的置信度。

Yang 进一步提出并证明了递归证据推理算法满足下列 4 个定理。

定理 2.1 (Yang and Xu，2002a)(独立性)设识别框架 $\Theta=\left\{\theta_q\left|q=1,2,\cdots,Q\right.\right\}$，证据集 $E=\left\{e_l\left|l=1,2,\cdots,L\right.\right\}$，$\beta_{q,l}$ 表示证据 e_l 对评价等级 θ_q 的置信度，且对任意 $q\in\left\{1,2,\cdots,Q\right\}$，如果 $\beta_{q,l}=0\left(l=1,2,\cdots,L\right)$，那么 $\beta_q=0$。

定理 2.2 (Yang and Xu，2002a)(一致性)设识别框架 $\Theta=\left\{\theta_q\left|q=1,2,\cdots,Q\right.\right\}$，证据集 $E=\left\{e_l\left|l=1,2,\cdots,L\right.\right\}$，$\beta_{q,l}$ 表示证据 e_l 对评价等级 θ_q 的置信度，且如果存在 $r\in\left\{1,2,\cdots,Q\right\}$ 使得 $\beta_{r,l}=1\left(l=1,2,\cdots,L\right)$ 且 $\beta_{q,l}=0\left(l=1,2,\cdots,L;q=1,2,\cdots,Q,\ q\neq r\right)$，那么 $\beta_r=1$，$\beta_q=0$ $\left(q=1,2,\cdots,Q,\ q\neq r\right)$。

定理 2.3 (Yang and Xu，2002a)(完整性) 设识别框架为 $\Theta=\left\{\theta_q\left|q=1,2,\cdots,Q\right.\right\}$，证据集为 $E=\left\{e_l\left|l=1,2,\cdots,L\right.\right\}$，$\beta_{q,l}$ 表示证据 e_l 对评价等级 θ_q 的置信度；如果 $\sum_{t=1}^{Q}\beta_{t,l}=1$ $\left(l=1,2,\cdots,L\right)$，那么 $\sum_{t=1}^{Q}\beta_t=1$。

定理 2.4　(Yang and Xu，2002a)（不完整性）设识别框架 $\Theta=\{\theta_q|q=1,2,\cdots,Q\}$，证据集为 $E=\{e_l|l=1,2,\cdots,L\}$，$\beta_{q,l}$ 表示证据 e_l 对评价等级 θ_q 的置信度；如果存在 $l_0\in\{1,2,\cdots,L\}$ 使得 $0\leqslant\sum_{t=1}^{Q}\beta_{t,l_0}<1$，那么 $0\leqslant\sum_{t=1}^{Q}\beta_t<1$。

2.2.2　解析证据推理算法

考虑递归证据推理算法中合成的结果与证据组合的顺序无关，Wang 等(2006b)和 Yang 等(2006b)在递归证据推理算法的基础上提出了解析证据推理算法，并进一步证明递归证据推理算法和解析证据推理算法是等价的，且解析证据推理算法满足独立性、一致性、完整性和不完整性。

解析证据推理算法中基本概率指派的定义与递归证据推理算法中的一致。解析证据推理算法的证据合成函数如下：

$$m_q=K\left[\prod_{t=1}^{L}\left(m_{q,t}+\bar{m}_{\Theta,t}+\tilde{m}_{\Theta,t}\right)-\prod_{t=1}^{L}\left(\bar{m}_{\Theta,t}+\tilde{m}_{\Theta,t}\right)\right],\qquad q=1,2,\cdots,Q$$

$$\tilde{m}_{\Theta}=K\left[\prod_{t=1}^{L}\left(\bar{m}_{\Theta,t}+\tilde{m}_{\Theta,t}\right)-\prod_{t=1}^{L}\bar{m}_{\Theta,t}\right]$$

$$\tilde{m}_{\Theta}=K\prod_{t=1}^{L}\bar{m}_{\Theta,t}$$

$$K=\left[\sum_{s=1}^{Q}\prod_{t=1}^{L}\left(m_{s,t}+\bar{m}_{\Theta,t}+\tilde{m}_{\Theta,t}\right)-(Q-1)\prod_{t=1}^{L}\left(\bar{m}_{\Theta,t}+\tilde{m}_{\Theta,t}\right)\right]^{-1}$$

合成后的置信度为

$$\beta_q=\frac{m_q}{1-\bar{m}_{\Theta}},\qquad q=1,2,\cdots,Q$$

$$\beta_{\Theta}=\frac{\tilde{m}_{\Theta}}{1-\bar{m}_{\Theta}}$$

2.2.3　基于证据推理算法的置信规则库推理

定义 2.6(Yang et al.，2006a)包含 K 条规则的置信规则库可以描述为

$$\mathrm{R}=\langle U,A,D,F\rangle$$

其中，$U=\{U_i|i=1,2,\cdots,I\}$ 是前提属性集合；$A=\{A_i|i=1,2,\cdots,I\}$ 表示前提属性值集合，$A_i=\{A_{i,I_i}|I_i=1,2,\cdots,L_i^A\}$ 是前提属性 U_i 的属性值集合；前提属性之间以“∧”连接，“∧”表示逻辑“与”关系；$D=\{D_j|j=1,2,\cdots,J\}$ 是评价等级集合，表示规则的结论；F 是一个逻辑函数，反映前提与结论之间的关系。第 $k\left(k\in\{1,2,\cdots,K\}\right)$ 条置信规则 R^k 可以描述为

$$\text{If } U_1 \text{ is } A_1^k \wedge,\cdots,\wedge \quad U_i \text{ is } A_i^k \wedge,\cdots,\wedge \quad U_I \text{ is } A_I^k$$
$$\text{then } \left\{\left(D_1,\beta_{1,k}\right),\cdots,\left(D_j,\beta_{j,k}\right),\cdots,\left(D_J,\beta_{J,k}\right)\right\}$$
$$\text{with } \omega^k \text{ and } \left\{w_1,\cdots,w_i,\cdots,w_I\right\}$$

其中，$\beta_{j,k}\left(j=1,2,\cdots,J;k=1,2,\cdots,K\right)$ 表示在第 k 条规则中评价等级 D_j 的置信度且 $\sum_{j=1}^{J}\beta_{j,k}\leqslant 1$；$0\leqslant\omega^k\leqslant 1$ 表示第 k 条规则的规则权重，反映第 k 条规则相对其他规则的重要程度；$w_i\left(i=1,2,\cdots,I\right)$ 表示第 i 个前提属性 U_i 的权重，$\sum_{i=1}^{I}w_i=1$。

假设输入事实为 $\left\{\left(x_i,\varepsilon_i\right)\middle|i=1,2,\cdots,I\right\}$，其中，$x_i$ 表示第 i 个前提属性对应的输入；ε_i 表示输入 x_i 的置信度。输入事实可以转化为相对于前提属性值的置信度

$$B\left(x_i,\varepsilon_i\right)=b\left\{\left(A_{i,I_i},\alpha_{i,I_i}\right)\middle|I_i=1,2,\cdots,L_i^A\right\},$$

其中，A_{i,I_i} 表示第 i 个前提属性的第 I_i 个属性值；α_{i,I_i} 表示输入 x_i 相对于属性值 A_{i,I_i} 的置信度，$\alpha_{i,I_i}\geqslant 0$，$\sum_{I_i=1}^{L_i^A}\alpha_{i,I_i}\leqslant 1$。

不同形式输入（如以语义等级描述的定量信息、以区间描述的定量信息、以主观判断描述的定性信息和以主观判断描述的符号信息等）的确定方法参见 Yang 等（Yang，2001；Yang et al.，2006a）给出的转化方法。

对于规则 R^k，输入事实为 $\left\{\left(A_i^k,\alpha_i^k\right)\middle|i=1,2,\cdots,I\right\}$，其中，$\alpha_i^k\in\left\{\alpha_{i,1},\cdots,\alpha_{i,I_i},\cdots,\alpha_{i,L_i^A}\right\}$。规则 R^k 的激活权重为

$$\theta^k=\frac{\omega^k\prod_{i=1}^{I}\left(\alpha_i^k\right)^{\overline{w}_i}}{\sum_{l=1}^{K}\omega^l\prod_{i=1}^{I}\left(\alpha_i^k\right)^{\overline{w}_i}}$$

将结论的置信度转化为基本概率指派函数为

$$m_{j,k}=\theta_k\beta_{j,k}$$
$$m_{D,k}=1-\theta_k\sum_{j=1}^{J}\beta_{j,k}$$
$$\overline{m}_{D,k}=1-\theta_k$$
$$\tilde{m}_{D,k}=\theta_k\left(1-\sum_{j=1}^{J}\beta_{j,k}\right)$$

其中，$m_{j,k}$ 表示相对评价等级 D_j 的基本概率指派函数；$m_{D,k}$ 表示相对集合 D 的基本概率指派；$\overline{m}_{D,k}$ 表示由激活权重引起的未分配的基本概率指派；$\tilde{m}_{D,k}$ 表示由评价等级的不完整性引起的基本概率指派。

根据递归证据推理算法，记 $m_{j,O(1)}=m_{j,1}$，$m_{D,O(1)}=m_{D,1}$，合成前 $k+1\left(k=1,2,\cdots,K-1\right)$ 条规则后，得到

$$m_{j,O(k+1)} = K_{O(k+1)}\left(m_{j,O(k)}m_{j,k+1} + m_{j,O(k)}m_{D,k+1} + m_{j,k+1}m_{D,O(k)}\right)$$

$$m_{D,O(k+1)} = \bar{m}_{D,O(k+1)} + \tilde{m}_{D,O(k+1)}$$

$$\bar{m}_{D,O(k+1)} = K_{O(k+1)}\left(\bar{m}_{D,O(k)}\bar{m}_{D,k+1}\right)$$

$$\tilde{m}_{D,O(k+1)} = K_{O(k+1)}\left(\tilde{m}_{D,O(k)}\tilde{m}_{D,k+1} + \bar{m}_{D,O(k)}\tilde{m}_{D,k+1} + \tilde{m}_{D,O(k)}\bar{m}_{D,k+1}\right)$$

$$K_{O(k+1)} = \left(1 - \sum_{s=1}^{J}\sum_{\substack{t=1\\t\neq s}}^{J} m_{s,O(k)}m_{t,k+1}\right)^{-1}$$

$$\beta_j = \frac{m_{j,O(K)}}{1-\bar{m}_{D,O(K)}},\qquad j=1,2,\cdots,J$$

$$\beta_D = \frac{\tilde{m}_{D,O(K)}}{1-\bar{m}_{D,O(K)}}$$

其中，β_j 表示评价等级 D_j 的置信度；β_D 表示未分配给任意评价等级的置信度。

2.3　前 景 理 论

沿着有限理性和启发式的思想，在实证分析的基础上，Kahneman 和 Tversky(1979)提出了前景理论(即原始前景理论)。随后，Tversky(1992)提出了累积前景理论，避免与一阶随机占优矛盾。考虑自然状态的不确定性，Schmidt 等(2005，2008)在原始前景理论和累积前景理论的基础上引入了不确定参考点，提出第三代前景理论。

2.3.1　原始前景理论

前景 $\left(x_1,p_1;\cdots;x_i,p_i;\cdots;x_I,p_I\right)$ 是前景理论的基本研究单元，其中，x_i 表示第 i 个可能的结果(事件)；p_i 表示结果 x_i 发生的概率且 $\sum_{i=1}^{I} p_i = 1$。在前景理论中，决策过程就是选择前景的过程，这个选择过程被分为两个阶段：编辑阶段和评价阶段。

编辑阶段的作用是按照特定的标准和形式表示和重构前景，以简化评价和选择。主要编辑方法包括编码、整合、分离、抵消、简化、发现占优等。编辑阶段后，决策者按照特定公式评价前景并选择具有最高前景值的前景。

前景值 V 由价值函数 $v(\Delta x)$ 和权重函数 $w(p)$ 共同确定。$v(\Delta x_i)(i=1,2,\cdots,I)$ 反映了结果 x_i 与参考点 x_0 之间的关系，即收益和损失；$w(p_i)$ 反映了发生概率对前景值的影响程度。前景值通过下式得到

$$V = \sum_{i=1}^{I} v(\Delta x_i)w(p_i)$$

其中，$\Delta x_i = x_i - x_0$ 表示结果 x_i 相对于参考点 x_0 的偏离值，$\Delta x_i \geqslant 0$ 表示收益，$\Delta x_i < 0$ 表示损失。

2.3.2 累积前景理论

原始前景理论能够较好地解释单个结果的前景对决策的影响，但在解释多个结果的前景方面存在不足。Tversky（1992）在原始前景理论的基础上引入了累积泛函，提出累积前景理论。累积前景理论对整体累积分布进行转化而非对单个事件进行转化，并根据收益和损失分别计算权重，避免与一阶随机占优矛盾。

设 $S = \{s_n | n = 1,2,\cdots,N\}$ 为自然状态集合，S 的子集称为事件；$X = \{x_n | n = 1,2,\cdots,N\}$ 为结果集合，假设结果以货币形式表示，中立结果为 0，正数为收益，负数为损失。事件 f 可以看作从 S 到 X 的一个函数，对任意 $s_n \in S$，存在 $x_n \in X$ 使得 $f(s_n) = x_n$。下面按照升序对结果进行排序，即对任意 $i, j \in \{1,2,\cdots,N\}$，当且仅当 $i > j$ 时 $x_i > x_j$。

为区分收益和损失，下面引入与收益和损失相关的标记，对任意 $n \in \{1,2,\cdots,N\}$：

(1) 若 $f(s_n) > 0$，则记 $f^+(s_n) = f(s_n)$ 表示结果为收益。

(2) 若 $f(s_n) \leqslant 0$，则记 $f^-(s_n) = f(s_n)$ 表示结果为损失。

(3) 事件 f 中为正的部分（收益部分）记为 f^+，事件 f 中非正的部分（损失部分）记为 f^-；f^+ 对应状态的个数为 n^+，f^- 对应状态的个数为 n^-，$n^+ + n^- = N$。

Tversky 等（1992）引入一个不具有可加性的集函数，并将该函数命名为容度。容度 Ω 表示任意事件 $A, B \subseteq S$ 满足：

(1) $\Omega(\varnothing) = 0$，其中，$\varnothing$ 表示空集。

(2) $\Omega(S) = 1$。

(3) 当 $A \subseteq B$ 时 $\Omega(A) \leqslant \Omega(B)$。

排序后事件 f 记作 (x_l, Λ_l)，表示事件 Λ_l 的发生会导致结果 x_l 的产生，$-n^- \leqslant l \leqslant n^+$，$x_0$ 表示中立结果。前景值 $V(f)$ 由下列公式得到：

$$V(f) = V(f^+) + V(f^-)$$

$$V(f^+) = \sum_{i=1}^{n^+} \pi_i^+ v(x_i)$$

$$V(f^-) = \sum_{i=-n^-}^{0} \pi_i^- v(x_i)$$

其中，$v(x_i)$ 为价值函数，π_i^+ 和 π_i^- 分别满足下列条件：

$$\pi_i^+ = \begin{cases} \Omega^+(\Lambda_i), & i = n^+ \\ \Omega^+(\Lambda_i \cup \cdots \cup \Lambda_{n^+}) - \Omega^+(\Lambda_{i+1} \cup \cdots \cup \Lambda_{n^+}), & 0 < i \leqslant n^+ - 1 \end{cases}$$

$$\pi_i^- = \begin{cases} \Omega^-(\Lambda_i), & i = -n^- \\ \Omega^-(\Lambda_{-n^-} \cup \cdots \cup \Lambda_i) - \Omega^+(\Lambda_{-n^-} \cup \cdots \cup \Lambda_{i-1}), & 1 - n^- \leqslant i \leqslant 0 \end{cases}$$

假设事件 Λ_l 发生的概率为 p_l，则事件 f 可以表示为 (x_l, p_l)，π_i^+ 和 π_i^- 相应地转化为

$$\pi_i^+ = \begin{cases} w^+(p_i), & i = n^+ \\ w^+(p_i + \cdots + p_{n^+}) - w^+(p_{i+1} + \cdots + p_{n^+}), & 0 < i \leqslant n^+ - 1 \end{cases}$$

$$\pi_i^- = \begin{cases} w^-(p_i), & i = -n^- \\ w^-(p_{-n^-} + \cdots + p_i) - w^-(p_{-n^-} + \cdots + p_{i-1}), & 1 - n^- \leqslant i \leqslant 0 \end{cases}$$

其中，w^+ 和 w^- 为权重函数。

常用的价值函数和权重函数分别如表 2-1 和表 2-2 所示。

表 2-1　常用的价值函数

序号	价值函数	参数说明	参考文献
1	$v(\Delta x) = \begin{cases} (\Delta x)^{\alpha^+}, & \Delta x \geqslant 0 \\ -\lambda(-\Delta x)^{\alpha^-}, & \Delta x < 0 \end{cases}$	α^+ 和 α^- 反映决策者的风险态度，冒险型决策者：$0<\alpha^+<1$，$0<\alpha^-<1$；保守型决策者：$\alpha^+>1$，$\alpha^->1$；中立型决策者：$\alpha^+=1$，$\alpha^-=1$，$\lambda>1$ 反映决策者对损失比对收益更敏感	Tversky 等（1992）
2	$v(\Delta x) = \begin{cases} \lambda^+(\Delta x)^{\alpha^+}, & \Delta x \geqslant 0 \\ -\lambda^-(-\Delta x)^{\alpha^-}, & \Delta x < 0 \end{cases}$	α^+ 和 α^- 的含义同上。λ^+ 和 λ^- 反映决策者对损失或对收益更敏感，如果对收益比对损失更敏感，则 $\lambda^+>1$，$\lambda^-=1$，如果对损失比对收益更敏感，则 $\lambda^+=1$，$\lambda^->1$	Wakker 等（2002）马健等(2011)

表 2-2　常用的权重函数

序号	权重函数	参数说明	参考文献
1	$w(p) = \begin{cases} \dfrac{p^{\sigma^+}}{\left[p^{\sigma^+} + (1-p)^{\sigma^+}\right]^{1/\sigma^+}}, & \Delta x \geqslant 0 \\ \dfrac{p^{\sigma^-}}{\left[p^{\sigma^-} + (1-p)^{\sigma^-}\right]^{1/\sigma^-}}, & \Delta x < 0 \end{cases}$	$0<\sigma^+<1$ 和 $0<\sigma^-<1$ 反映概率较小时被赋予的权重较大，概率较大时被赋予的权重较小	Tversky 等（1992）
2	$w(p) = \begin{cases} \exp\left\{-\delta^+\left[-\ln(p)\right]^{\sigma^+}\right\}, & \Delta x \geqslant 0 \\ \exp\left\{-\delta^-\left[-\ln(p)\right]^{\sigma^-}\right\}, & \Delta x < 0 \end{cases}$	$\delta^+,\delta^->0$ 刻画决策者的过度反应：对于冒险型决策者 $0<\sigma^+<\sigma^-<1$；对于保守型决策者 $0<\sigma^-<\sigma^+<1$；对于中立型决策者 $0<\sigma^-=\sigma^+<1$	Prelec（1998）
3	$w(p) = \begin{cases} \dfrac{\eta^+ p^{\sigma^+}}{\eta^+ p^{\sigma^+} + (1-p)^{\sigma^+}}, & \Delta x \geqslant 0 \\ \dfrac{\eta^- p^{\sigma^-}}{\eta^- p^{\sigma^-} + (1-p)^{\sigma^-}}, & \Delta x < 0 \end{cases}$ 其中，$\eta = \exp(\rho)$；$\mu = \exp(\tau)$	η^+ 和 η^- 称为辨别力，刻画曲线的曲率；σ^+ 和 σ^- 称为吸引力，刻画曲线的仰角	Gonzalez 等（1999）

2.3.3 第三代前景理论

第三代前景理论在累积前景理论的基础上，考虑不同自然状态下参考点存在差异的实际情况，提出了基于不确定参考点的价值函数，采用参照依赖主观期望效用理论计算决策权重(Schmidt et al.，2008)。

设 $S=\{s_n|n=1,2,\cdots,N\}$ 为自然状态集合，对应的发生概率 $P=\{p_n|n=1,2,\cdots,N\}$ 且 $\sum_{n=1}^{N}p_n=1$，状态 S 在概率 P 下的结果是 $x=\{x_n|n=1,2,\cdots,N\}$，则前景可以表示为

$$(x_1,p_1;x_2,p_2;\cdots;x_N,p_N)$$

事件 f 、事件 h 是 S 到 x 的函数，即对任意 $n\in\{1,2,\cdots,N\}$， $f(s_n)\in x$ ， $h(s_n)\in x$ ；以 h 为参考点，则价值函数为

$$v(f,h)=\begin{cases}\left[f(s_n)-h(s_n)\right]^{\alpha^+}, & (f\geq h)\\ -\lambda\left[h(s_n)-f(s_n)\right]^{\alpha^-}, & (f<h)\end{cases}$$

其中， α^+ 和 α^- 分别表示收益和损失情况下的决策者态度； λ 表示损失规避系数。

根据价值函数对事件进行排序，当且仅当 $v\left[f(s_r),h(s_r)\right]>v\left[f(s_t),h(s_t)\right]$时， $r>t$ ，其中， $r,t\in\{1,2,\cdots,N\}$ 。当参考点 h 为固定值时，第三代前景理论退化为累积前景理论。在状态 $s_n(n=1,2,\cdots,N)$ 下比较事件 f 和参考点 h ，当 $f(s_n)<h(s_n)$ 时，表示状态 s_n 为强损失，记 s^- 表示强损失的状态数；当 $f(s_n)\geq h(s_n)$ 时，表示状态 s_n 为弱收益，记 s^+ 表示弱收益的状态数且 $s^+=N-s^-$ 。第三代前景理论决策权重 $\pi(s_n;f,h)$ 的表达式为

$$\pi(s_n;f,h)=\begin{cases}w^+(p_n), & n=N\\ w^+\left(\sum\limits_{t\geqslant n}p_t\right)-w^+\left(\sum\limits_{t>n}p_t\right), & s^-+1\leqslant n<N\\ w^-\left(\sum\limits_{t\leqslant n}p_t\right)-w^-\left(\sum\limits_{t<n}p_t\right), & 1<n\leqslant s^-\\ w^-(p_n), & n=1\end{cases}$$

其中， $w(p)$ 为权重函数。

记 F 表示弱收益状态 s_r 的集合， G 表示强损失状态 s_t 的集合，则第三代前景理论下的效用函数为

$$V(f,h)=\sum_{s_r\in F}\left\{\left[f(s_r)-h(s_r)\right]^{\alpha^+}\pi(s_r;f,h)\right\}-\sum_{s_t\in G}\left\{-\lambda\left[h(s_t)-f(s_t)\right]^{\alpha^-}\pi(s_t;f,h)\right\}$$

2.4　决策支持系统

2.4.1　决策支持系统的基本组成

20 世纪 70 年代，Gorry 等(1971)首次提出决策支持系统的概念：决策支持系统是帮助决策者使用数据和模型解决非结构化(无法精确描述决策过程的、模糊的、复杂的)或半结构化(决策过程部分阶段确定部分阶段不确定，需要将标准的解决方法和决策者的判断相结合)问题的交互的计算机系统。

一个决策支持系统由三个子系统组成(图 2-1)：数据管理子系统、模型管理子系统和用户界面子系统。

(1)数据管理子系统。数据管理子系统包括数据库和数据库管理系统，数据库收集存储决策问题相关数据，数据库管理系统的主要功能是创建、更新、使用数据库。

(2)模型管理子系统。模型管理子系统包括模型库和模型库管理系统，模型库一般包括统计、财务、预测、管理科学等类型的定量模型，模型库管理系统的主要功能是创建、更新、执行模型，控制模型数据。

(3)用户界面子系统。用户界面子系统是决策支持系统与用户之间交换信息的媒介，该子系统是决策支持系统的重要组成部分。通过用户界面子系统，用户可以与计算机进行互动通信，可以与数据库、模型库进行信息传送，存储输入并获得输出。用户界面系统使得决策支持系统易于使用、便于修改。

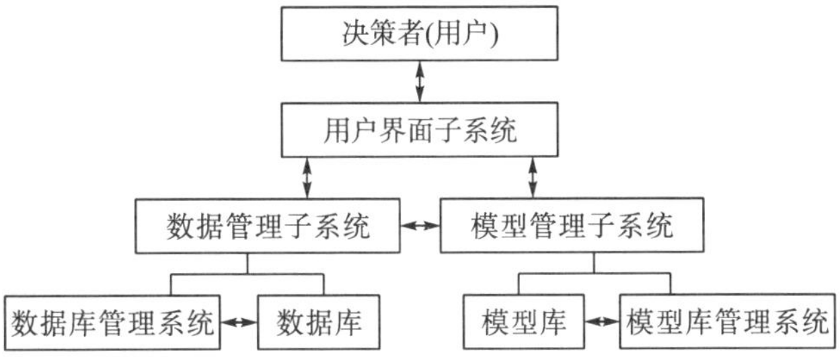

图 2-1　决策支持系统结构图

2.4.2　智能决策支持系统

决策支持系统主要运用定量模型帮助决策者决策，但在某些实际问题中决策信息是定性的，需要结合人类专家的经验处理具有不确定性的数据、信息。整合并运用专家经验知识的决策支持系统称为基于知识的决策支持系统或智能决策支持系统。(Silverman，1995)。

智能决策支持系统除了包括决策支持系统的三个基本子系统，还包含一个知识管理子系统。知识管理子系统包括知识库、知识管理系统和推理机。知识库以规则、框架、语义网等形式存储专家经验知识。知识库管理系统的主要功能是添加、删除、修改、查询知识库。推理机根据决策者提供的信息搜索知识库，根据事实和知识进行推理，得出结论，这个过程往往需要反复进行。不同的知识表示形式对应的推理机制不同，以规则为例，规则的推理机制为假言推理。智能决策支持系统的结构如图 2-2 所示。

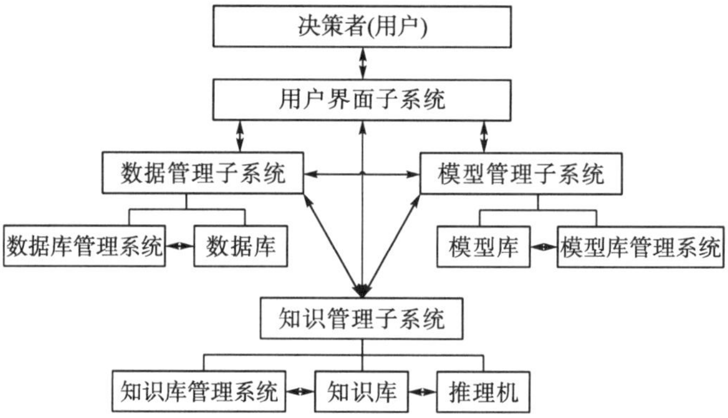

图 2-2　智能决策支持系统结构图

第3章 基于证据推理的确信规则库推理

随着人类社会的不断进步和计算机领域的不断发展，通过计算机实现人类认知和推理已经成为趋势。在日常生活中，人们的沟通和交流主要通过自然语言实现。要让计算机能够识别人类的认知并进行推理，首先，必须将自然语言转换为计算机能够接受、识别和处理的知识表示；其次，在知识表示的基础上研究知识推理，使得计算机能够更好地利用人类的经验知识。考虑到专家知识的表达方式和计算机程序的实现方法之间的差异，结合计算机语言的二型文法和三型文法为产生式的特点，考虑 if-then 规则较易被人们理解并且符合计算机的编译和存储文法，本书以 if-then 规则为基础研究知识表示。

考虑知识往往具有不确定性，本章首先在 MYCIN 类确定因子的基础上，提出确信结构的概念，通过确定度描述知识的不确定性；其次，在证据推理的基础上，结合确信结构，给出确信度证据推理的递归算法和解析算法及其性质，说明两种算法之间的关系；再次，给出基于确信度的 if-then 规则知识表示形式，即确信规则，确信规则综合考虑了前提属性权重、规则权重以及前提、结论和规则的不确定性，将所有与问题相关的确信规则聚合到一起形成确信规则库；最后，在确信规则库的基础上，根据确信度证据推理提出确信规则库推理，并验证确信规则库推理是不确定性推理模型。所提方法的可行性和优越性通过数值算例和美国航空航天局软件缺陷预测进行说明。

3.1 确信结构

不确定性普遍存在于日常生活的诸多方面，已有的描述不确定性的方法主要包括：利用概率描述随机性，利用模糊数描述模糊性，利用权系数值描述不完全性等。这些不确定性的描述方法往往侧重于一种不确定性，在 MYCIN 类确定因子的基础上，下面给出一种描述不确定性的新形式——确信结构。确信结构能够描述事件的不确定性和人类对事件认知的不确定性。

定义 3.1 假设存在事件Ψ，根据主观认知或客观分析赋予事件Ψ一个$[0,1]$内的数值，该数值表示“事件Ψ为真”的确定程度，称为事件Ψ的确信度(certitude degree，cd)，记为$\mathrm{cd}(\Psi)$。

确信度$\mathrm{cd}(\Psi)$的特殊取值具有特定的含义：

(1) 当事件Ψ完全确定为真时，$\mathrm{cd}(\Psi)=1$。

(2) 当事件Ψ完全不确定为真或对事件Ψ一无所知时，$\mathrm{cd}(\Psi)=0$。

(3) 事件Ψ为真的确定程度越大，$\mathrm{cd}(\Psi)$越接近于1；事件Ψ为真的确定程度越小，

$\mathrm{cd}(\Psi)$越接近于 0。

定义 3.2 假设存在事件Ψ，其确信度为$\mathrm{cd}(\Psi)\in[0,1]$，则称$(\Psi,\mathrm{cd}(\Psi))$为确信结构，表示事件$\Psi$为真的确定程度是$\mathrm{cd}(\Psi)$；事件$\Psi$称为确信结构$(\Psi,\mathrm{cd}(\Psi))$的标示事件。

确信结构$(\Psi,\mathrm{cd}(\Psi))$中，标示事件Ψ可以是数值、模糊数、语言变量，也可以是实物、主观感受、符号等形式。当标示事件Ψ为定量信息时，标示事件Ψ称为确信结构$(\Psi,\mathrm{cd}(\Psi))$的标示值。确信结构不同于 Yang 等(1994，2006a)提出的置信结构，不需要给出事件的评价等级；这样的处理方式既简化了不确定性的表示方法、减少信息丢失，又避免了因评价等级差异造成的运算量增加。

运用确信结构进行推理以及对确信结构进行比较时，需要识别不同确信结构之间的相似度。本书限定当且仅当两个确信结构中事件相同时，这两个确信结构相似。因而确信结构的相似度指的是针对某一事件，不同确信结构中确信度的相似程度。下面在已有研究(Bandler and Kohout，1980；Turksen and Zhong，1988；Chen，2011；Couso et al.，2013；Li et al.，2014；Patra and Mondal，2015)的基础上，给出一种基于 Lukasiewicz 蕴涵代数(Wang and Zhou，2009)的确信结构相似程度的度量函数，并证明该函数是相似度。

定义 3.3 (Turksen and Zhong，1988)对任意$a,b\in[0,1]$，a和b在$[0,1]$上的相似度是一个映射$f_s:[0,1]\times[0,1]\to[0,1]$，满足：

(1) $f_s(1,0)=f_s(0,1)=0$。

(2) $f_s(a,a)=1$。

(3) $f_s(a,b)=f_s(b,a)$。

(4) 对任意$a,b,c\in[0,1]$，如果$a\leqslant b\leqslant c$，则$f_s(a,c)\leqslant f_s(a,b)$且$f_s(a,c)\leqslant f_s(b,c)$。

已有相似度主要建立在模糊集理论基础之上。其中，具有代表性的相似度是由 W. Bandler 等于 1980 年提出的基于包含关系的相似度。

定义 3.4 (Bandler and Kohout，1980)假设Γ和T是论域X上的模糊集，$\Gamma(\chi)$，$\chi\in X$是Γ的隶属函数，$T(\chi)$，$\chi\in X$是T的隶属函数，则论域X上的包含关系($\subseteq$)满足：

$$\Gamma\subseteq T\Leftrightarrow(\forall\chi\in \mathrm{X})\left[\Gamma(\chi)\leqslant T(\chi)\right]$$

定义 3.5 (Bandler and Kohout，1980)假设Γ和T是论域X上的模糊集，则Γ和T的相似度为

$$S_E(\Gamma,T)=\min\left\{\inf_{\chi\in X}\left[\varphi\Gamma(\chi),T(\chi)\right],\inf_{\chi\in X}\left[\varphi T(\chi),\Gamma(\chi)\right]\right\}$$

其中，$\inf_{\chi\in X}\left[\varphi\Gamma(\chi),T(\chi)\right]$表示$\Gamma$是$T$的子集的程度，即$T$包含$\Gamma$的程度；$\varphi$是一个蕴涵算子且$\varphi:[0,1]\times[0,1]\to[0,1]$，满足$\varphi(0,1)=\varphi(1,1)=1$，$\varphi(1,0)=0$

下面将 Lukasiewicz 蕴涵代数在$[0,1]$上的蕴涵算子(Wang and Zhou，2009)引入相似度S_E，从而将相似度从模糊数域特殊化到实数域。

定义 3.6 对任意$r,q\in[0,1]$，Lukasiewicz 蕴涵算子ψ如下：

$$\psi(r,q)=r\to q=\min\{1,1-r+q\}$$

且$\psi(0,1)=\psi(1,1)=1$，$\psi(1,0)=0$，则r和q的相似度为

$$S_R(r,q)=\min\{\psi(r,q),\psi(q,r)\}$$
$$=\min\{\min\{1,1-r+q\},\min\{1,1-q+r\}\}$$

对任意确信结构 $(\Psi_1,\mathrm{cd}(\Psi_1))$ 和 $(\Psi_2,\mathrm{cd}(\Psi_2))$，当标示事件 Ψ_1 和 Ψ_2 相同时，给出函数 $S_M:[0,1]\times[0,1]\to[0,1]$ 满足：

$$S_M((\Psi_1,\mathrm{cd}(\Psi_1)),(\Psi_2,\mathrm{cd}(\Psi_2)))$$
$$=\min\{\min\{1,1-\mathrm{cd}(\Psi_1)+\mathrm{cd}(\Psi_2)\},\min\{1,1-\mathrm{cd}(\Psi_2)+\mathrm{cd}(\Psi_1)\}\}$$

由 $0\leqslant\mathrm{cd}(\Psi_1)\leqslant 1$，$0\leqslant\mathrm{cd}(\Psi_2)\leqslant 1$ 可知，

(1) 当 $0\leqslant\mathrm{cd}(\Psi_1)\leqslant\mathrm{cd}(\Psi_2)\leqslant 1$ 时，

$$0\leqslant 1-\mathrm{cd}(\Psi_2)+\mathrm{cd}(\Psi_1)\leqslant 1-\mathrm{cd}(\Psi_1)+\mathrm{cd}(\Psi_2)\leqslant 1$$

(2) 当 $0\leqslant\mathrm{cd}(\Psi_2)\leqslant\mathrm{cd}(\Psi_1)\leqslant 1$ 时，

$$0\leqslant 1-\mathrm{cd}(\Psi_1)+\mathrm{cd}(\Psi_2)\leqslant 1-\mathrm{cd}(\Psi_2)+\mathrm{cd}(\Psi_1)\leqslant 1$$

即 $1-\mathrm{cd}(\Psi_1)+\mathrm{cd}(\Psi_2)$ 和 $1-\mathrm{cd}(\Psi_2)+\mathrm{cd}(\Psi_1)$ 总是小于 1，因此得

$$S_M((\Psi_1,\mathrm{cd}(\Psi_1)),(\Psi_2,\mathrm{cd}(\Psi_2)))=\min\{1-\mathrm{cd}(\Psi_1)+\mathrm{cd}(\Psi_2),1-\mathrm{cd}(\Psi_2)+\mathrm{cd}(\Psi_1)\}$$

即

(1) 当 $0\leqslant\mathrm{cd}(\Psi_1)\leqslant\mathrm{cd}(\Psi_2)\leqslant 1$ 时，

$$S_M((\Psi_1,\mathrm{cd}(\Psi_1),\Psi_2,\mathrm{cd}(\Psi_2)))=1-\mathrm{cd}(\Psi_2)+\mathrm{cd}(\Psi_1)$$

(2) 当 $0\leqslant\mathrm{cd}(\Psi_2)\leqslant\mathrm{cd}(\Psi_1)\leqslant 1$ 时，

$$S_M((\Psi_1,\mathrm{cd}(\Psi_1),\Psi_2,\mathrm{cd}(\Psi_2)))=1-\mathrm{cd}(\Psi_1)+\mathrm{cd}(\Psi_2)$$

定理 3.1　对任意确信结构 $(\Psi_1,\mathrm{cd}(\Psi_1))$ 和 $(\Psi_2,\mathrm{cd}(\Psi_2))$，当标示事件 Ψ_1 和 Ψ_2 相同时，函数 $S_M((\Psi_1,\mathrm{cd}(\Psi_1),\Psi_2,\mathrm{cd}(\Psi_2)))=\min\{1-\mathrm{cd}(\Psi_1)+\mathrm{cd}(\Psi_2),1-\mathrm{cd}(\Psi_2)+\mathrm{cd}(\Psi_1)\}$ 是相似度。

证明已知 S_M 是一个 $[0,1]\times[0,1]\to[0,1]$ 上的映射，且确信结构 $(\Psi_1,\mathrm{cd}(\Psi_1))$ 和 $(\Psi_2,\mathrm{cd}(\Psi_2))$ 满足 $0\leqslant\mathrm{cd}(\Psi_1)\leqslant 1$ 和 $0\leqslant\mathrm{cd}(\Psi_2)\leqslant 1$，下面根据定义 3.3 证明 S_M 是相似度。

(1) 当 $\mathrm{cd}(\Psi_1)=1$ 且 $\mathrm{cd}(\Psi_2)=0$ 时，

$$\mathrm{cd}(\Psi_2)<\mathrm{cd}(\Psi_1)$$
$$S_M((\Psi_1,\mathrm{cd}(\Psi_1),\Psi_2,\mathrm{cd}(\Psi_2)))=1-\mathrm{cd}(\Psi_1)+\mathrm{cd}(\Psi_2)=0$$

当 $\mathrm{cd}(\Psi_1)=0$ 且 $\mathrm{cd}(\Psi_2)=1$ 时，

$$\mathrm{cd}(\Psi_1)<\mathrm{cd}(\Psi_2)$$
$$S_M((\Psi_1,\mathrm{cd}(\Psi_1),\Psi_2,\mathrm{cd}(\Psi_2)))=1-\mathrm{cd}(\Psi_2)+\mathrm{cd}(\Psi_1)=0$$

(2) 当 $\mathrm{cd}(\Psi_1)=\mathrm{cd}(\Psi_2)=c$ 时，

$$S_M((\Psi_1,\mathrm{cd}(\Psi_1),\Psi_2,\mathrm{cd}(\Psi_2)))=1-\mathrm{cd}(\Psi_1)+\mathrm{cd}(\Psi_2)=1-\mathrm{cd}(\Psi_2)+\mathrm{cd}(\Psi_1)=1$$

(3) 因为

$$S_M((\Psi_1,\mathrm{cd}(\Psi_1),\Psi_2,\mathrm{cd}(\Psi_2)))$$
$$=\min\{1-\mathrm{cd}(\Psi_1)+\mathrm{cd}(\Psi_2),1-\mathrm{cd}(\Psi_2)+\mathrm{cd}(\Psi_1)\}$$

$$S_M\left(\left(\Psi_2,\mathrm{cd}(\Psi_2),\Psi_1,\mathrm{cd}(\Psi_1)\right)\right)$$
$$=\min\left\{1-\mathrm{cd}(\Psi_2)+\mathrm{cd}(\Psi_1),1-\mathrm{cd}(\Psi_1)+\mathrm{cd}(\Psi_2)\right\}$$

且

$$\min\left\{1-\mathrm{cd}(\Psi_1)+\mathrm{cd}(\Psi_2),1-\mathrm{cd}(\Psi_2)+\mathrm{cd}(\Psi_1)\right\}$$
$$=\min\left\{1-\mathrm{cd}(\Psi_2)+\mathrm{cd}(\Psi_1),1-\mathrm{cd}(\Psi_1)+\mathrm{cd}(\Psi_2)\right\}$$

所以$S_M\left(\left(\Psi_1,\mathrm{cd}(\Psi_1),\Psi_2,\mathrm{cd}(\Psi_2)\right)\right)=S_M\left(\left(\Psi_2,\mathrm{cd}(\Psi_2),\Psi_1,\mathrm{cd}(\Psi_1)\right)\right)$

(4) 对任意确信结构$\left(\Psi_1,\mathrm{cd}(\Psi_1)\right)$，$\left(\Psi_2,\mathrm{cd}(\Psi_2)\right)$和$\left(\Psi_3,\mathrm{cd}(\Psi_3)\right)$，其中，$\mathrm{cd}(\Psi_1)\in[0,1]$，$\mathrm{cd}(\Psi_2)\in[0,1]$，$\mathrm{cd}(\Psi_3)\in[0,1]$，且$\mathrm{cd}(\Psi_1)\leqslant\mathrm{cd}(\Psi_2)\leqslant\mathrm{cd}(\Psi_3)$，下式成立：

$$1-\mathrm{cd}(\Psi_1)+\mathrm{cd}(\Psi_3)\geqslant 1-\mathrm{cd}(\Psi_3)+\mathrm{cd}(\Psi_1)$$
$$1-\mathrm{cd}(\Psi_1)+\mathrm{cd}(\Psi_2)\geqslant 1-\mathrm{cd}(\Psi_2)+\mathrm{cd}(\Psi_1)$$
$$1-\mathrm{cd}(\Psi_2)+\mathrm{cd}(\Psi_3)\geqslant 1-\mathrm{cd}(\Psi_3)+\mathrm{cd}(\Psi_2)$$

于是有

$$S_M\left(\left(\Psi_1,\mathrm{cd}(\Psi_1)\right),\left(\Psi_3,\mathrm{cd}(\Psi_3)\right)\right)=1-\mathrm{cd}(\Psi_3)+\mathrm{cd}(\Psi_1)$$
$$S_M\left(\left(\Psi_1,\mathrm{cd}(\Psi_1)\right),\left(\Psi_2,\mathrm{cd}(\Psi_2)\right)\right)=1-\mathrm{cd}(\Psi_2)+\mathrm{cd}(\Psi_1)$$
$$S_M\left(\left(\Psi_2,\mathrm{cd}(\Psi_2)\right),\left(\Psi_3,\mathrm{cd}(\Psi_3)\right)\right)=1-\mathrm{cd}(\Psi_3)+\mathrm{cd}(\Psi_2)$$

根据$\mathrm{cd}(\Psi_1)\leqslant\mathrm{cd}(\Psi_2)\leqslant\mathrm{cd}(\Psi_3)$，有

$$1-\mathrm{cd}(\Psi_3)+\mathrm{cd}(\Psi_1)\leqslant 1-\mathrm{cd}(\Psi_2)+\mathrm{cd}(\Psi_1)$$
$$1-\mathrm{cd}(\Psi_3)+\mathrm{cd}(\Psi_1)\leqslant 1-\mathrm{cd}(\Psi_3)+\mathrm{cd}(\Psi_2)$$

即

$$S_M\left(\left(\Psi_1,\mathrm{cd}(\Psi_1)\right),\left(\Psi_3,\mathrm{cd}(\Psi_3)\right)\right)\leqslant S_M\left(\left(\Psi_1,\mathrm{cd}(\Psi_1)\right),\left(\Psi_2,\mathrm{cd}(\Psi_2)\right)\right)$$
$$S_M\left(\left(\Psi_1,\mathrm{cd}(\Psi_1)\right),\left(\Psi_3,\mathrm{cd}(\Psi_3)\right)\right)\leqslant S_M\left(\left(\Psi_2,\mathrm{cd}(\Psi_2)\right),\left(\Psi_3,\mathrm{cd}(\Psi_3)\right)\right)$$

综上所述，根据定义 3.3，S_M是相似度。

3.2 确信度证据推理

在证据推理算法中，识别框架实质上是针对某一事件发生的不确定性的一组评价等级，证据被表示为由评价等级和置信度构成的置信结构，利用证据推理算法组合所有证据，可以得到最终的评价结果。对于不同的问题，专家需要重新定义评价等级，且评价等级的规模越大，计算过程越复杂、运算量越大。在上述分析的基础上，为了提高推理效率，本书将识别框架简化为事件的幂集，以确信度描述事件发生的不确定性以及证据的不确定性，缩小识别框架的同时，也使得识别框架和证据更加直观、便于理解。

在简化的识别框架的基础上，下面给出确信度证据推理的基本指派函数。

定义 3.7 设确信结构证据集$E=\left\{(e_l,c_l)\middle|0\leqslant c_l\leqslant 1,\ l=1,2,\cdots,T\right\}$，由事件$e_l$及其确信度

c_l 构成的相互独立的确信结构 (e_l,c_l) 表示第 l 个证据，其中，事件 e_l 称为证据 (e_l,c_l) 的标示事件，c_l 是标示事件 e_l 的确信度；证据的权重为 $W=\{w_1,\cdots,w_l,\cdots,w_T\}$，其中，$w_l$ 表示证据 (e_l,c_l) 的权重且 $0\leqslant w_l\leqslant 1$，$\sum_{l=1}^{T}w_l=1$。由事件 θ 构成的识别框架 $\Theta=\{\theta\}$，Θ 的幂集为 $2^{\Theta}=\{\varnothing,\{\theta\}\}$，$\varnothing$ 为空集，对任意 $l\in\{1,2,\cdots,T\}$，定义函数 $m:E\to[0,1]$ 满足：

$$m_{\varnothing}((e_l,c_l))=0,\quad m_{\Theta}((e_l,c_l))=w_lc_l$$

$$m_{2^{\Theta}}((e_l,c_l))=1-m_{\Theta}((e_l,c_l))=1-w_lc_l$$

其中，$m_{\varnothing}((e_l,c_l))$ 表示空集对事件 θ 不产生影响；$m_{\Theta}((e_l,c_l))$ 表示由证据 (e_l,c_l) 引起的分配给事件 θ 的确定程度（基本指派函数），该确定程度由证据的权重和确信度得到；$m_{2^{\Theta}}((e_l,c_l))$ 表示由证据 (e_l,c_l) 引起的未分配给事件 θ 的确定程度。由证据 (e_l,c_l) 的权重引起的未分配给事件 θ 的确定程度为

$$\bar{m}_{2^{\Theta}}((e_l,c_l))=1-w_l$$

定义 3.7 的另一种描述如下。

定义3.8　设识别框架为 $\Theta=\{\theta\}$，Θ 的幂集为 $2^{\Theta}=\{\varnothing,\{\theta\}\}$，证据集 $E=\{(e_l,c_l)|0\leqslant c_l\leqslant 1,l=1,2,\cdots,T\}$，由事件 e_l 及其确信度 c_l 构成的相互独立的确信结构 (e_l,c_l) 表示第 l 个证据，其中，事件 e_l 称为证据 (e_l,c_l) 的标示事件，c_l 是标示事件 e_l 的确信度；证据集对应的权重集为 $m_{2^{\Theta}}(O(t))$，w_l 表示证据 (e_l,c_l) 的权重且 $0\leqslant w_l\leqslant 1$，$\sum_{l=1}^{T}w_l=1$，对任意 $l\in\{1,2,\cdots,T\}$，基本指派函数 m 满足：

$$m_{\varnothing}((e_l,c_l))=0,\quad m_{\Theta}((e_l,c_l))=w_lc_l$$

$$m_{2^{\Theta}}((e_l,c_l))=1-w_lc_l,\quad \bar{m}_{2^{\Theta}}((e_l,c_l))=1-w_l$$

其中，$m_{\varnothing}((e_l,c_l))$ 表示空集对事件 θ 不产生影响；$m_{\Theta}((e_l,c_l))$ 表示由证据 (e_l,c_l) 引起的分配给事件 θ 的确定程度（基本指派函数）；$m_{2^{\Theta}}((e_l,c_l))$ 表示由证据 (e_l,c_l) 引起的未分配给事件 θ 的确定程度；$\bar{m}_{2^{\Theta}}((e_l,c_l))$ 表示由证据 (e_l,c_l) 的权重引起的未分配给事件 θ 的确定程度。

在基本指派函数的基础上，对 T 个证据进行组合后，得到 T 个证据对事件 θ 的合成确信度。

1. 递归确信度证据推理算法

令 $O(t)(t=1,2,\cdots,T)$ 表示前 t 个证据，记 $m_{\Theta}(O(t))$ 表示合成前 t 个证据得到的基本指派函数，表示前 t 个证据支持“事件 θ 为真”的确定程度；$m_{2^{\Theta}}(O(t))$ 表示前 t 个证据引起的未分配给事件 θ 的确定程度的合成；$\bar{m}_{2^{\Theta}}(O(t))$ 表示由前 t 个证据的权重引起的未分配给事件 θ 的确定程度的合成。当 $t=1$ 时，

$$m_{\Theta}(O(1))=m_{\Theta}((e_1,c_1))=w_1c_1$$

$$m_{2^{\Theta}}(O(1))=m_{2^{\Theta}}((e_1,c_1))=1-w_1c_1$$

$$\bar{m}_{2^{\Theta}}(O(1))=\bar{m}_{2^{\Theta}}((e_1,c_1))=1-w_1$$

根据递归证据推理算法(Yang et al.，2002a)，由合成前$t\left(t=2,\cdots,T\right)$个证据得

$$m_{\Theta}\left(O(t)\right)=m_{\Theta}\left(O(t-1)\right)m_{\Theta}\left(e_t\right)+m_{\Theta}\left(O(t-1)\right)m_{2^{\Theta}}\left(e_t\right)+m_{2^{\Theta}}\left(O(t-1)\right)m_{\Theta}\left(e_t\right)$$

$$m_{2^{\Theta}}\left(O(t)\right)=m_{2^{\Theta}}\left(O(t-1)\right)m_{2^{\Theta}}\left(e_t\right)$$

$$\bar{m}_{2^{\Theta}}\left(O(t)\right)=\bar{m}_{2^{\Theta}}\left(O(t-1)\right)\bar{m}_{2^{\Theta}}\left(e_t\right)$$

合成所有T个证据后，根据定义 3.8 得到事件θ的合成确信度：

$$c_r=\frac{m_{\Theta}\left(O(T)\right)}{1-\bar{m}_{2^{\Theta}}\left(O(T)\right)}$$

2. 解析确信度证据推理算法

令$O(t)\left(t=1,2,\cdots,T\right)$表示前$t$个证据，记$m_{\Theta}\left(O(T)\right)$表示由所有$T$个证据引起的支持“事件$\theta$为真”的确定程度，$m_{2^{\Theta}}\left(O(T)\right)$表示$T$个证据未分配给事件$\theta$的确定程度的合成，$\bar{m}_{2^{\Theta}}\left(O(T)\right)$表示由证据的权重引起的未分配给事件$\theta$的确定程度，由解析证据推理算法(Wang et al.，2006b；Yang et al.，2006b)得

$$m_{\Theta}\left(O(T)\right)=1-\prod_{t=1}^{T}m_{2^{\Theta}}\left(\left(e_t,c_t\right)\right)$$

$$m_{2^{\Theta}}\left(O(T)\right)=1-\prod_{t=1}^{T}m_{2^{\Theta}}\left(\left(e_t,c_t\right)\right)$$

$$\bar{m}_{2^{\Theta}}\left(O(T)\right)=\prod_{t=1}^{T}\bar{m}_{2^{\Theta}}\left(\left(e_t,c_t\right)\right)$$

合成所有T个证据后，根据定义 3.8 得到事件的合成确信度

$$c_a=\frac{m_{\Theta}\left(O(T)\right)}{1-\bar{m}_{2^{\Theta}}\left(O(T)\right)}=\frac{1-\prod_{t=1}^{T}m_{2^{\Theta}}\left(\left(e_t,c_t\right)\right)}{1-\prod_{t=1}^{T}\bar{m}_{2^{\Theta}}\left(\left(e_t,c_t\right)\right)}$$

定理 3.2 递归确信度证据推理算法和解析确信度证据推理算法等价。

证明 证明递归确信度证据推理算法和解析确信度证据推理算法等价，即证明$c_r=c_a$。

根据定义 3.8，设识别框架为$\Theta=\{\theta\}$，Θ的幂集为$2^{\Theta}=\{\varnothing,\{\theta\}\}$，证据集$E=\{(e_l,c_l)|\ 0\leqslant c_l\leqslant 1,l=1,2,\cdots,T\}$，证据集对应的权重集为$W=\{w_1,\cdots,w_l,\cdots,w_T\}$，$w_l$表示证据$(e_l,c_l)$的权重且$0\leqslant w_l\leqslant 1$，$\sum_{l=1}^{T}w_l=1$，对任意$l\left(l\in\{1,2,\cdots,T\}\right)$，基本指派函数$m$为

$$m_{\varnothing}\left(\left(e_l,c_l\right)\right)=0\text{，}\quad m_{\Theta}\left(\left(e_l,c_l\right)\right)=w_lc_l$$

$$m_{2^{\Theta}}\left(\left(e_l,c_l\right)\right)=1-w_lc_l\text{，}\quad \bar{m}_{2^{\Theta}}\left(\left(e_l,c_l\right)\right)=1-w_l$$

且$m_{2^{\Theta}}\left(e_l,c_l\right)=1-m_{\Theta}\left(e_l,c_l\right)$。下面用数学归纳法证明$c_r=c_a$

根据递归确信度证据推理算法，令$\Gamma(t)\left(t=1,2,\cdots,T\right)$表示前$t$个证据，记$m_{\Theta}\left(\Gamma(t)\right)$表示合成前$t$个证据得到的基本指派函数，表示前$t$个证据支持“事件$\theta$为真”的确定程度；$m_{2^{\Theta}}\left(\Gamma(t)\right)$表示前$t$个证据引起的未分配给事件$\theta$的确定程度的合成；$\bar{m}_{2^{\Theta}}\left(\Gamma(t)\right)$表示由前

t 个证据的权重引起的未分配给事件 θ 的确定程度的合成。由合成前两个证据得

$$\begin{aligned}
m_{\Theta}\left(\Gamma(2)\right) &= m_{\Theta}\left(\Gamma(1)\right)m_{\Theta}\left(\left(e_2,c_2\right)\right)+m_{\Theta}\left(\Gamma(1)\right)m_{2^{\Theta}}\left(\left(e_2,c_2\right)\right)+m_{2^{\Theta}}\left(\Gamma(1)\right)m_{\Theta}\left(\left(e_2,c_2\right)\right)\\
&= m_{\Theta}\left(\left(e_1,c_1\right)\right)m_{\Theta}\left(\left(e_2,c_2\right)\right)+m_{\Theta}\left(\left(e_1,c_1\right)\right)m_{2^{\Theta}}\left(\Gamma(1)\right)+m_{2^{\Theta}}\left(\Gamma(1)\right)m_{\Theta}\left(\left(e_2,c_2\right)\right)\\
&= m_{\Theta}\left(\left(e_1,c_1\right)\right)\left[m_{\Theta}\left(\left(e_2,c_2\right)\right)+m_{2^{\Theta}}\left(\Gamma(1)\right)\right]+m_{2^{\Theta}}\left(\Gamma(1)\right)m_{\Theta}\left(\left(e_2,c_2\right)\right)\\
&= \left[1-m_{2^{\Theta}}\left(\left(e_1,c_1\right)\right)\right]+m_{2^{\Theta}}\left(\Gamma(1)\right)\left[1-m_{2^{\Theta}}\left(\left(e_2,c_2\right)\right)\right]\\
&= 1-m_{2^{\Theta}}\left(\left(e_1,c_1\right)\right)m_{2^{\Theta}}\left(\left(e_2,c_2\right)\right)\\
&= 1-\prod_{\tau=1}^{2}m_{2^{\Theta}}\left(\left(e_\tau,c_\tau\right)\right)
\end{aligned}$$

$$m_{2^{\Theta}}\left(\Gamma(2)\right)=m_{2^{\Theta}}\left(\Gamma(1)\right)m_{2^{\Theta}}\left(\left(e_2,c_2\right)\right)=m_{2^{\Theta}}\left(\left(e_1,c_1\right)\right)m_{2^{\Theta}}\left(\left(e_2,c_2\right)\right)=\prod_{\tau=1}^{2}m_{2^{\Theta}}\left(\left(e_\tau,c_\tau\right)\right)$$

$$\bar{m}_{2^{\Theta}}\left(\Gamma(2)\right)=\bar{m}_{2^{\Theta}}\left(\Gamma(1)\right)\bar{m}_{2^{\Theta}}\left(\left(e_2,c_2\right)\right)=\bar{m}_{2^{\Theta}}\left(\left(e_1,c_1\right)\right)\bar{m}_{2^{\Theta}}\left(\left(e_2,c_2\right)\right)=\prod_{\tau=1}^{2}\bar{m}_{2^{\Theta}}\left(\left(e_\tau,c_\tau\right)\right)$$

通过上述公式可知：

$$m_{\Theta}\left(\Gamma(2)\right)+m_{2^{\Theta}}\left(\Gamma(2)\right)=1$$

根据解析确信度证据推理算法，令 $O(t)(t=1,2,\cdots,T)$ 表示前 t 个证据，记 $m_{\Theta}\left(O(t)\right)$ 表示由前 t 个证据引起的支持“事件 θ 为真”的确定程度，$m_{2^{\Theta}}\left(O(t)\right)$ 表示前 t 个证据未分配给事件 θ 的确定程度的合成，$\bar{m}_{2^{\Theta}}\left(O(t)\right)$ 表示由前 t 个证据的权重引起的未分配给事件 θ 的确定程度。由合成前两个证据得

$$m_{\Theta}\left(O(2)\right)=1-\prod_{\tau=1}^{2}m_{2^{\Theta}}\left(\left(e_\tau,c_\tau\right)\right)$$

$$m_{2^{\Theta}}\left(O(2)\right)=\prod_{\tau=1}^{2}m_{2^{\Theta}}\left(\left(e_\tau,c_\tau\right)\right)$$

$$\bar{m}_{2^{\Theta}}\left(O(2)\right)=\prod_{\tau=1}^{2}\bar{m}_{2^{\Theta}}\left(\left(e_\tau,c_\tau\right)\right)$$

即 $m_{\Theta}\left(\Gamma(2)\right)=m_{\Theta}\left(O(2)\right)$，$m_{2^{\Theta}}\left(\Gamma(2)\right)=m_{2^{\Theta}}\left(O(2)\right)$，$\bar{m}_{2^{\Theta}}\left(\Gamma(2)\right)=\bar{m}_{2^{\Theta}}\left(O(2)\right)$。

合成前 $T-1$ 个证据后，得到前 $T-1$ 个证据的确定程度的合成 $m_{\Theta}\left(\Gamma(T-1)\right)$、前 $T-1$ 个证据未分配给事件 θ 的确定程度的合成 $m_{2^{\Theta}}\left(\Gamma(T-1)\right)$ 以及由前 $T-1$ 个证据的权重引起的未分配给事件 θ 的确定程度的合成 $\bar{m}_{2^{\Theta}}\left(\Gamma(T-1)\right)$ 分别为

$$m_{\Theta}\left(\Gamma(T-1)\right)=m_{\Theta}\left(O(T-1)\right)=1-\prod_{\tau=1}^{T-1}m_{2^{\Theta}}\left(\left(e_\tau,c_\tau\right)\right)$$

$$m_{2^{\Theta}}\left(\Gamma(T-1)\right)=m_{2^{\Theta}}\left(O(T-1)\right)=\prod_{\tau=1}^{T-1}m_{2^{\Theta}}\left(\left(e_\tau,c_\tau\right)\right)$$

$$\bar{m}_{2^{\Theta}}\left(\Gamma(T-1)\right)=\bar{m}_{2^{\Theta}}\left(O(T-1)\right)=\prod_{\tau=1}^{T-1}\bar{m}_{2^{\Theta}}\left(\left(e_\tau,c_\tau\right)\right)$$

根据递归确信度证据推理算法，得到合成所有 T 个证据得到的确定程度 $m_{\Theta}\left(\Gamma(T)\right)$、

未分配给事件θ的确定程度$m_{2^\Theta}\left(\Gamma(T)\right)$以及由所有$T$个证据的权重引起的未分配给事件$\theta$的确定程度$\bar{m}_{2^\Theta}\left(\Gamma(T)\right)$分别为

$$m_\Theta\left(\Gamma(T)\right)=m_\Theta\left(\Gamma(T-1)\right)m_\Theta\left(\left(e_T,c_T\right)\right)+m_\Theta\left(\Gamma(T-1)\right)m_{2^\Theta}\left(\left(e_T,c_T\right)\right)+m_{2^\Theta}\left(\Gamma(T-1)\right)m_\Theta\left(\left(e_T,c_T\right)\right)$$

$$\begin{aligned}
&=\left[1-\prod_{\tau=1}^{T-1}m_{2^\Theta}\left(\left(e_\tau,c_\tau\right)\right)\right]\left[1-m_{2^\Theta}\left(\left(e_T,c_T\right)\right)\right]+\left[1-\prod_{\tau=1}^{T-1}m_{2^\Theta}\left(\left(e_\tau,c_\tau\right)\right)\right]m_{2^\Theta}\left(\left(e_T,c_T\right)\right)\\
&\quad+\prod_{\tau=1}^{T-1}m_{2^\Theta}\left(\left(e_\tau,c_\tau\right)\right)\left[1-m_{2^\Theta}\left(\left(e_T,c_T\right)\right)\right]\\
&=\left[1-\prod_{\tau=1}^{T-1}m_{2^\Theta}\left(\left(e_\tau,c_\tau\right)\right)\right]\left[1-m_{2^\Theta}\left(\left(e_T,c_T\right)\right)+m_{2^\Theta}\left(\left(e_T,c_T\right)\right)\right]\\
&\quad+\left[\prod_{\tau=1}^{T-1}m_{2^\Theta}\left(\left(e_\tau,c_\tau\right)\right)-m_{2^\Theta}\left(\left(e_T,c_T\right)\right)\prod_{\tau=1}^{T-1}m_{2^\Theta}\left(\left(e_\tau,c_\tau\right)\right)\right]\\
&=\left[1-\prod_{\tau=1}^{T-1}m_{2^\Theta}\left(\left(e_\tau,c_\tau\right)\right)\right]+\left[\prod_{\tau=1}^{T-1}m_{2^\Theta}\left(\left(e_\tau,c_\tau\right)\right)-\prod_{\tau=1}^{T}m_{2^\Theta}\left(\left(e_\tau,c_\tau\right)\right)\right]\\
&=1-\prod_{\tau=1}^{T}m_{2^\Theta}\left(\left(e_\tau,c_\tau\right)\right)
\end{aligned}$$

$$m_{2^\Theta}\left(\Gamma(T)\right)=m_{2^\Theta}\left(\Gamma(T-1)\right)m_{2^\Theta}\left(\left(e_T,c_T\right)\right)=m_{2^\Theta}\left(\left(e_T,c_T\right)\right)\prod_{\tau=1}^{T-1}m_{2^\Theta}\left(\left(e_\tau,c_\tau\right)\right)=\prod_{\tau=1}^{T}m_{2^\Theta}\left(\left(e_\tau,c_\tau\right)\right)$$

$$\bar{m}_{2^\Theta}\left(\Gamma(T)\right)=\bar{m}_{2^\Theta}\left(\Gamma(T-1)\right)\bar{m}_{2^\Theta}\left(\left(e_T,c_T\right)\right)=\bar{m}_{2^\Theta}\left(\left(e_T,c_T\right)\right)\prod_{\tau=1}^{T-1}\bar{m}_{2^\Theta}\left(\left(e_\tau,c_\tau\right)\right)=\prod_{\tau=1}^{T}\bar{m}_{2^\Theta}\left(\left(e_\tau,c_\tau\right)\right)$$

根据解析确信度证据推理算法，下列等式成立：

$$m_\Theta\left(\Gamma(T)\right)=m_\Theta\left(O(T)\right),\quad m_{2^\Theta}\left(\Gamma(T)\right)=m_{2^\Theta}\left(O(T)\right),\quad \bar{m}_{2^\Theta}\left(\Gamma(T)\right)=\bar{m}_{2^\Theta}\left(O(T)\right)$$

又因为

$$c_r=\frac{m_\Theta\left(\Gamma(T)\right)}{1-\bar{m}_{2^\Theta}\left(\Gamma(T)\right)},\quad c_a=\frac{m_\Theta\left(O(T)\right)}{1-\bar{m}_{2^\Theta}\left(O(T)\right)}$$

所以$c_r=c_a$。

综上所述，递归确信度证据推理算法和解析确信度证据推理算法等价。

定理3.2 说明递归确信度证据推理算法和解析确信度证据推理算法对T个证据合成结果是相同的，两种算法的主要区别是：①递归确信度证据推理算法的运算过程比解析确信度证据推理算法的运算过程更加直观、便于理解；②解析确信度证据推理算法的运算过程比递归确信度证据推理算法的运算过程更加简单、便于实现。

根据定理 3.2，下面依据解析确信度证据推理算法研究递归确信度证据推理算法和解析确信度证据推理算法的基本性质。

定理 3.3 （独立性）设识别框架$\Theta=\{\theta\}$，Θ的幂集为$2^\Theta=\{\varnothing,\{\theta\}\}$，证据集$E=\{(e_l,c_l)\mid 0\leqslant c_l\leqslant 1, l=1,2,\cdots,T\}$，证据$(e_l,c_l)(l=1,2,\cdots,T)$相互独立，$e_l$是证据$(e_l,c_l)$的标示事件，$c_l$是$e_l$的确信度。如果$c_l=0(l=1,2,\cdots,T)$，那么合成确信度$c_a=0$。

证明　根据解析确信度证据推理算法，假设证据集对应的权重集 $W=\{w_1,\cdots,w_l,\cdots,w_T\}$ 且 $0\leqslant w_l\leqslant 1$，$\sum_{l=1}^{T}w_l=1$，得到合成确信度

$$c_a=\frac{m_\Theta(O(T))}{1-\bar{m}_{2^\Theta}(O(T))}=\frac{1-\prod_{t=1}^{T}m_{2^\Theta}((e_t,c_t))}{1-\prod_{t=1}^{T}\bar{m}_{2^\Theta}((e_t,c_t))}=\frac{1-\prod_{t=1}^{T}(1-w_tc_t)}{1-\prod_{t=1}^{T}(1-w_t)}$$

将 $c_l=0(l=1,2,\cdots,T)$ 代入上式，得到 $c_a=0$。

定理 3.4（完整性）设识别框架 $\Theta=\{\theta\}$，Θ 的幂集为 $2^\Theta=\{\varnothing,\{\theta\}\}$，证据集 $E=\{(e_l,c_l)|0\leqslant c_l\leqslant 1,\quad l=1,2,\cdots,T\}$，证据 $(e_l,c_l)(l=1,2,\cdots,T)$ 相互独立，e_l 是证据 (e_l,c_l) 的标示事件，c_l 是 e_l 的确信度。如果 $c_l=1$ $(l=1,2,\cdots,T)$，那么合成确信度 $c_a=1$。

证明　根据解析确信度证据推理算法，设证据集对应的权重集 $W=\{w_1,\cdots,w_l,\cdots,w_T\}$，$w_l$ 是证据 (e_l,c_l) 的权重且 $0\leqslant w_l\leqslant 1$，$\sum_{l=1}^{T}w_l=1$，得到合成确信度

$$c_a=\frac{m_\Theta(O(T))}{1-\bar{m}_{2^\Theta}(O(T))}=\frac{1-\prod_{t=1}^{T}m_{2^\Theta}((e_t,c_t))}{1-\prod_{t=1}^{T}\bar{m}_{2^\Theta}((e_t,c_t))}=\frac{1-\prod_{t=1}^{T}(1-w_tc_t)}{1-\prod_{t=1}^{T}(1-w_t)}$$

将 $c_l=1(l=1,2,\cdots,T)$ 代入上式，得到 $c_a=1$。

定理 3.5（不完整性）设识别框架 $\Theta=\{\theta\}$，Θ 的幂集为 $2^\Theta=\{\varnothing,\{\theta\}\}$，证据集为 $E=\{(e_l,c_l)|0\leqslant c_l\leqslant 1,\ l=1,2,\cdots,T\}$，证据 $(e_l,c_l)(l=1,2,\cdots,T)$ 相互独立，e_l 表示证据 (e_l,c_l) 的标示事件，c_l 表示 e_l 的确信度。如果存在 $l_0\in\{1,2,\cdots,T\}$ 使得 $0\leqslant c_{l_0}<1$，那么合成确信度 c_a 满足 $0\leqslant c_a<1$。

证明　根据解析确信度证据推理算法，设证据集对应的权重集为 $W=\{w_1,\cdots,w_l,\cdots,w_T\}$，$w_l$ 是证据 (e_l,c_l) 的权重且 $0\leqslant w_l\leqslant 1$，$\sum_{t=1}^{T}w_t=1$，得到合成确信度：

$$c_a=\frac{m_\Theta(O(T))}{1-\bar{m}_{2^\Theta}(O(T))}=\frac{1-\prod_{t=1}^{T}m_{2^\Theta}((e_t,c_t))}{1-\prod_{t=1}^{T}\bar{m}_{2^\Theta}((e_t,c_t))}=\frac{1-\prod_{t=1}^{T}(1-w_tc_t)}{1-\prod_{t=1}^{T}(1-w_t)}$$

因为存在 $l_0\in\{1,2,\cdots,T\}$ 使得 $0\leqslant c_{l_0}<1$，且 $0\leqslant w_l\leqslant 1(l=1,2,\cdots,T)$，所以 $0\leqslant w_{l_0}c_{l_0}<1$，即 $1-w_{l_0}<1-w_{l_0}c_{l_0}\leqslant 1$。对任意 $l_1\in\{1,2,\cdots,T\}$ 且 $l_1\neq l_0$，有 $0\leqslant c_{l_1}\leqslant 1$ 且 $0<w_{l_1}<1$，于是有 $1-w_{l_1}\leqslant 1-w_{l_1}c_{l_1}\leqslant 1$，则 $\prod_{t=1}^{T}(1-w_t)<\prod_{t=1}^{T}(1-w_tc_t)\leqslant 1$，即 $1-\prod_{t=1}^{T}(1-w_t)>1-\prod_{t=1}^{T}(1-w_tc_t)\geqslant 0$，也就是说

$$0 \leqslant \frac{1-\prod_{t=1}^{T}(1-w_t c_t)}{1-\prod_{t=1}^{T}(1-w_t)} < 1$$

根据上述分析，$0 \leqslant c_a < 1$。

3.3 确信规则库

if-then 规则是一种常用的知识表示形式，规则库是由一系列相关规则组成的知识的集合。考虑前提属性权重和规则权重，以确信结构描述前提、结论和规则的不确定性的规则是确信规则，一系列相关的确信规则聚合在一起构成确信规则库。

定义 3.9 包含 K 条规则的确信规则库可以描述为

$$R = \langle (X,A),(Y,C),\mathrm{CD},\Omega,W,F \rangle$$

其中，$X = \{X_i | i=1,2,\cdots,I\}$ 是前提属性集合，$A(X_i) = \{A_{i,I_i} | I_i = 1,2,\cdots,L_i^A\}$ 是前提属性 X_i 的属性值集合；记 $A(X) = \{A(X_i) | i=1,2,\cdots,I\}$ 表示前提属性值集合，$Y = \{Y_j | j=1,2,\cdots,J\}$ 是结论属性的集合，记 $C(Y) = \{C(Y_j) | j=1,2,\cdots,J\}$ 表示结论属性的属性值集合，$C(Y_j) = \{C_{j,J_j} | J_j = 1,2,\cdots,L_j^C\}$ 是结论属性 X_i 的属性值集合；$\mathrm{CD} = \{\mathrm{cd}(\Psi) | \mathrm{cd}(\Psi) \in [0,1]\}$ 是确信度集合，事件 Ψ 可以是前提、结论或者规则，$\mathrm{cd}(\Psi)$ 表示事件 Ψ 的确信度，$(\Psi, \mathrm{cd}(\Psi))$ 表示事件 Ψ 的确信结构；$\Omega = \{\omega^1,\cdots,\omega^k,\cdots,\omega^K\}$ 是规则权重集合，$0 \leqslant \omega^k \leqslant 1$ 表示第 k 条规则的相对重要程度；$W = \{w_1,\cdots,w_i,\cdots,w_I\}$ 是前提属性权重集合，w_i 表示第 i 个前提属性的权重，$0 \leqslant w_i \leqslant 1$ 且 $\sum_{i=1}^{I} w_i = 1$；F 是一个逻辑函数，反映前提与结论之间的关系。

在确信规则库定义的基础上，为了使得确信规则知识表示更易于理解、便于使用，给出两个限制条件：

(1) 对于确信规则库的任意一条规则，每个前提属性都对应至多一个属性值，且至少有一个前提属性具有非空属性值，同样地，每个结论属性都对应至多一个属性值，且至少有一个结论属性具有非空属性值。

(2) 对于确信规则库的任意一条规则，前提属性由“∧”连接，表示逻辑“与”关系，同样地，结论属性也由“∧”连接。如果属性之间为逻辑“或”关系，则属性由“∨”连接，则根据 Xu 等(2006)分析的 8 种规则表述形式、“与”和“或”的相关性质(Wang and Zhou，2009)以及“∨”所在位置对规则进行拆分，如例 3.1 所示。

例 3.1 假设存在如下 if-then 规则：

$$\text{If } (a \wedge b) \vee c$$
$$\text{then } (d \vee e) \wedge f$$

根据分配律，结论部分可以表示为

$$(d \vee e) \wedge f = (d \wedge f) \vee (e \wedge f)$$

根据“$\vee$”所在位置拆分规则得到以下 4 条规则：

(1) If $a \wedge b$ then $d \wedge f$。

(2) If $a \wedge b$ then $e \wedge f$。

(3) If c then $d \wedge f$。

(4) If c then $e \wedge f$。

定义 3.10 包含 K 条规则的确信规则库 $R = \langle (X,A),(Y,C),\mathrm{CD},\Omega,W,F \rangle$ 的第 $k\left(k \in \{1,2,\cdots,K\}\right)$ 条确信规则 R^k 为

$$\text{If } \left(X_1 = A_1^k, \mathrm{cd}^k\left(X_1 = A_1^k\right)\right) \wedge \cdots \wedge \left(X_i = A_i^k, \mathrm{cd}^k\left(X_i = A_i^k\right)\right) \wedge \cdots \wedge \left(X_I = A_I^k, \mathrm{cd}^k\left(X_I = A_I^k\right)\right)$$

$$\text{then } \left(Y_1 = C_1^k, \mathrm{cd}^k\left(Y_1 = C_1^k\right)\right) \wedge \cdots \wedge \left(Y_j = C_j^k, \mathrm{cd}^k\left(Y_j = C_j^k\right)\right) \wedge \cdots \wedge \left(Y_J = C_J^k, \mathrm{cd}^k\left(Y_J = C_J^k\right)\right)$$

$$\text{with } \mathrm{cd}^k\left(R^k\right),\ \omega^k,\ \{w_1,\cdots,w_i,\cdots,w_I\}$$

其中，$X_i \in X$ 表示第 i 个前提属性；$A_i^k \in A_i$ 或 $A_i^k = \phi$（ϕ 表示缺省值 null，下同）表示在第 k 条规则 R^k 中第 i 个前提属性 X_i 的属性值；“$=$”表示“是”；“$X_i = A_i^k$”表示事件“在第 k 条规则 R^k 中第 i 个前提属性 X_i 的属性值是 A_i^k”；“$\mathrm{cd}^k\left(X_i = A_i^k\right)$”表示事件“$X_i = A_i^k$”的确信度，构成确信结构 $\left(X_i = A_i^k, \mathrm{cd}^k\left(X_i = A_i^k\right)\right)$，当 $A_i^k = \phi$ 时，$\mathrm{cd}^k\left(X_i = A_i^k\right) = 0$；$Y_j \in Y$ 表示第 j 个结论属性；$C_j^k \in C_j$ 或 $C_j^k = \phi$ 表示在第 k 条规则 R^k 中第 j 个结论属性 Y_j 的属性值；“$Y_j = C_j^k$”表示事件“在第 k 条规则 R^k 中第 j 个结论属性 Y_j 的属性值是 C_j^k”；“$\mathrm{cd}^k\left(Y_j = C_j^k\right)$”表示事件“$Y_j = C_j^k$”的确信度，构成确信结构 $\left(Y_j = C_j^k, \mathrm{cd}^k\left(Y_j = C_j^k\right)\right)$，当 $C_j^k = \phi$ 时，$\mathrm{cd}^k\left(Y_j = C_j^k\right) = 0$；$\mathrm{cd}^k\left(R^k\right)$ 表示第 k 条规则 R^k 的确信度；ω^k 表示第 k 条规则 R^k 的权重；$\{w_1,\cdots,w_i,\cdots,w_I\}$ 表示前提属性的权重。

例 3.2 在航空无线电干扰查处规则库①中，存在如下规则 R^1：

If(干扰发生时间=ϕ，0) $\wedge$ (干扰发生地点=ϕ，0) $\wedge$ (受干扰频率=ϕ，0) $\wedge$ (受干扰设备=ϕ，0) $\wedge$ (干扰特征=固定监测网能够接收干扰，0.8) $\wedge$ (干扰内容=ϕ，0) $\wedge$ (接收天线位置=ϕ，0) $\wedge$ (监测方案=ϕ，0) $\wedge$ (监测结果=ϕ，0) $\wedge$ (干扰原因=ϕ，0)

then (监测方案或处理方案=ϕ，0) $\wedge$ (干扰原因=地面干扰，0.75)

with $\mathrm{cd}\left(R^1\right)$=0.8，$\omega_1$=0.9，{0.05, 0.05, 0.15, 0.1, 0.1, 0.15, 0.15, 0.05, 0.1, 0.1}

其中，前提属性集合为 X={干扰发生时间, 干扰发生地点, 受干扰频率, 受干扰设备, 干扰特征, 干扰内容, 接收天线位置, 监测方案, 监测结果, 干扰原因}；对应的前提属性的权重集合为 W={0.05, 0.05, 0.15, 0.1, 0.1, 0.15, 0.15, 0.05, 0.1, 0.1}；(干扰发生时间=ϕ，0) 表示在规则 R^1 中前提属性“干扰发生时间”的属性值是缺省值；(干扰发生地点=ϕ，0) 表示在规则 R^1 中前提属性“干扰发生地点”的属性值是缺省值；(受干扰频率=ϕ，0) 表示在规则 R^1 中前提属性“受干扰频率”的属性值是缺省值；(受干扰设备=ϕ，0) 表示在规

① “航空无线电干扰查处规则库”为区间确信规则库(见第 4 章、第 7 章)。

则 R^1 中前提属性“受干扰设备”的属性值是缺省值；(干扰特征=固定监测网能够接收干扰，0.8)表示在规则 R^1 中前提属性“干扰特征”的属性值是“固定监测网能够接收干扰”且“前提属性‘干扰特征’的属性值是‘固定监测网能够接收干扰’”的确信度为“0.8”；(干扰内容=ϕ，0)表示在规则 R^1 中前提属性“干扰内容”的属性值是缺省值；(接收天线位置=ϕ，0)表示在规则 R^1 中前提属性“接收天线位置”的属性值是缺省值；(监测方案=ϕ，0)表示在规则 R^1 中前提属性“监测方案”的属性值是缺省值；(监测结果=ϕ，0)表示在规则 R^1 中前提属性“监测结果”的属性值是缺省值；(干扰原因=ϕ，0)表示在规则 R^1 中前提属性“干扰原因”的属性值是缺省值；结论属性集合为 X={监测方案或处理方案，干扰原因}，“(监测方案或处理方案=ϕ，0)”表示在规则 R^1 的前提条件下结论属性“监测方案或处理方案”的属性值是缺省值；“(干扰原因=地面干扰，0.75)”表示在规则 R^1 的前提条件下结论属性“干扰原因”的属性值是“地面干扰”且“前提属性‘干扰原因’的属性值是‘地面干扰’”的确信度为“0.75”；$\mathrm{cd}\left(R^1\right)$=0.8 表示规则 R^1 的确信度为 0.8；ω_1=0.9 表示规则 R^1 的规则权重为 0.9。

定义 3.10 中给出的规则的表示形式较为复杂，如果将“$X_i = A_i^k$”简记为“A_i^k”，将“$Y_j = C_j^k$”简写为“C_j^k”，则可得到第 k 条规则 R^k 的简写形式。

定义 3.11 包含 K 条规则的确信规则库 $R=\langle (X,A),(Y,C),\mathrm{CD},\Omega,W,F\rangle$ 的第 k $\left(k\in\{1,2,\cdots,K\}\right)$ 条确信规则 R^k 可以简写为

$$\text{If } \left(A_1^k,\mathrm{cd}^k\left(A_1^k\right)\right)\wedge\cdots\wedge\left(A_i^k,\mathrm{cd}^k\left(A_i^k\right)\right)\wedge\cdots\wedge\left(A_I^k,\mathrm{cd}^k\left(A_I^k\right)\right)$$
$$\text{then } \left(C_1^k,\mathrm{cd}^k\left(C_1^k\right)\right)\wedge\cdots\wedge\left(C_j^k,\mathrm{cd}^k\left(C_j^k\right)\right)\wedge\cdots\wedge\left(C_J^k,\mathrm{cd}^k\left(C_J^k\right)\right)$$
$$\text{with } \mathrm{cd}^k\left(R^k\right),\ \omega^k,\ \{w_1,\cdots,w_i,\cdots,w_I\}$$

其中，$\left(A_i^k,\mathrm{cd}^k\left(A_i^k\right)\right)$ 表示在第 k 条规则 R^k 中第 i 个前提属性 X_i 的属性值是 A_i^k $\left(A_i^k\in A_i\text{或}A_i^k=\phi\right)$；$\mathrm{cd}^k\left(A_i^k\right)$ 表示 A_i^k 的确信度，当 $A_i^k=\phi$ 时，$\mathrm{cd}^k\left(X_i=A_i^k\right)=0$；$\left(C_j^k,\mathrm{cd}^k\left(C_j^k\right)\right)$表示在第 k 条规则 R^k 中第 j 个结论属性 Y_j 的属性值是 C_j^k $\left(C_j^k\in C_j\text{或}C_j^k=\phi\right)$，$\mathrm{cd}^k\left(C_j^k\right)$ 是 C_j^k 的确信度，当 $C_j^k=\phi$ 时，$\mathrm{cd}^k\left(Y_j=C_j^k\right)=0$；$\mathrm{cd}^k\left(R^k\right)$ 表示第 k 条规则 R^k 的确信度；ω^k 表示第 k 条规则 R^k 的权重；$\{w_1,\cdots,w_i,\cdots,w_I\}$ 表示前提属性的权重。

记

$$\mathrm{cd}^k\left(A_i^k\right)=\alpha_i^k\quad\left(i=1,2,\cdots,I;\ k=1,2,\cdots,K\right)$$
$$\mathrm{cd}^k\left(C_j^k\right)=\beta_j^k\quad\left(j=1,2,\cdots,J;\ k=1,2,\cdots,K\right)$$
$$\mathrm{cd}^k\left(R^k\right)=\gamma^k\quad\left(k=1,2,\cdots,K\right)$$

则规则 R^k 可以表示为

$$\text{If } \left(A_1^k,\alpha_1^k\right)\wedge\cdots\wedge\left(A_i^k,\alpha_i^k\right)\wedge\cdots\wedge\left(A_I^k,\alpha_I^k\right)$$
$$\text{then } \left(C_1^k,\beta_1^k\right)\wedge\cdots\wedge\left(C_j^k,\beta_j^k\right)\wedge\cdots\wedge\left(C_J^k,\beta_J^k\right)$$
$$\text{with } \gamma^k,\ \omega^k,\ \{w_1,\cdots,w_i,\cdots,w_I\}$$

记

$$\wedge A^k = A_1^k \wedge \cdots \wedge A_i^k \wedge \cdots \wedge A_I^k$$
$$\wedge C^k = C_1^k \wedge \cdots \wedge C_j^k \wedge \cdots \wedge C_J^k$$

则规则 R^k 可以表示为

$$\text{If } \left(\wedge A^k, \alpha^k\right)$$
$$\text{then } \left(\wedge C^k, \beta^k\right)$$
$$\text{with } \gamma^k,\ \omega^k,\ \{w_1, \cdots, w_i, \cdots, w_I\}$$

其中，$\left(\wedge A^k, \alpha^k\right)$表示前提$\wedge A^k$的确信结构，$\wedge A^k$表示$I$个事件“在第$k$条规则$R^k$中前题属性$X_1$的属性值是$A_1^k$”“在第$k$条规则$R^k$中前题属性$X_2$的属性值是$A_2^k$”…“在第$k$条规则$R^k$中前题属性$X_I$的属性值是$A_I^k$”同时发生且为真，$\alpha^k = \mathrm{cd}^k\left(\wedge A^k\right)$表示前提$\wedge A^k$的确信度；$\left(\wedge C^k, \beta^k\right)$表示结论$\wedge C^k$的确信结构，$\wedge C^k$表示$J$个事件“在第$k$条规则$R^k$中结论属性$Y_1$的属性值是$C_1^k$”“在第$k$条规则$R^k$中结论属性$Y_2$的属性值是$C_2^k$”…“在第$k$条规则$R^k$中结论属性$Y_J$的属性值是$C_J^k$”同时发生且为真，$\beta^k = \mathrm{cd}^k\left(\wedge C^k\right)$表示$\wedge C^k$的确信度；$\gamma^k = \mathrm{cd}^k\left(R^k\right)$表示第$k$条规则$R^k$的确信度；$\omega^k$表示第$k$条规则$R^k$的权重；$\{w_1, \cdots, w_i, \cdots, w_I\}$表示前提属性的权重。

3.4　确信规则库推理

随着科学技术的不断进步，推理和决策过程变得越来越复杂，在不确定性环境下进行推理，首先需要对推理方法进行形式化。下面介绍一个具有代表性的三段推理模式(Mizumoto and Zimmermann，1982；E.艾蒂安，2004)。

前提 1: If $(\wedge A, \alpha)$　then $(\wedge C, \beta)$　with γ

前提 2: $(\wedge A, \alpha')$

结论：$(\wedge C, \beta')$

在这个推理模式中，$(\wedge A, \alpha)$、$(\wedge C, \beta)$、$(\wedge A, \alpha')$、$(\wedge C, \beta')$都是确信结构，结论由前提 1(以规则形式表示的知识)和前提 2(输入事实)决定，结论的不确定性由前提 1 的不确定性和前提 2 的不确定性决定。这个推理模式的含义是：(1)当前提 2 的事件与前提 1 的前提事件相同时，前提 2 与前提 1 匹配成功、前提 1 被激活，根据前提 1 的结论事件可以得到结论的事件。(2)结论的确信度根据前提 1 的前提、结论和规则的确信度以及前提 2 的确信度得到。

以三段推理模式为基础，下面研究基于确信规则库的不确定性推理模型——确信规则库推理。首先给出输入事实的表示形式(定义 3.12),然后给出规则的激活条件(定义 3.13)。

定义 3.12 对于包含 K 条规则的确信规则库

$$R=\langle (X,A),(Y,C),\mathrm{CD},\Omega,W,F\rangle$$

与其相关的输入事实为

$$\mathrm{Input}()=\{(a_1,\alpha_1),\cdots,(a_i,\alpha_i),\cdots,(a_I,\alpha_I)\}$$

其中,(a_i,α_i) 表示在输入事实中第 i 个前提属性 X_i 的属性值是 $a_i\in A_i$ 或 $a_i=\phi$ 的确信结构,$0\leqslant\alpha_i\leqslant 1$ 是 a_i 的确信度,当 $a_i=\phi$ 时,$\alpha_i=0$。

定义 3.13 对于包含 K 条规则的确信规则库

$$R=\langle (X,A),(Y,C),\mathrm{CD},\Omega,W,F\rangle$$

和输入事实

$$\mathrm{Input}()=\{(a_1,\alpha_1),\cdots,(a_i,\alpha_i),\cdots,(a_I,\alpha_I)\}$$

如果对任意 $i\in\{1,2,\cdots,I\}$,规则 $R^k\left(k\in\{1,2,\cdots,K\}\right)$ 的前提属性值 A_i^k 满足:

$$A_i^k=a_i \text{ 或 } A_i^k=\phi$$

即 A_i^k 和 a_i 相同或 A_i^k 为缺省值,则称输入事实 Input() 与规则 R^k 匹配成功,规则 R^k 被激活。

当输入事实 Input() 与规则 $R^k\left(k\in\{1,2,\cdots,K\}\right)$ 匹配成功,规则 R^k 被激活时,需要计算前提属性值 $A_i^k\left(i=1,2,\cdots,I\right)$ 的激活程度以反映输入事实 Input() 对结论 $\wedge C^k$ 的影响。

定义 3.14 对于包含 K 条规则的确信规则库

$$R=\langle (X,A),(Y,C),\mathrm{CD},\Omega,W,F\rangle$$

和输入事实

$$\mathrm{Input}()=\{(a_1,\alpha_1),\cdots,(a_i,\alpha_i),\cdots,(a_I,\alpha_I)\}$$

假设输入事实 Input() 与确信规则库 R 中的第 k 条$\left[k\in\{1,2,\cdots,K\}\right]$规则 R^k 匹配成功,则规则 R^k 的第 i 个$(i=1,2,\cdots,I)$ 前提属性值 A_i^k 的激活确信度 $\tilde{\alpha}_i^k$ 由该属性值的确信结构 $\left(A_i^k,\alpha_i^k\right)$ 与输入事实中第 i 个前提属性值的确信结构 (a_i,α_i) 的相似度给出:

$$\tilde{\alpha}_i^k=\begin{cases}S_M\left(\left(A_i^k,\alpha_i^k\right),(a_i,\alpha_i)\right), & A_i^k\in A_i\\ 1, & A_i^k=\phi\end{cases}$$

其中,$S_M\left(\left(A_i^k,\alpha_i^k\right),(a_i,\alpha_i)\right)=\min\left\{1-\alpha_i^k+\alpha_i,1-\alpha_i+\alpha_i^k\right\}$,当 $A_i^k=\phi$ 时,$\tilde{\alpha}_i^k=1$,表示当规则 R^k 的第 i 个前提属性值缺省时,无论输入事实 Input() 的第 i 个属性的属性值如何取值,第 i 个前提属性均完全被激活,即输入事实 Input() 的第 i 个属性的属性值对规则 R^k 是否被激活没有影响。

记

$$A^k=\left\{\tilde{\alpha}_i^k\,\middle|\,i=1,2,\cdots,I\right\}$$

表示输入事实 Input() 与确信规则库 R 中的第 k 条规则 R^k 匹配成功时,所有激活确信度的集合。

输入事实 Input() $=\{(a_1,\alpha_1),\cdots,(a_i,\alpha_i),\cdots,(a_I,\alpha_I)\}$ 与规则 R^k 匹配成功后，根据三段推理模式可以得到输入事实条件下的结论，且输入事实和规则的不确定性将向结论传播，从而得到输入事实条件下结论的不确定性，下面研究不确定性传播算法。

3.4.1　确信规则库推理的顺序传播算法

假设输入事实 Input() 与规则 $R^k\left(k\in\{1,2,\cdots,K\}\right)$ 匹配成功，根据输入事实 Input() 和规则 R^k，推理得到输入事实条件下的结论及其确信度。

由于确信规则库 R 中规则 R^k 的前提属性值允许缺省(即前提属性值为 ϕ)，因而在进行推理时需要将缺省属性值的前提属性的权重重置为 0。也就是说；在规则 R^k 被激活的前提下，取值为缺省值的前提属性对结论没有影响且完全不重要。然后根据其他前提属性的权重，按照权重和为 1 的原则对规则 R^k 的前提属性权重进行重置。具体过程如下：

步骤 1　根据前提属性值，重置前提属性权重。

根据规则 R^k 的前提属性值重置前提属性权重得到

$$W^k=\left\{w_1^k,\cdots,w_i^k,\cdots,w_I^k\right\}$$

其中，

$$w_i^k=\begin{cases}w_i, & A_i^k\in A_i\\ 0, & A_i^k=\phi\end{cases}$$

表示规则库 R 中的第 k 条规则 R^k 被激活后，第 i 个前提属性 X_i 的重置权重。

步骤 2　根据前提属性的重置权重得到前提属性的激活权重。

前提属性的激活权重为

$$\tilde{W}^k=\left\{\tilde{w}_i^k,\cdots,\tilde{w}_i^k,\cdots,\tilde{w}_I^k\right\}$$

其中，

$$\tilde{w}_i^k=\frac{w_i^k}{\sum_{t=1}^{I}w_t^k}$$

表示规则库 R 中的第 k 条规则 R^k 被激活后，第 i 个前提属性 X_i 的激活权重。

下面根据前提属性的激活确信度和激活权重计算前提的激活确信度。

由于在确信规则中，前提属性由逻辑“与”（“$\wedge$”）连接，因而下面给出一个 T-模算子用于合成前提属性的激活确信度，反映前提属性的激活权重对前提激活确信度的影响，得到前提 $\wedge A^k$ 的激活确信度

$$\tilde{\alpha}^k=\prod_{i=1}^{I}\sqrt[I]{\left(\tilde{\alpha}_i^k\right)^{\overline{w}_i^k}}$$

其中，

$$\overline{w}_i^k=\frac{\tilde{w}_i^k}{\max\limits_{l=1,\cdots,I}\left\{\tilde{w}_l^k\right\}}$$

是激活权重的几何平均算子，表示前提属性的激活权重越小，该前提属性值的确定程度对前提的激活确信度的影响越小[$\overline{w}_i^k$ 趋近于 0，$\left(\tilde{\alpha}_i^k\right)^{\overline{w}_i^k}$ 趋近于 1]。

在三段推理模式中，规则(前提 1)和输入事实(前提 2)都是结论的证据。由确信规则和输入事实得到结论及其确信度的推理模式为

$$\begin{array}{l}
\text{前提 1：If } \left(\wedge A^k,\alpha^k\right) \quad \text{then } \left(\wedge C^k,\beta^k\right) \\
\qquad\qquad \text{with } \gamma^k,\ \omega^k,\ \left\{w_1,\cdots,w_i,\cdots,w_I\right\} \\
\text{前提 2：} \left(\wedge A^k,\tilde{\alpha}^k\right) \\
\hline
\text{结论：} \left(\wedge C^k,\tilde{\beta}^k\right)
\end{array}$$

其中，结论 $\wedge C^k$ 的确信度 $\tilde{\beta}^k$ 是由前提 1 的确信度 α^k、结论的确信度 β^k、规则的确信度 γ^k、前提属性权重 $\left\{w_1,\cdots,w_i,\cdots,w_I\right\}$ 和规则权重 ω^k 以及前提 2 的确信度 $\tilde{\alpha}^k$ 得到的。

根据确信度证据推理，设规则 R^k 的结论 $\wedge C^k$ 的集合 $\Theta^k=\left\{\wedge C^k\right\}$ 为识别框架，记 $2^{\Theta^k}=\left\{\varnothing,\left\{\wedge C^k\right\}\right\}$ 为识别框架的幂集。规则的确信结构 $\left(R^k,\gamma^k\right)$ 和激活前提的确信结构 $\left(\wedge A^k,\tilde{\alpha}^k\right)$ 都是结论的证据，规则 R^k 的确信度 γ^k 表示“规则 R^k 为真”的确定程度，前提 $\wedge A^k$ 的激活确信度 $\tilde{\alpha}^k$ 表示“在输入事实条件下前提 $\wedge A^k$ 为真”的确定程度。由于证据为真的确定程度越大该证据越重要，因而下面根据证据为真的确定程度计算每个证据的激活权重：

$$w_R^k=\frac{\gamma^k}{\tilde{\alpha}^k+\gamma^k}$$

$$w_A^k=\frac{\tilde{\alpha}^k}{\tilde{\alpha}^k+\gamma^k}$$

其中，w_R^k 表示规则 R^k 的激活权重；w_A^k 表示前提 $\wedge A^k$ 的激活权重，$w_R^k+w_A^k=1$。

根据定义 3.8 得到基本指派函数

$$m_{\Theta^k}\left(\left(R^k,\gamma^k\right)\right)=w_R^k\gamma^k=\frac{\left(\gamma^k\right)^2}{\tilde{\alpha}^k+\gamma^k}$$

$$m_{2^{\Theta^k}}\left(\left(R^k,\gamma^k\right)\right)=1-w_R^k\gamma^k=1-\frac{\left(\gamma^k\right)^2}{\tilde{\alpha}^k+\gamma^k}$$

$$\overline{m}_{2^{\Theta^k}}\left(\left(R^k,\gamma^k\right)\right)=1-w_R^k=\frac{\tilde{\alpha}^k}{\tilde{\alpha}^k+\gamma^k}$$

其中，$m_{\Theta^k}\left(\left(R^k,\gamma^k\right)\right)$ 表示由规则 R^k 引起的分配给结论 $\wedge C^k$ 的基本指派函数；$m_{2^{\Theta^k}}\left(\left(R^k,\gamma^k\right)\right)$ 表示由规则 R^k 引起的未分配给结论 $\wedge C^k$ 的基本指派函数；$\overline{m}_{2^{\Theta^k}}\left(\left(R^k,\gamma^k\right)\right)$ 表示由规则 R^k 的激活权重引起的未分配给结论 $\wedge C^k$ 的基本指派函数。

$$m_{\Theta^k}\left(\left(\wedge A^k,\tilde{\alpha}^k\right)\right)=w_A^k\tilde{\alpha}^k=\frac{\left(\tilde{\alpha}^k\right)^2}{\tilde{\alpha}^k+\gamma^k}$$

$$m_{2^{\Theta^k}}\left(\left(\wedge A^k,\tilde{\alpha}^k\right)\right)=1-w_A^k\tilde{\alpha}^k=1-\frac{\left(\tilde{\alpha}^k\right)^2}{\tilde{\alpha}^k+\gamma^k}$$

$$\bar{m}_{2^{\Theta^k}}\left(\left(\wedge A^k,\tilde{\alpha}^k\right)\right)=1-w_A^k=\frac{\gamma^k}{\tilde{\alpha}^k+\gamma^k}$$

其中，$m_{\Theta^k}\left(\left(\wedge A^k,\tilde{\alpha}^k\right)\right)$表示由前提$\wedge A^k$引起的基本指派函数；$m_{2^{\Theta^k}}\left(\left(\wedge A^k,\tilde{\alpha}^k\right)\right)$表示由前提$\wedge A^k$引起的未分配给结论$\wedge C^k$的基本指派函数；$\bar{m}_{2^{\Theta^k}}\left(\left(\wedge A^k,\tilde{\alpha}^k\right)\right)$表示由前提$\wedge A^k$的激活权重引起的未分配给结论$\wedge C^k$的基本指派函数。

根据确信度证据推理，融合证据的不确定性得到合成指派函数

$$\begin{aligned}m_{\Theta^k}&=m_{\Theta^k}\left(\left(R^k,\gamma^k\right)\right)m_{\Theta^k}\left(\left(\wedge A^k,\tilde{\alpha}^k\right)\right)+m_{\Theta^k}\left(\left(R^k,\gamma^k\right)\right)m_{2^{\Theta^k}}\left(\left(\wedge A^k,\tilde{\alpha}^k\right)\right)\\&\quad+m_{\Theta^k}\left(\left(\wedge A^k,\tilde{\alpha}^k\right)\right)m_{2^{\Theta^k}}\left(\left(R^k,\gamma^k\right)\right)\\&=w_R^k\gamma^k+w_A^k\tilde{\alpha}^k-w_R^kw_A^k\gamma^k\tilde{\alpha}^k\\&=\frac{\left(\gamma^k\right)^2}{\tilde{\alpha}^k+\gamma^k}+\frac{\left(\tilde{\alpha}^k\right)^2}{\tilde{\alpha}^k+\gamma^k}-\frac{\left(\tilde{\alpha}^k\right)^2\left(\gamma^k\right)^2}{\left(\tilde{\alpha}^k+\gamma^k\right)^2}\end{aligned}$$

$$\bar{m}_{2^{\Theta^k}}=\bar{m}_{2^{\Theta^k}}\left(\left(R^k,\gamma^k\right)\right)\bar{m}_{2^{\Theta^k}}\left(\left(\wedge A^k,\tilde{\alpha}^k\right)\right)=\left(1-w_R^k\right)\left(1-w_A^k\right)=\frac{\tilde{\alpha}^k\gamma^k}{\left(\tilde{\alpha}^k+\gamma^k\right)^2}$$

结论$\wedge C^k$的确信度

$$\tilde{\beta}^k=\frac{m_{\Theta^k}}{1-\bar{m}_{2^{\Theta^k}}}=\frac{\left(\tilde{\alpha}^k+\gamma^k\right)\left[\left(\tilde{\alpha}^k\right)^2+\left(\gamma^k\right)^2\right]-\left(\tilde{\alpha}^k\right)^2\left(\gamma^k\right)^2}{\left(\tilde{\alpha}^k+\gamma^k\right)^2-\tilde{\alpha}^k\gamma^k}$$

在输入事实 Input() 条件下结论$\wedge C^k$的确信度$\tilde{\beta}^k$的基础上，根据相似度S_M以及规则R^k中各结论属性值$C_j^k\left(j=1,2,\cdots,J\right)$的确信度$\beta_j^k$，得到输入事实条件下结论属性值的确信度

$$\tilde{\beta}_j^k=\left(1-\beta_j^k+\tilde{\beta}^k\right)\beta_j^k$$

3.4.2　确信规则库推理的平行传播算法

假设输入事实 Input() 与确信规则库R中T条确信规则$R_l\left(l=1,2,\cdots,T\right)$匹配成功，且具有相同的结论属性值$C'$，则结论属性值$C'$的确信度由$T$条确信规则共同决定。输入事实 Input() 与第l条规则R_l匹配成功后，根据顺序传播算法计算得到输入事实条件下各结论属性值的确信度，则第l条规则R_l可以表示为

$$\text{If }\left(\wedge A_l,\tilde{\alpha}_l\right)$$

$$\text{then } \left(C_{l,n},\tilde{\beta}_{l,n}\right)\wedge\cdots\wedge\left(C_{l,n-1},\tilde{\beta}_{l,n-1}\right)\wedge\left(C_{l,n+1},\tilde{\beta}_{l,n+1}\right)\wedge\cdots\wedge\left(C_{l,j},\tilde{\beta}_{l,j}\right)$$

$$\text{with } \gamma_l,\ \omega_l,\ \{w_1,\cdots,w_i,\cdots,w_I\}$$

其中，$\wedge A_l$ 表示规则 R_l 的前提；$\tilde{\alpha}_l$ 表示前提 $\wedge A_l$ 的激活确信度；$C_{l,n}$（简记为 C_l，下同）与 C' 取值相同，表示输入事实 Input() 条件下规则 R_l 的第 n 个$\left(n\in\{1,2,\cdots,J\}\right)$结论属性值；$\tilde{\beta}_{l,n}$（简记为 $\tilde{\beta}_l$，下同）表示结论属性值 C' 的确信度；$C_{l,j}\left(j\in\{1,2,\cdots,J\}\text{且}j\neq n\right)$ 表示输入事实 Input() 条件下规则 R_l 的第 j 个结论属性值；$\tilde{\beta}_{l,j}$ 表示结论属性值 $C_{l,j}$ 的确信度；γ_l 表示规则 R_l 的确信度；ω_l 表示规则 R_l 的权重；$\{w_1,\cdots,w_i,\cdots,w_I\}$ 表示规则 R_l 的前提属性的权重。

输入事实 Input() 条件下结论属性值 C' 的确信度分别为 $\tilde{\beta}_1,\cdots,\tilde{\beta}_l,\cdots,\tilde{\beta}_T$，其中，$\tilde{\beta}_l$ 表示输入事实 Input() 与规则 R_l 匹配成功后，输入事实条件下结论属性值 C' 的确信度。

在一个确信规则库中，每条规则的重要程度（规则权重）不同。下面在特征向量法（Saaty，1990）的基础上，根据规则权重计算 T 条规则的相对权重，表示证据 $\left(C_1,\tilde{\beta}_1\right),\cdots,\left(C_l,\tilde{\beta}_l\right),\cdots,\left(C_T,\tilde{\beta}_T\right)$ 的权重。

步骤 1 根据规则权重 $\omega_l\left(l=1,2,\cdots,T\right)$ 构建偏好矩阵

$$\boldsymbol{P}_M=\begin{bmatrix}\omega_1/\omega_1 & \omega_1/\omega_2 & \cdots & \omega_1/\omega_T\\ \omega_2/\omega_1 & \omega_2/\omega_2 & \cdots & \omega_2/\omega_T\\ \vdots & \vdots & & \vdots\\ \omega_T/\omega_1 & \omega_T/\omega_2 & \cdots & \omega_T/\omega_T\end{bmatrix}$$

步骤 2 计算偏好矩阵 $\boldsymbol{P}_M$ 的最大特征值 $\lambda_{\max}$。求解 $\left|\lambda\boldsymbol{E}-\boldsymbol{P}_M\right|=0$ 得到 $\boldsymbol{P}_M$ 的所有特征值 λ，其中，$\boldsymbol{E}$ 是单位矩阵；$\lambda_{\max}=\max\{\lambda\}$。

步骤 3 计算最大特征值 $\lambda_{\max}$ 的特征向量。求解 $\left(\lambda_{\max}\boldsymbol{E}-\boldsymbol{P}_M\right)\boldsymbol{V}'=0$ 得到 $\lambda_{\max}$ 对应的特征向量 $\boldsymbol{V}=\left(v_1,\cdots,v_l,\cdots,v_T\right)$。

步骤 4 规范化最大特征值 $\lambda_{\max}$ 的特征向量 $\boldsymbol{V}=\left(v_1,\cdots,v_l,\cdots,v_T\right)$，得到规则的相对权重 $\varpi=\{\varpi_1,\cdots,\varpi_l,\cdots,\varpi_T\}$，其中，

$$\varpi_l=\frac{v_l}{\sum_{t=1}^{T}v_t}$$

表示规则 R_l 的相对权重。

根据确信度证据推理，设结论 C' 的集合 $\Theta'=\{C'\}$ 为识别框架，记 $2^{\Theta'}=\{\varnothing,\{C'\}\}$ 为识别框架的幂集。根据定义 3.8 得到基本指派函数：

$$m_{\Theta'}\left(\left(C_l,\tilde{\beta}_l\right)\right)=\varpi_l\tilde{\beta}_l$$

$$m_{2^{\Theta'}}\left(\left(C_l,\tilde{\beta}_l\right)\right)=1-\varpi_l\tilde{\beta}_l$$

$$\bar{m}_{2^{\Theta'}}\left(\left(C_l,\tilde{\beta}_l\right)\right)=1-\varpi_l$$

其中，$m_{\Theta'}\left(\left(C_l,\tilde{\beta}_l\right)\right)$ 表示由规则 R_l 中证据 $\left(C_l,\tilde{\beta}_l\right)$ 引起的分配给结论属性值 C' 的基本指派

函数，$m_{2^{\Theta'}}\left(\left(C_l,\tilde{\beta}_l\right)\right)$表示由规则$R_l$中证据$\left(C_l,\tilde{\beta}_l\right)$引起的未分配给结论属性值$C'$的基本指派函数；$\bar{m}_{2^{\Theta'}}\left(\left(C_l,\tilde{\beta}_l\right)\right)$表示由规则$R_l$中证据$\left(C_l,\tilde{\beta}_l\right)$的相对权重引起的未分配给结论属性值$C'$的基本指派函数；$l=1,2,\cdots,T$。

令$O(t)(t=1,2,\cdots,T)$表示前t条规则中证据$\left(C_t,\tilde{\beta}_t\right)$的合成，记$m_{\Theta'}\left(O(t)\right)$表示合成前$t$个证据得到的基本指派函数，$m_{2^{\Theta'}}\left(O(t)\right)$表示前$t$个证据未分配给结论$C'$的确定程度的合成结果；$\bar{m}_{2^{\Theta'}}\left(O(t)\right)$表示由前$t$个证据的权重引起的未分配给结论$C'$的确定程度的合成结果。当$t=1$时，

$$m_{\Theta'}\left(O(1)\right)=m_{\Theta'}\left(\left(C_1,\tilde{\beta}_1\right)\right)=\varpi_1\tilde{\beta}_1$$

$$m_{2^{\Theta'}}\left(O(1)\right)=m_{2^{\Theta'}}\left(\left(C_1,\tilde{\beta}_1\right)\right)=1-\varpi_1\tilde{\beta}_1$$

$$\bar{m}_{2^{\Theta'}}\left(O(1)\right)=\bar{m}_{2^{\Theta'}}\left(\left(C_1,\tilde{\beta}_1\right)\right)=1-\varpi_1$$

合成前t个$(t=2,\cdots,T)$证据得到

$$\begin{aligned}m_{\Theta'}\left(O(t)\right)&=m_{\Theta'}\left(O(t-1)\right)m_{\Theta'}\left(\left(C_t,\tilde{\beta}_t\right)\right)+m_{\Theta'}\left(O(t-1)\right)m_{2^{\Theta'}}\left(\left(C_t,\tilde{\beta}_t\right)\right)\\&\quad+m_{2^{\Theta'}}\left(O(t-1)\right)m_{\Theta'}\left(\left(C_t,\tilde{\beta}_t\right)\right)\\&=1-\prod_{\tau=1}^{t}m_{2^{\Theta'}}\left(\left(C_\tau,\tilde{\beta}_\tau\right)\right)=1-\prod_{\tau=1}^{t}\left(1-\varpi_\tau\tilde{\beta}_\tau\right)\end{aligned}$$

$$m_{2^{\Theta'}}\left(O(t)\right)=m_{2^{\Theta'}}\left(O(t-1)\right)m_{2^{\Theta'}}\left(\left(C_t,\tilde{\beta}_t\right)\right)=\prod_{\tau=1}^{t}m_{2^{\Theta'}}\left(\left(C_\tau,\tilde{\beta}_\tau\right)\right)=\prod_{\tau=1}^{t}\left(1-\varpi_\tau\tilde{\beta}_\tau\right)$$

$$\bar{m}_{2^{\Theta'}}\left(O(t)\right)=\bar{m}_{2^{\Theta'}}\left(O(t-1)\right)\bar{m}_{2^{\Theta'}}\left(\left(C_t,\tilde{\beta}_t\right)\right)=\prod_{\tau=1}^{t}\bar{m}_{2^{\Theta'}}\left(\left(C_\tau,\tilde{\beta}_\tau\right)\right)=\prod_{\tau=1}^{t}\left(1-\varpi_\tau\right)$$

合成所有T个证据后，根据定义 3.8 得到结论C'的合成确信度

$$\beta'=\frac{m_{\Theta'}\left(O(T)\right)}{1-\bar{m}_{2^{\Theta'}}\left(O(T)\right)}=\frac{1-\prod_{\tau=1}^{T}m_{2^{\Theta'}}\left(\left(C_\tau,\tilde{\beta}_\tau\right)\right)}{1-\prod_{\tau=1}^{T}\bar{m}_{2^{\Theta'}}\left(\left(C_\tau,\tilde{\beta}_\tau\right)\right)}=\frac{1-\prod_{\tau=1}^{T}\left(1-\varpi_\tau\tilde{\beta}_\tau\right)}{1-\prod_{\tau=1}^{T}\left(1-\varpi_\tau\right)}$$

3.4.3　确信规则库推理的演绎传播算法

确信规则库允许某条规则的结论是另一条规则的前提。假设确信规则库R中属性Z既是前提属性（$Z\in X$）又是结论属性（$Z\in Y$），输入事实 Input() 与规则R^k（或者多条规则）匹配成功，且规则R^k（或者多条规则）的结论属性Z的属性值C_Z在输入事实条件下的确信度（或者合成确信度）为β_Z，则结论属性与输入事实应当合并。确信规则库中既是前提属性又是结论属性的属性称为重复属性。

属性值C_Z与输入事实 Input() 之间存在三种关系：①原输入事实中不包含属性Z的属

性值；②原输入事实中包含属性 Z 的属性值，但属性值不为 C_Z；③原输入事实中包含属性值 C_Z。当原输入事实中不包含属性 Z 的属性值时，属性值 C_Z 及其确信度 β_Z 应当添加入原输入事实构造新的输入事实，即 $\text{Input}() = \text{Input}() \cup \{(C_Z, \beta_Z)\}$；当原输入事实中包含属性 Z 的属性值但属性值不为 C_Z 时，取确信度较大的属性值；当原输入事实中包含属性值 C_Z 时，设原输入事实 Input() 中属性值 C_Z 的确信度为 α_Z，根据确信度证据推理算法计算属性值 C_Z 的合成确信度 $\tilde{\alpha}_Z$，即输入事实 Input() 中属性值 C_Z 的确信度更新为 $\tilde{\alpha}_Z$。

与顺序传播算法相同，证据的确信度越大，其对属性值的合成确信度的影响越大，即权重越大。下面根据输入事实中属性值 C_Z 的确信度 α_Z 和结论属性值 C_Z 的确信度 β_Z 计算证据的权重

$$w_F = \frac{\alpha_Z}{\alpha_Z + \beta_Z}$$

$$w_C = \frac{\beta_Z}{\alpha_Z + \beta_Z}$$

其中，w_F 表示证据 (C_Z, α_Z) 的权重；w_C 表示证据 (C_Z, β_Z) 的权重，$w_F + w_C = 1$。

根据确信度证据推理，设结论 C_Z 的集合 $\Theta_Z = \{C_Z\}$ 为识别框架，记 $2^{\Theta_Z} = \{\varnothing, \{C_Z\}\}$ 为识别框架的幂集。根据定义 3.8 得到基本指派函数：

$$m_{\Theta_Z}((C_Z, \alpha_Z)) = w_F \alpha_Z = \frac{\alpha_Z^2}{\alpha_Z + \beta_Z}$$

$$m_{2^{\Theta_Z}}((C_Z, \alpha_Z)) = 1 - w_F \alpha_Z = 1 - \frac{\alpha_Z^2}{\alpha_Z + \beta_Z}$$

$$\bar{m}_{2^{\Theta_Z}}((C_Z, \alpha_Z)) = 1 - w_F = \frac{\beta_Z}{\alpha_Z + \beta_Z}$$

其中，$m_{\Theta_Z}((C_Z, \alpha_Z))$ 表示证据 (C_Z, α_Z) 引起的基本指派函数；$m_{2^{\Theta_Z}}((C_Z, \alpha_Z))$ 表示证据 (C_Z, α_Z) 引起的未分配的基本指派函数；$\bar{m}_{2^{\Theta_Z}}((C_Z, \alpha_Z))$ 表示证据 (C_Z, α_Z) 的权重引起的未分配的基本指派函数。

$$m_{\Theta_Z}((C_Z, \beta_Z)) = w_C \beta_Z = \frac{\beta_Z^2}{\alpha_Z + \beta_Z}$$

$$m_{2^{\Theta_Z}}((C_Z, \beta_Z)) = 1 - w_C \beta_Z = 1 - \frac{\beta_Z^2}{\alpha_Z + \beta_Z}$$

$$\bar{m}_{2^{\Theta_Z}}((C_Z, \beta_Z)) = 1 - w_C = \frac{\alpha_Z}{\alpha_Z + \beta_Z}$$

其中，$m_{\Theta_Z}((C_Z, \beta_Z))$ 表示证据 (C_Z, β_Z) 引起的基本指派函数；$m_{2^{\Theta_Z}}((C_Z, \beta_Z))$ 表示证据 (C_Z, β_Z) 引起的未分配的基本指派函数；$\bar{m}_{2^{\Theta_Z}}((C_Z, \beta_Z))$ 表示证据 (C_Z, β_Z) 的权重引起的未分配的基本指派函数。

由融合证据的不确定性得到合成指派函数：

$$m_{\Theta_Z} = m_{\Theta_Z}((C_Z, \alpha_Z)) m_{\Theta_Z}((C_Z, \beta_Z)) + m_{\Theta_Z}((C_Z, \alpha_Z)) m_{2^{\Theta_Z}}((C_Z, \beta_Z))$$

$$
\begin{aligned}
&+m_{\Theta_Z}\left(\left(C_Z,\beta_Z\right)\right)m_{2^{\Theta_Z}}\left(\left(C_Z,\alpha_Z\right)\right)\\
&=w_F\alpha_Z+w_C\beta_Z-w_Fw_C\alpha_Z\beta_Z\\
&=\frac{\alpha_Z^2}{\alpha_Z+\beta_Z}+\frac{\beta_Z^2}{\alpha_Z+\beta_Z}-\frac{\alpha_Z^2\beta_Z^2}{\left(\alpha_Z+\beta_Z\right)^2}
\end{aligned}
$$

$$
\bar{m}_{2^{\Theta_Z}}=\bar{m}_{2^{\Theta_Z}}\left(\left(C_Z,\alpha_Z\right)\right)\bar{m}_{2^{\Theta_Z}}\left(\left(C_Z,\beta_Z\right)\right)=\left(1-w_F\right)\left(1-w_C\right)=\frac{\alpha_Z\beta_Z}{\left(\alpha_Z+\beta_Z\right)^2}
$$

输入事实 Input() 中属性值 C_Z 的确信度更新为

$$
\tilde{\alpha}_Z=\frac{m_{\Theta_Z}}{1-\bar{m}_{2^{\Theta_Z}}}=\frac{\left(\alpha_Z+\beta_Z\right)\left[\left(\alpha_Z\right)^2+\left(\beta_Z\right)^2\right]-\left(\alpha_Z\right)^2\left(\beta_Z\right)^2}{\left(\alpha_Z+\beta_Z\right)^2-\alpha_Z\beta_Z}
$$

另外，最新一次匹配成功得到的结论与已有结论之间也存在三种关系：①已有结论中不包含新结论的属性；②已有结论中包含新结论中某一属性的属性值但属性值不同；③已有结论中包含新结论中某一属性的属性值且属性值相同。针对这三种关系的演绎传播算法和属性值 C_Z 与输入事实 Input() 之间三种关系的演绎传播算法相同。

为了避免重复推理，一般先对前提部分重复属性的属性值缺省且结论部分重复属性的属性值不为缺省值的规则进行对比和推理，得到输入事实条件下的结论，并根据结论更新输入事实。输入事实更新完成后，需要再次与规则库中的其他规则进行对比，确定所有匹配成功的规则，重复使用顺序传播算法、平行传播算法和演绎传播算法更新已有结论和输入事实，直至没有新的规则匹配成功为止。

在第 2 章介绍的不确定性推理模型应满足 6 个基本条件的基础上，考虑确信规则的前提属性以逻辑“与”连接，下面证明确信规则库推理满足条件 1)～条件 5)（徐扬等，1994；蔡自兴和姚莉，2006）。

定理 3.6　确信规则库推理是不确定性推理模型。

证明　要证明确信规则库推理是不确定性推理模型，只需证明确信规则库推理满足不确定性推理模型的 5 个基本条件。

根据定义 3.9，包含 K 条规则的确信规则库为

$$
R=\left\langle\left(X,A\right),\left(Y,C\right),\mathrm{CD},\Omega,W,F\right\rangle
$$

1) 当输入事实和规则都是确定性时，该模型应满足确定性推理

(1) 根据顺序传播算法，假设输入事实和规则都是确定性，则确信规则库 R 中存在规则 $R^k\left(k\in\{1,2,\cdots,K\}\right)$ 可以表示为

$$
\begin{aligned}
&\text{If}\ \left(A_1^k,\alpha_1^k\right)\wedge\cdots\wedge\left(A_i^k,\alpha_i^k\right)\wedge\cdots\wedge\left(A_I^k,\alpha_I^k\right)\\
&\text{then}\ \left(C_1^k,\beta_1^k\right)\wedge\cdots\wedge\left(C_j^k,\beta_j^k\right)\wedge\cdots\wedge\left(C_J^k,\beta_J^k\right)\\
&\text{with}\ \gamma^k,\ \omega^k,\ \{w_1,\cdots,w_i,\cdots,w_I\}
\end{aligned}
$$

其中，$\alpha_1^k=\cdots=\alpha_I^k=\cdots=\beta_1^k=\cdots=\beta_J^k=1$；$\gamma^k=1$；$\omega^k=1$。

输入事实为 $\text{Input()}=\left\{\left(a_1,\alpha_1\right),\cdots,\left(a_i,\alpha_i\right),\cdots,\left(a_I,\alpha_I\right)\right\}$，其中 $\alpha_1=\cdots=\alpha_i=\cdots=\alpha_I=1$。

假设输入事实 Input() 与确信规则 R^k 匹配成功，则规则 R^k 的第 i 个 $\left(i=1,2,\cdots,I\right)$ 前提属

性值 A_i^k 的激活确信度

$$\tilde{\alpha}_i^k=\begin{cases}S_M\left(\left(A_i^k,\alpha_i^k\right),\left(a_i,\alpha_i\right)\right), & A_i^k\in A_i\\ 1, & A_i^k=\varnothing\end{cases}$$

其中，$S_M\left(\left(A_i^k,\alpha_i^k\right),\left(a_i,\alpha_i\right)\right)=\min\left\{1-\alpha_i^k+\alpha_i,1-\alpha_i+\alpha_i^k\right\}=1$。

前提的激活确信度

$$\tilde{\alpha}^k=\prod_{i=1}^{I}\sqrt[I]{\left(\tilde{\alpha}_i^k\right)^{\overline{w}_i^k}}=\prod_{i=1}^{I}\sqrt[I]{(1)^{\overline{w}_i^k}}=1$$

其中，

$$\overline{w}_i^k=\frac{\tilde{w}_i^k}{\max\limits_{l=1,\cdots,I}\left\{\tilde{w}_l^k\right\}}$$

结论 $\wedge C^k$ 的确信度

$$\tilde{\beta}^k=\frac{\left(\tilde{\alpha}^k+\gamma^k\right)\left[\left(\tilde{\alpha}^k\right)^2+\left(\gamma^k\right)^2\right]-\left(\tilde{\alpha}^k\right)^2\left(\gamma^k\right)^2}{\left(\tilde{\alpha}^k+\gamma^k\right)^2-\tilde{\alpha}^k\gamma^k}=\frac{(1+1)\left(1^2+1^2\right)-1^2\times1^2}{(1+1)^2-1\times1}=1$$

则输入事实条件下，结论属性值 $C_j^k\left(j=1,2,\cdots,J\right)$ 的确信度

$$\tilde{\beta}_j^k=\left(1-\beta_j^k+\tilde{\beta}^k\right)\beta_j^k=1$$

(2) 根据平行传播算法，设输入事实 Input() 与确信规则库 R 中 T 条确信规则 $R_l\left(l=1,2,\cdots,T\right)$ 匹配成功，且具有相同的结论属性值 C'。

因为输入事实和规则都是确定性，所以根据顺序传播算法，得到输入事实 Input() 条件下结论属性值 C' 的确信度分别为 $\tilde{\beta}_1=1,\cdots,\tilde{\beta}_l=1,\cdots,\tilde{\beta}_T=1$，其中，$\tilde{\beta}_l$ 表示输入事实 Input() 与规则 R_l 匹配成功后得到结论属性值 C' 的确信度。

因为输入事实和规则都是确定性的，所以规则 $R_l\left(l=1,2,\cdots,T\right)$ 的权重 $\omega_l=1$，于是得到规则的相对权重为 $\varpi=\left\{\varpi_1=1/T,\cdots,\varpi_l=1/T,\cdots,\varpi_T=1/T\right\}$。结论属性值 C' 的合成确信度为

$$\beta'=\frac{1-\prod\limits_{\tau=1}^{T}\left(1-\varpi_\tau\tilde{\beta}_\tau\right)}{1-\prod\limits_{\tau=1}^{T}\left(1-\varpi_\tau\right)}=\frac{1-\left(1-1/T\right)^T}{1-\left(1-1/T\right)^T}=1$$

(3) 根据演绎传播算法，当原输入事实 Input() 中不包含属性值 C_Z 时，由于输入事实和规则都是确定性的，因而属性值 C_Z 及其确信度 $\beta_Z=1$ 添加入原输入事实形成新的输入事实，即 $\text{Input()}=\text{Input()}\cup\left\{\left(C_Z,1\right)\right\}$，输入事实仍是确定性。

当原输入事实中包含属性值 C_Z 时，由于输入事实和规则都是确定性的，因而设原输入事实 Input() 中属性值 C_Z 的确信度 $\alpha_Z=1$，结论属性 Z 的属性值 C_Z 在输入事实条件下的确信度(或合成确信度) $\beta_Z=1$，则属性值 C_Z 的合成确信度

$$\tilde{\alpha}_Z=\frac{\left(\alpha_Z+\beta_Z\right)\left[\left(\alpha_Z\right)^2+\left(\beta_Z\right)^2\right]-\left(\alpha_Z\right)^2\left(\beta_Z\right)^2}{\left(\alpha_Z+\beta_Z\right)^2-\alpha_Z\beta_Z}=1$$

综上所述，当输入事实和规则都是确定性时，确信规则库推理满足确定性推理。

2) 当对前提的不确定性一无所知时，该前提对结论的不确定性没有任何影响

由于对前提的不确定性一无所知，因而假设存在确信规则 $R^k\left(k\in\{1,2,\cdots,K\}\right)$ 满足在输入事实条件下确信规则 R^k 的前提为 $\left(\wedge A^k,\tilde{\alpha}^k\right)$，其中，$\tilde{\alpha}^k=0$，激活后的规则 R^k 为

$$\text{If } \left(\wedge A^k,0\right)$$
$$\text{then } \left(C_1^k,\beta_1^k\right)\wedge\cdots\wedge\left(C_j^k,\beta_j^k\right)\wedge\cdots\wedge\left(C_J^k,\beta_J^k\right)$$
$$\text{with } \gamma^k,\ \omega^k,\ \{w_1,\cdots,w_i,\cdots,w_I\}$$

根据顺序传播算法，结论 $\wedge C^k$ 的确信度

$$\tilde{\beta}^k=\frac{\left(\tilde{\alpha}^k+\gamma^k\right)\left[\left(\tilde{\alpha}^k\right)^2+\left(\gamma^k\right)^2\right]-\left(\tilde{\alpha}^k\right)^2\left(\gamma^k\right)^2}{\left(\tilde{\alpha}^k+\gamma^k\right)^2-\tilde{\alpha}^k\gamma^k}=\frac{\left(0+\gamma^k\right)\left[0^2+\left(\gamma^k\right)^2\right]-0^2\times\left(\gamma^k\right)^2}{\left(0+\gamma^k\right)^2-0\times\gamma^k}=\gamma^k$$

在输入事实条件下，结论属性值 $C_j^k\left(j=1,2,\cdots,J\right)$ 的确信度

$$\tilde{\beta}_j^k=\left(1-\beta_j^k+\gamma^k\right)\times\beta_j^k$$

确信度 $\tilde{\beta}_j^k$ 与前提 $\wedge A^k$ 的确信度 $\tilde{\alpha}^k$ 无关，即当对前提的不确定性一无所知时，该前提对结论的不确定性没有任何影响。

3) 当前提对结论未提供任何信息时，前提不影响结论的不确定性

由于某条规则的前提对结论未提供任何信息，因而设输入事实与确信规则库 R 中的确信规则 R_1 和 R_2 匹配成功，且具有相同的结论属性值 C'。在输入事实条件下，结论属性值的确信度分别为 $\tilde{\beta}_1$ 和 $\tilde{\beta}_2$，其中，$\tilde{\beta}_1=0$、$0<\tilde{\beta}_1\leqslant 1$，且规则的权重分别为 ω_1 和 ω_2，其中，$\omega_1=0$、$0<\omega_2\leqslant 1$。根据平行传播算法，规则 R_1 和规则 R_2 的相对权重分别为 $\varpi_1=0$ 和 $\varpi_2=1$，结论 C' 的合成确信度

$$\beta'=\frac{1-\prod_{\tau=1}^{2}\left(1-\varpi_\tau\tilde{\beta}_\tau\right)}{1-\prod_{\tau=1}^{2}\left(1-\varpi_\tau\right)}=\frac{1-\left(1-0\times 0\right)\times\left(1-1\times\tilde{\beta}_2\right)}{1-\left(1-0\right)\times\left(1-1\right)}=\tilde{\beta}_2$$

确信度 β' 与规则 R_1 中结论属性值 C' 的确信度 $\tilde{\beta}_1$ 无关，即当前提对结论未提供任何信息时，前提不影响结论的不确定性。

4) 当前提与结论无关时，前提对结论不产生任何影响

由于某条规则的前提与结论无关，因而假设存在 $k\in\{1,2,\cdots,K\}$，使得确信规则库 R 中的规则 R^k 满足前提与结论无关，规则 R^k 可以表示为

$$\text{If } \left(A_1^k,\alpha_1^k\right)\wedge\cdots\wedge\left(A_i^k,\alpha_i^k\right)\wedge\cdots\wedge\left(A_I^k,\alpha_I^k\right)$$
$$\text{then } \left(C_1^k,\beta_1^k\right)\wedge\cdots\wedge\left(C_j^k,\beta_j^k\right)\wedge\cdots\wedge\left(C_J^k,\beta_J^k\right)$$
$$\text{with } \gamma^k,\ \omega^k,\ \{w_1,\cdots,w_i,\cdots,w_I\}$$

其中，$\beta_1^k=\cdots=\beta_j^k=\cdots=\beta_J^k=0$。

根据顺序传播算法，输入事实条件下结论属性值的确信度

$$\tilde{\beta}_j^k = \left(1-\beta_j^k+\tilde{\beta}^k\right)\beta_j^k = \left(1-0+\tilde{\beta}^k\right)\times 0 = 0$$

即当前提与结论无关时，前提对结论不产生任何影响。

5) 当前提为复合命题且组成该复合命题的各简单命题以逻辑“与”连接时，复合命题的不确定性值小于等于所有简单命题的不确定性值

在确信规则库 R 中，确信规则的前提为复合命题且组成该复合命题的各简单命题以逻辑“与”连接，即前提属性以逻辑“与”连接。

如果输入事实 $\text{Input}() = \{(a_1,\alpha_1),\cdots,(a_i,\alpha_i),\cdots,(a_I,\alpha_I)\}$ 与确信规则 R^k 可以表示为

$$\text{If } \left(A_1^k,\alpha_1^k\right)\wedge\cdots\wedge\left(A_i^k,\alpha_i^k\right)\wedge\cdots\wedge\left(A_I^k,\alpha_I^k\right)$$
$$\text{then } \left(C_1^k,\beta_1^k\right)\wedge\cdots\wedge\left(C_j^k,\beta_j^k\right)\wedge\cdots\wedge\left(C_J^k,\beta_J^k\right)$$
$$\text{with } \gamma^k,\ \omega^k,\ \{w_1,\cdots,w_i,\cdots,w_I\}$$

匹配成功，则规则 R^k 的前提属性值 $\left(A_i^k,\alpha_i^k\right)$ 的激活确信度

$$\tilde{\alpha}_i^k = \begin{cases} S_M\left(\left(A_i^k,\alpha_i^k\right),(a_i,\alpha_i)\right), & A_i^k \in A_i \\ 1, & A_i^k = \varnothing \end{cases}$$

其中，$S_M\left(\left(A_i^k,\alpha_i^k\right),(a_i,\alpha_i)\right) = \min\left\{1-\alpha_i^k+\alpha_i, 1-\alpha_i+\alpha_i^k\right\}$；前提的激活确信度

$$\tilde{\alpha}^k = \prod_{i=1}^{I}\sqrt[I]{\left(\tilde{\alpha}_i^k\right)^{\tilde{w}_i^k / \max\limits_{\tau=1,\cdots,I}\{\tilde{w}_\tau^k\}}}$$

其中，$\tilde{w}_i^k = w_i^k \Big/ \sum\limits_{t=1}^{I} w_t^k$，$w_i^k\,(i=1,2,\cdots,I)$ 为激活权重。前提的不确定性由前提属性值的激活确信度和前提属性的激活权重共同决定，要证明复合命题的不确定性值小于等于命题的不确定性值，只需证明：

$$\tilde{\alpha}^k \leqslant \min\left\{\left(\tilde{\alpha}_1^k\right)^{\tilde{w}_1^k / \max\limits_{\tau=1,\cdots,I}\{\tilde{w}_\tau^k\}},\cdots,\left(\tilde{\alpha}_i^k\right)^{\tilde{w}_i^k / \max\limits_{\tau=1,\cdots,I}\{\tilde{w}_\tau^k\}},\cdots,\left(\tilde{\alpha}_I^k\right)^{\tilde{w}_I^k / \max\limits_{\tau=1,\cdots,I}\{\tilde{w}_\tau^k\}}\right\}$$

存在 $\varsigma \in \{1,2,\cdots,I\}$，使得

$$\left(\tilde{\alpha}_\varsigma^k\right)^{\tilde{w}_\varsigma^k / \max\limits_{\tau=1,\cdots,I}\{\tilde{w}_\tau^k\}} = \min\left\{\left(\tilde{\alpha}_1^k\right)^{\tilde{w}_1^k / \max\limits_{\tau=1,\cdots,I}\{\tilde{w}_\tau^k\}},\cdots,\left(\tilde{\alpha}_i^k\right)^{\tilde{w}_i^k / \max\limits_{\tau=1,\cdots,I}\{\tilde{w}_\tau^k\}},\cdots,\left(\tilde{\alpha}_I^k\right)^{\tilde{w}_I^k / \max\limits_{\tau=1,\cdots,I}\{\tilde{w}_\tau^k\}}\right\}$$

且 $0 \leqslant \left(\tilde{\alpha}_\varsigma^k\right)^{\tilde{w}_\varsigma^k / \max\limits_{\tau=1,\cdots,I}\{\tilde{w}_\tau^k\}} \leqslant 1$。

对任意 $i \in \{1,2,\cdots,I\}$ 且 $i \neq \varsigma$，前提属性值的激活确信度和前提属性的激活权重满足 $0 \leqslant \tilde{\alpha}_i^k \leqslant 1$ 且 $0 \leqslant \tilde{w}_i^k \Big/ \max\limits_{\tau=1,\cdots,I}\{\tilde{w}_\tau^k\} \leqslant 1$，即 $0 \leqslant \left(\tilde{\alpha}_i^k\right)^{\tilde{w}_i^k / \max\limits_{\tau=1,\cdots,I}\{\tilde{w}_\tau^k\}} \leqslant 1$，$0 \leqslant \prod\limits_{\substack{i=1\\i\neq\varsigma}}^{I}\sqrt[I]{\left(\tilde{\alpha}_i^k\right)^{\tilde{w}_i^k / \max\limits_{\tau=1,\cdots,I}\{\tilde{w}_\tau^k\}}} \leqslant 1$，

则前提的激活确信度

$$\tilde{\alpha}^k = \prod_{i=1}^{I}\sqrt[I]{\left(\tilde{\alpha}_i^k\right)^{\tilde{w}_i^k / \max\limits_{\tau=1,\cdots,I}\{\tilde{w}_\tau^k\}}} = \left(\tilde{\alpha}_\varsigma^k\right)^{\tilde{w}_\varsigma^k / \max\limits_{\tau=1,\cdots,I}\{\tilde{w}_\tau^k\}} \times \prod_{\substack{i=1\\i\neq\varsigma}}^{I}\sqrt[I]{\left(\tilde{\alpha}_i^k\right)^{\tilde{w}_i^k / \max\limits_{\tau=1,\cdots,I}\{\tilde{w}_\tau^k\}}}$$

满足

$$0 \leqslant \tilde{\alpha}^k \leqslant \left(\tilde{\alpha}_\varsigma^k\right)^{\tilde{w}_\varsigma^k / \max\limits_{\tau=1,\cdots,I}\{\tilde{w}_\tau^k\}}$$

即当前提为复合命题且组成该复合命题的各简单命题以逻辑“与”连接时，复合命题的不确定性值小于等于所有简单命题的不确定性值。

与 Yang 等(1994，2006a，2013)提出的证据推理和基于证据推理算法的置信规则库推理方法相比，确信度证据推理和基于证据推理的确信规则库推理在充分描述不确定性的同时，简化了运算过程。与置信规则库(Yang J et al.，2006a)相比，确信规则库知识表示方法考虑了前提的不确定性，并且允许结论包含多个结论属性，知识表示更加全面。

3.5 案 例 分 析

本节包含两个案例：数值算例和美国航空航天局(national aeronautics and space administration，NASA)软件缺陷预测——先通过数值算例说明确信规则库推理具有可行性；再通过 NASA 软件缺陷预测进一步说明确信规则库推理具有有效性，并通过与已有方法进行对比说明该方法具有优越性。

3.5.1 数值算例

假设 $R=\langle (X,A),(Y,C),\mathrm{CD},\Omega,W,F\rangle$ 为确信规则库。其中，$X=\{X_1,X_2,X_3,X_4\}$，$A=\{A_1,A_2,A_3,A_4\}$，$A_1=\{a_{11},a_{12},a_{13}\}$，$A_2=\{a_{21},a_{22},a_{23}\}$，$A_3=\{a_{31},a_{32}\}$，$A_4=\{a_{41},a_{42}\}$；$Y=\{X_4,X_5\}$，$C=\{C_1,C_2\}$，$C_1=\{a_{41},a_{42}\}$，$C_2=\{a_{51},a_{52}\}$；$W=\{w_1,w_2,w_3,w_4\}$，$w_1=0.4$，$w_2=0.15$，$w_3=0.2$，$w_4=0.25$。确信规则库 R 中，属性 X_4 既是前提属性又是结论属性(重复属性)，规则 $R^k\ (k=1,2,\cdots,10)$ 如表 3-1 所示。输入事实

$$\mathrm{Input}()=\{(a_{11},0.6),(a_{21},0.8),(a_{31},0.6)\}$$

表 3-1 确信规则库

规则 (R^k)	前提 $(\wedge A^k)$	结论 $(\wedge C^k)$	权重 (ω^k)	确信度 (γ^k)
R^1	$(a_{11},0.7)\wedge(a_{21},0.6)$	$(a_{41},0.7)$	0.8	0.9
R^2	$(a_{13},0.8)\wedge(a_{32},0.7)$	$(a_{42},0.6)$	0.7	0.9
R^3	$(a_{22},0.6)\wedge(a_{31},0.8)$	$(a_{42},0.6)$	0.9	0.8
R^4	$(a_{23},0.7)\wedge(a_{32},0.6)$	$(a_{41},0.7)$	0.8	0.8
R^5	$(a_{31},0.8)\wedge(a_{41},0.7)$	$(a_{51},0.7)$	0.8	0.7
R^6	$(a_{32},0.6)\wedge(a_{42},0.6)$	$(a_{52},0.5)$	0.6	0.6
R^7	$(a_{11},0.6)\wedge(a_{21},0.7)\wedge(a_{31},0.8)$	$(a_{41},0.7)\wedge(a_{51},0.6)$	0.7	0.7
R^8	$(a_{11},0.7)\wedge(a_{23},0.6)\wedge(a_{32},0.8)$	$(a_{42},0.8)$	0.8	0.9
R^9	$(a_{12},0.7)\wedge(a_{22},0.7)\wedge(a_{31},0.6)$	$(a_{41},0.6)\wedge(a_{51},0.7)$	0.7	0.9
R^{10}	$(a_{13},0.6)\wedge(a_{23},0.8)\wedge(a_{31},0.7)\wedge(a_{42},0.6)$	$(a_{52},0.8)$	0.8	0.9

输入事实与规则 R^1 和规则 R^7 匹配成功。根据顺序传播算法，得到输入事实条件下结论的确信度及相关数据如表 3-2 所示。

表 3-2 输入事实条件下结论的确信度及相关数据（第一次匹配成功）

规则 R^k	$\tilde{\alpha}_1^k$	$\tilde{\alpha}_2^k$	$\tilde{\alpha}_3^k$	$\tilde{\alpha}_4^k$	w_1^k	w_2^k	w_3^k	w_4^k	$\tilde{w}_1^k$	$\tilde{w}_2^k$	$\tilde{w}_3^k$	$\tilde{w}_4^k$
R^1	0.9	1	1	1	0.4	0.15	0	0	0.73	0.27	0	0
R^7	1	1	0.8	1	0.4	0.15	0.2	0	0.53	0.2	0.27	0

规则 R^k	$\bar{w}_1^k$	$\bar{w}_2^k$	$\bar{w}_3^k$	$\bar{w}_4^k$	$\tilde{\alpha}^k$	γ^k	w_A^k	w_R^k	$\tilde{\beta}^k$	$\tilde{\beta}_1^k$	$\tilde{\beta}_2^k$
R^1	1	0.37	0	0	0.9	0.9	0.5	0.5	0.93	0.904	0
R^7	1	0.377	0.5	0	0.899	0.7	0.562	0.438	0.871	0.82	0.763

注：$\tilde{\alpha}_i^k\left(i=1,2,3,4;k=1,7\right)$ 表示规则 R^k 的第 i 个前提属性值的激活确信度；w_i^k 表示第 i 个前提属性 X_i 的重置权重；$\tilde{w}_i^k$ 表示第 i 个前提属性 X_i 的激活权重；$\bar{w}_i^k=\tilde{w}_i^k\Big/\max\limits_{l=1,\cdots,4}\left\{\tilde{w}_l^k\right\}$；$\tilde{\alpha}^k$ 表示规则 R^k 前提的激活确信度；γ^k 表示规则 R^k 的确信度；w_A^k 表示规则 R^k 前提的激活权重；w_R^k 表示规则 R^k 的激活权重；$\tilde{\beta}^k$ 表示规则 R^k 结论的确信度；$\tilde{\beta}_j^k\left(j=1,2\right)$ 表示第 j 个结论属性值的确信度。

第一次匹配成功后，得到输入事实条件下的结论为 $\left(a_{41},0.904\right)$ 和 $\left(a_{41},0.82\right)\wedge\left(a_{51},0.763\right)$，具有相同的结论属性值 a_{41}。根据平行传播算法，得到输入事实条件下结论属性值 a_{41} 的合成确信度 $\beta'\left(a_{41}\right)$，相关数据如表 3-3 所示。

表 3-3 结论属性值 a_{41} 的合成确信度的相关数据(第一次匹配成功)

规则 R_l	$\tilde{\beta}_l$	ϖ_l	$m_{\{a_{41}\}}\left(\left(a_{41},\tilde{\beta}_l\right)\right)$	$m_{2^{\{a_{41}\}}}\left(\left(a_{41},\tilde{\beta}_l\right)\right)$	$\bar{m}_{2^{\{a_{41}\}}}\left(\left(a_{41},\tilde{\beta}_l\right)\right)$
R_1	0.904	0.5333	0.4821	0.5179	0.4666
R_2	0.820	0.4666	0.3826	0.6174	0.5333

注：$R_l\left(l=1,2\right)$ 表示第 l 条激活规则；R_1 表示规则 R^1，R_2 表示规则 R^7；ϖ_l 表示证据 $\left(a_{41},\tilde{\beta}_l\right)$ 的权重；$m_{\{a_{41}\}}\left(\left(a_{41},\tilde{\beta}_l\right)\right)$ 表示由规则 R_l 中证据 $\left(a_{41},\tilde{\beta}_l\right)$ 引起的分配给结论属性值 a_{41} 的基本指派函数；$m_{2^{\{a_{41}\}}}\left(\left(a_{41},\tilde{\beta}_l\right)\right)$ 表示由规则 R_l 中证据 $\left(a_{41},\tilde{\beta}_l\right)$ 引起的未分配给结论属性值 a_{41} 的基本指派函数；$\bar{m}_{2^{\{a_{41}\}}}\left(\left(a_{41},\tilde{\beta}_l\right)\right)$ 表示由规则 R_l 中证据 $\left(a_{41},\tilde{\beta}_l\right)$ 的相对权重引起的未分配给结论属性值 a_{41} 的基本指派函数。

输入事实条件下结论属性值 a_{41} 的合成确信度

$$\beta'\left(a_{41}\right)=\frac{1-\prod\limits_{l=1}^{2}m_{2^{\{a_{41}\}}}\left(\left(a_{41},\tilde{\beta}_l\right)\right)}{1-\prod\limits_{l=1}^{2}\bar{m}_{2^{\{a_{41}\}}}\left(\left(a_{41},\tilde{\beta}_l\right)\right)}=0.9055$$

因为属性 X_4 是重复属性，原输入事实 Input() 中不包含属性值 a_{41} 的确信结构，所以根据演绎传播算法，更新后的输入事实为

$$\text{Input()}=\left\{\left(a_{11},0.6\right),\left(a_{21},0.8\right),\left(a_{31},0.6\right),\left(a_{41},0.9055\right)\right\}$$

此时，规则 R^5 与输入事实匹配成功，根据顺序传播算法，得到输入事实条件下结论的确信度及相关数据如表 3-4 所示。

表 3-4　输入事实条件下结论的确信度及相关数据(第二次匹配成功)

规则 R^k	$\tilde{\alpha}_1^k$	$\tilde{\alpha}_2^k$	$\tilde{\alpha}_3^k$	$\tilde{\alpha}_4^k$	w_1^k	w_2^k	w_3^k	w_4^k	$\tilde{w}_1^k$	$\tilde{w}_2^k$	$\tilde{w}_3^k$	$\tilde{w}_4^k$
R^5	1	1	0.8	0.799	0	0	0.2	0.25	0	0	0.44	0.56
规则 R^k	$\overline{w}_1^k$	$\overline{w}_2^k$	$\overline{w}_3^k$	$\overline{w}_4^k$	$\tilde{\alpha}^k$	γ^k	w_A^k	w_R^k	$\tilde{\beta}^k$	$\tilde{\beta}_1^k$	$\tilde{\beta}_2^k$	
R^5	0	0	0.786	1	0.67	0.7	0.489	0.511	0.757	0	0.74	

注：$\tilde{\alpha}_i^k\left(i=1,2,3,4;k=5\right)$ 表示规则 R^k 的第 i 个前提属性值的激活确信度；w_i^k 表示第 i 个前提属性 X_i 的重置权重；$\tilde{w}_i^k$ 表示第 i 个前提属性 X_i 的激活权重；$\overline{w}_i^k=\tilde{w}_i^k\Big/\max\limits_{l=1,\cdots,4}\left\{\tilde{w}_l^k\right\}$；$\tilde{\alpha}^k$ 表示规则 R^k 前提的激活确信度；γ^k 表示规则 R^k 的确信度；w_A^k 表示规则 R^k 前提的激活权重；w_R^k 表示规则 R^k 的激活权重；β^k 表示规则 R^k 结论的确信度；$\tilde{\beta}_j^k\left(j=1,2\right)$ 表示第 j 个结论属性值的确信度。

第二次匹配成功后，得到输入事实条件下的结论为 $\left(a_{51},0.74\right)$；第一次匹配成功得到结论属性 x_5 属性值的确信结构 $\left(a_{51},0.763\right)$，根据演绎传播算法合成两次匹配成功所得结论属性值的合成确信度

$$\beta'\left(a_{51}\right)=0.8139$$

至此，再没有规则与输入事实匹配成功，因而在输入事实条件下得到的结论为

$$\left(a_{41},0.9055\right)\wedge\left(a_{51},0.8139\right)$$

本算例根据确信规则库推理模型中的顺序传播算法、平行传播算法和演绎传播算法，分析输入事实 $\text{Input}()=\left\{\left(a_{11},0.6\right),\left(a_{21},0.8\right),\left(a_{31},0.6\right)\right\}$ 和确信规则库 R（表 3-1），推理得到 $\left(a_{41},0.9055\right)\wedge\left(a_{51},0.8139\right)$。也就是说，当前提属性 X_1 取值为 a_{11} 且其确信度为 0.6、前提属性 X_2 取值为 a_{21} 且其确信度为 0.8、前提属性 X_3 取值为 a_{31} 且其确信度为 0.6 时，得到结论 a_{41} 和 a_{51} 的确信度分别为 0.9055 和 0.8139，确信规则库推理具有可行性。

3.5.2　NASA 软件缺陷预测

随着计算机技术的飞速发展，软件需求日益增长，软件系统也随之变得越来越复杂，软件缺陷越来越难以预测。为了满足软件使用需求，必须选择可靠性高的软件系统，这就需要研究软件缺陷预测技术预测软件系统存在的缺陷，评估软件的可靠性。

软件缺陷预测对软件系统的质量保证和成本节约具有重要意义，特别是对大型的、复杂的软件系统其影响更为深远(Lessmann，2008；Challagulla et al.，2008；Liu et al.，2013；Czibula et al.，2014；Laradji et al.，2015；Chen et al.，2015)。下面将确信规则库推理应用于 NASA 软件缺陷预测，并通过与已有方法进行对比说明确信规则库推理的优越性。

从 NASA 测量数据库中，选择公共领域软件缺陷数据集 CM1、JM1、KC1、KC3、

MC1、MC2、MW1、PC1、PC2、PC3、PC4 和 PC5 (Shepperd et al.，2013；http://mdp.ivv.nasa.gov；http://nasa-softwaredefectdatasets.wikispaces.com/home) 进行软件缺陷预测，数据集的相关信息如表 3-5 所示。

表 3-5 NASA 软件缺陷数据集

数据集	编译语言	属性数/个	实例数/个	缺陷比率/%
CM1	C	40	505	10
JM1	C	21	10878	19
KC1	C++	21	2107	15
KC3	Java	40	458	9
MC1	C&C++	39	9466	0.7
MC2	C	40	161	32
MW1	C	40	403	8
PC1	C	40	1107	7
PC2	C	40	5589	0.4
PC3	C	40	1563	10
PC4	C	40	1458	12
PC5	C++	39	17186	3

从表 3-5 可以看出，MC2 的实例数最少，PC5 的实例数最多；各数据集的缺陷比率不尽相同。针对软件质量的度量指标(自变量)，存在多种软件的复杂度和规模度量方法，主要包括 Halatead 复杂度度量方法、McCabe 复杂度度量方法等。Halatead 复杂度度量方法以操作数和操作符为计数对象，以计数对象出现的次数衡量程序的复杂度和质量。McCabe 复杂度度量方法能够测量代码复杂度并帮助识别脆弱代码，McCabe 复杂度主要包括圈复杂度、基本复杂度和模块设计复杂度等。针对软件质量的评价目标(因变量)的度量方法主要包括错误计数和缺陷计数。错误计数是根据软件质量的度量指标记录软件模块的错误数量；缺陷计数是根据软件质量的度量指标记录软件模块存在错误和错误倾向的数量(Challagulla et al.，2008)。NASA 软件缺陷数据集的属性除最后一个属性[缺陷计数(结论属性)]，均为软件质量的度量指标(前提属性)。

怀卡托智能分析环境(waikato environment for knowledge analysis，WEKA)是新西兰怀卡托大学开发的一个功能全面的机器学习和数据挖掘应用程序平台。WEKA 能够对数据集进行数据预处理、分类、回归、聚类、关联规则挖掘和可视化。根据 NASA 软件缺陷数据集的数据特点选择 WEKA 中的数据预测、分类方法对 NASA 软件缺陷进行预测，并与本章所提确信规则库推理的预测结果进行对比。这些方法包括 One Rule (WEKA 提供的一种分类方法，简记为 1R)，*k*-最近邻算法(instance based learning for 10 nearest neighbors，*k*-NN，*k*=10)、决策树算法(J48 decision making tree，JDT)、逻辑回归算法(logistic regression，LoR)、朴素贝叶斯算法(naive bayes，NB)、离散神经网络(neural network for discrete goal field，NND)。

WEKA 以机器学习的方式预测软件缺陷，以统计学中的误差表示预测结果的错报率。

WEKA 提供的误差主要包括平均绝对误差(mean absolute error，MAE)、均方根误差(root mean square error，RMSE)、相对绝对误差(relative absolute error，RAE)、相对均方根误差(relative root mean square error，RRMSE)。其中，较常使用的是平均绝对误差和均方根误差，均方根误差较平均绝对误差对离群值更加敏感。为了最小化离群值对分类方法的影响，本节选择平均绝对误差描述预测结果。

参照 Challagulla 等(2008)和 Liu 等(2013)采用的数据集划分方法，NASA 软件缺陷预测的训练数据和测试数据的划分方式包括两种：第一种，将 70%的实例样本作为训练数据，30%的实例样本作为测试数据，简称 70%-30%验证法；第二种，将实例样本分为十份，轮流将九份作为训练数据，一份作为测试数据，即十折交叉验证法。

因为前提属性权重和规则权重是确信规则库推理的重要内容，但 NASA 软件缺陷预测数据集中并没有提供相关数据，所以本节根据前提属性权重和规则权重的不同取值给出两种基于确信规则库推理的 NASA 软件缺陷预测结果。第一种情况，所有前提属性权重相等，前提属性权重和为 1，所有规则的规则权重都为 1，推理方法为确信规则库推理，这种情况称为基于证据推理的可信性规则推理法(certitude rule base inference method using the evidential reasoning approach，CRIMER)。第二种情况，确信规则的前提属性权重和规则权重通过机器学习方法得到，推理方法为确信规则库推理，这种情况称为基于权重学习和确信度证据推理的确信规则库推理(certitude rule base inference method using evidential reasoning with certitude degree, and weights of antecedent attributes and rules are obtained by machine learning，CRIMER-W)。根据机器学习方法给出前提属性权重和规则权重的具体方法如下：

(1)前提属性权重：根据 WEKA 中的数据预处理和基于支持向量机的特征提取方法计算前提属性权重。

(2)规则权重：包含①离群属性值的规则被赋予较小的规则权重；②前提相同而结论相反的规则被赋予较小的规则权重。

根据确信规则库推理，以测试数据为输入事实，以训练数据为规则构造确信规则库。当输入事实与确信规则库中规则的前提属性值相同时，规则匹配成功。根据确信规则库推理预测输入事实条件下的结论，并与原始数据集中的实际结论对比，计算平均绝对误差，平均绝对误差越小分类结果越好。不同方法对 NASA 软件缺陷预测的平均绝对误差如表 3-6 和表 3-7 所示。

为了更清晰地比较不同方法对 NASA 软件缺陷数据集的预测结果，下面分别绘制图 3-1 和图 3-2。

观察图 3-1、图 3-2、表 3-6 和表 3-7 可以发现：无论是 70%-30%验证法，还是十折交叉验证法，CRIMER-W 算法对 12 个 NASA 软件缺陷数据集的预测平均绝对误差总是最小，即 CRIMER-W 算法最优。另外，除了 CRIMER-W 算法，常用的还有以下几种：

(1)根据 70%-30%验证法对 NASA 软件缺陷预测数据集的预测，平均绝对误差最小的算法分别为：①对于数据集 KC3、MC2、MW1、PC1 和 PC3，CRIMER 算法最优；②对于数据集 CM1、PC2 和 PC4，1R 算法最优；③对于数据集 JM1 和 KC1，NB 算法最优；④对于数据集 MC1，1R 和 NND 算法最优。

表 3-6 不同算法对 NASA 软件缺陷预测的平均绝对误差(70%-30%验证法)

分类方法	CM1	JM1	KC1	KC3	MC1	MC2
1R	0.1165	0.2081	0.1638	0.2833	0.0083	0.3421
k-NN	0.3006	0.2592	0.1860	0.2482	0.0122	0.4107
JDT	0.1449	0.2667	0.2019	0.2077	0.0127	0.3541
LoR	0.1754	0.2735	0.2010	0.1996	0.0129	0.3675
NB	0.1682	0.1979	0.1568	0.2074	0.0513	0.3151
NND	0.1712	0.2841	0.2064	0.2120	0.0083	0.3525
CRIMER	0.1609	0.3342	0.1701	0.1667	0.0109	0.2857
CRIMER-W	0.1075	0.0768	0.1273	0.0566	0.0036	0.2619

分类方法	MW1	PC1	PC2	PC3	PC4	PC5
1R	0.2025	0.0833	0.0084	0.1721	0.0905	0.0320
k-NN	0.1801	0.1290	0.0115	0.1956	0.1733	0.0330
JDT	0.1756	0.1407	0.0147	0.1945	0.1250	0.0322
LoR	0.2436	0.1306	0.0139	0.1966	0.1156	0.0385
NB	0.2153	0.1151	0.0789	0.6955	0.1156	0.0387
NND	0.1813	0.1063	0.0102	0.2029	0.1055	0.0325
CRIMER	0.1620	0.0702	0.0114	0.1651	0.1000	0.0309
CRIMER-W	0.1067	0.0144	0.0043	0.0857	0.0214	0.0168

表 3-7 不同算法对 NASA 软件缺陷预测的平均绝对误差(十折交叉验证法)

分类方法	CM1	JM1	KC1	KC3	MC1	MC2
1R	0.1395	0.1976	0.1708	0.2350	0.0059	0.3465
k-NN	0.2024	0.2527	0.1955	0.2549	0.0101	0.3986
JDT	0.1722	0.2573	0.2069	0.2264	0.0106	0.3930
LoR	0.1855	0.2693	0.2088	0.2220	0.0120	0.2707
NB	0.1784	0.1863	0.1759	0.2176	0.0592	0.2755
NND	0.2001	0.2572	0.2043	0.2385	0.0083	0.2874
CRIMER	0.1515	0.2367	0.1551	0.2222	0.0086	0.2579
CRIMER-W	0.0833	0.0705	0.0381	0.1111	0.0022	0.1538

分类方法	MW1	PC1	PC2	PC3	PC4	PC5
1R	0.1174	0.0843	0.0120	0.1298	0.1101	0.0315
k-NN	0.1516	0.1253	0.0153	0.1725	0.1706	0.0323
JDT	0.1492	0.1201	0.0208	0.1622	0.1127	0.0326
LoR	0.1561	0.1176	0.0208	0.1745	0.1288	0.0372
NB	0.1825	0.1156	0.0445	0.6347	0.1339	0.0369
NND	0.1511	0.0902	0.0154	0.1708	0.1253	0.0315
CRIMER	0.1600	0.0803	0.0160	0.1421	0.1143	0.0358
CRIMER-W	0.0800	0.0103	0.0063	0.0893	0.0719	0.0177

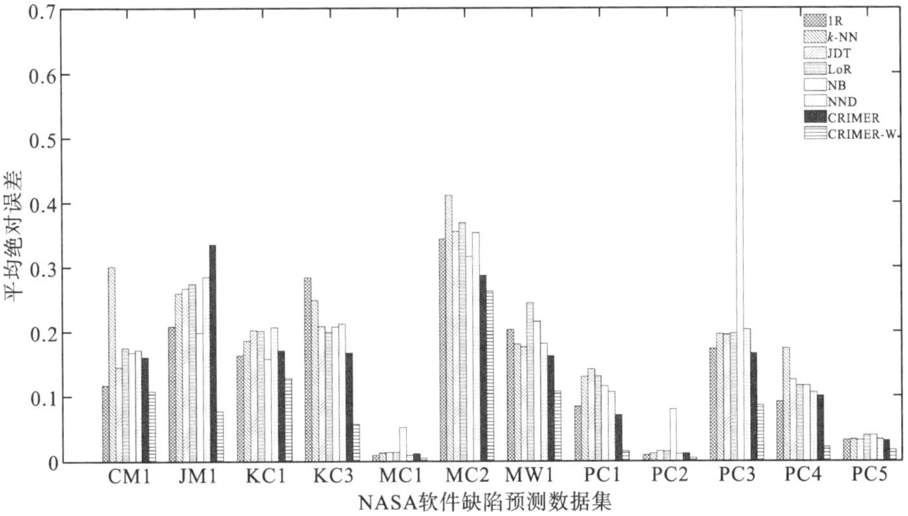

图 3-1　不同算法对 NASA 软件缺陷预测的平均绝对误差(70%-30%验证法)

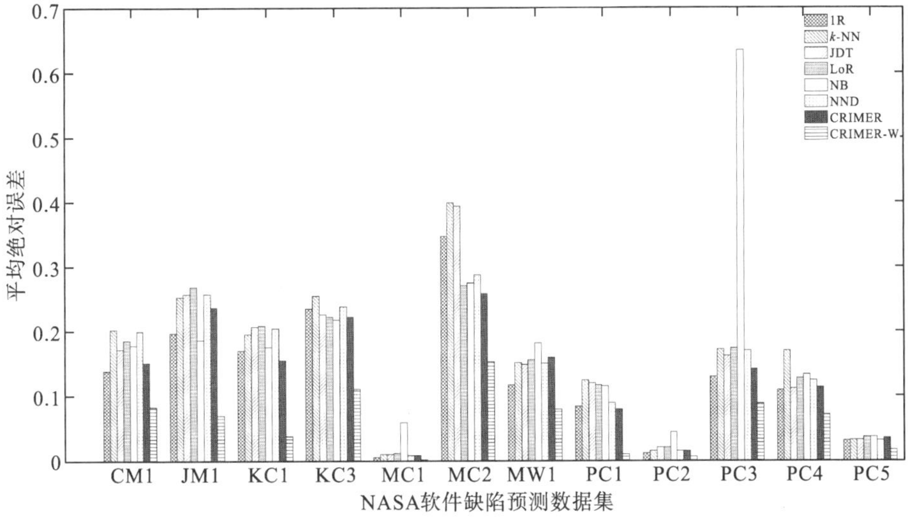

图 3-2　不同算法对 NASA 软件缺陷预测的平均绝对误差(十折交叉验证法)

(2) 根据十折交叉验证法对 NASA 软件缺陷预测数据集的预测平均绝对误差最小的算法分别为：①对于数据集 CM1、MC1、MW1、PC2、PC3 和 PC4，1R 算法最优；②对于数据集 KC1、MC2 和 PC1，CRIMER 算法最优；③对于数据集 JM1 和 KC3，NB 算法最优；④对于数据集 PC5，1R 和 NND 算法最优。

也就是说，除了 CRIMER-W 算法，不存在最优的分类方法，使得对所有 NASA 软件缺陷数据集缺陷预测的平均绝对误差最小。但是除了 JM1 数据集，CRIMER 的预测结果优于或近似于其他大部分算法的预测结果。CRIMER 对 JM1 的预测结果较差的主要原因是 JM1 中存在较多的冲突实例，即部分实例的前提相同而结论相反。在机器学习方法给出属性的权重和规则的权重后，CRIMER-W 对 JM1 的预测效果大幅提升，优于其他算法。这说明考虑属性权重和规则权重的确信规则库推理能够有效地降低冲突证据带来的影响。

另外，CRIMER-W 的预测结果优于所有对比方法，体现了确信规则库推理的优越性，也说明了数据库的准确性对预测结果的影响。本节只对数据集的实例进行了较粗略的赋权，NASA 软件缺陷预测的平均绝对误差就已大幅下降。可以认定如果能够利用专家经验或者借助机器学习工具对实例进行赋权，给出实例的确信度和权重，则预测效果仍会有所提高。

3.6 本章小结

在 MYCIN 类确定因子和证据推理的基础上，本章提出基于证据推理的确信规则库推理。首先，给出确信结构并说明确信度取值的涵义，借助 Lukasiewicz 蕴涵代数给出确信结构的相似度。其次，针对传统证据推理存在的问题，给出适用于融合不确定性信息的确信度证据推理的递归确信度证据推理算法和解析确信度证据推理算法及其性质，并说明了算法之间的等价关系。进一步，为充分描述知识的不确定性，提出一种新的知识表示方法——确信规则，构建确信规则库。确信结构和确信规则库知识表示将自然语言转换为计算机能够接受、识别和处理的形式，能够帮助计算机更好地利用人类的经验知识，适用于描述带有不确定性的经验知识。再次，在确信度证据推理和确信规则库的基础上给出确信规则库推理，包括顺序传播算法、平行传播算法和演绎传播算法三部分内容。证明了基于证据推理的确信规则库推理满足不确定性推理模型的 5 个基本条件，是不确定性推理模型。基于证据推理的确信规则库推理模型具有对非线性特征数据进行建模的能力，可应用于解决基于不确定性数据的机器学习、数据挖掘、专家系统推理等问题。最后，通过数值算例和 NASA 软件缺陷预测实例分析，说明了基于证据推理的确信规则库推理具有可行性和优越性。

第4章　基于证据推理的区间值确信规则库推理

知识获取过程中，因为专家知识存在主观性和不确定性，所以在评估事件的确定程度时往往只能提供确定程度的取值范围，即确定程度的下限和上限。根据确定区间值的定义（Senguta and Pal，2000；Moore and Lodwick，2003），区间值能够充分表示确定程度的下限和上限，因而本章采用区间值确信度描述知识的不确定性。

本章将在第 3 章提出的确信度证据推理算法和确信规则库推理模型的基础上研究区间值确信规则库推理模型，包括知识表示和知识推理两部分内容。其中，知识表示通过区间值确信规则库实现，知识推理通过区间值确信度证据推理算法实现。在确信结构的基础上，引入区间值确信度，提出区间值确信结构。考虑已有算法对证据冲突处理存在不足，区间值确信规则库由带有区间值确信度的 If-then 规则组成，结合规则的权重避免冲突证据对结果的影响。区间值确信规则库综合考虑了前提、规则的不确定性以及结论，能够有效利用定量信息和定性知识，建立输入与输出之间的非线性模型。在区间值确信结构和确信度证据推理的基础上，提出区间值确信度证据推理，进一步提出区间值确信规则库推理，并验证区间值确信规则库推理满足不确定性推理模型的基本条件。所提方法的可行性和优越性通过数值算例和 UCI 机器学习资料存储库中的分类问题说明。

4.1　区间值确信结构

4.1.1　区间值的基础知识

定义 4.1　（Senguta and Pal，2000；Moore and Lodwick，2003）设 $a=\left[a^L,a^U\right]$ 为有界闭区间，其中 $a^L \leqslant a^U$，如果 $a^L,a^U \in R$，则称 $a=\left[a^L,a^U\right]$ 为区间数，a^L 称为区间数 a 的下限，a^U 称为区间数 a 的上限，区间数的全体记作 I_R；如果 $a^L,a^U \in [0,1]$，则称 $a=\left[a^L,a^U\right]$ 为区间值，$[0,1]$ 上区间值的全体即区间值集合记作

$$I_{[0,1]}=\left\{\left[a^L,a^U\right] \middle| 0 \leqslant a^L \leqslant a^U \leqslant 1\right\}$$

当 $a^L=a^U$ 时，区间值 $a=\left[a^L,a^U\right]$ 退化为实数 $a=a^L$。设 $a=\left[a^L,a^U\right]$ 和 $b=\left[b^L,b^U\right]$ 为任意两个区间值，区间值的基本运算法则如下（Senguta and Pal，2000；Moore and Lodwick，2003）：

（1）加法：$a+b=\left[a^L,a^U\right]+\left[b^L,b^U\right]=\left[a^L+b^L,a^U+b^U\right]$。

（2）减法：$a-b=\left[a^L,a^U\right]-\left[b^L,b^U\right]=\left[a^L-b^U,a^U-b^L\right]$。

(3)乘法：$a \times b = \left[a^L, a^U\right] \times \left[b^L, b^U\right] = \left[a^L \times b^L, a^U \times b^U\right]$。

(4)除法：$a \div b = \left[a^L, a^U\right] \div \left[b^L, b^U\right] = \left[\frac{a^L}{b^U}, \frac{a^U}{b^L}\right]$，$b^L \neq 0$，$b^U \neq 0$。

(5)数乘：$\lambda a = \left[\lambda a^L, \lambda a^U\right]$，$\lambda > 0$。

区间数的排序方法是区间数研究的重要内容(吴江和黄登仕，2004)。

$$\leqslant_{LU}: \left[a^L, a^U\right] \leqslant_{LU} \left[b^L, b^U\right] \Leftrightarrow a^L \leqslant b^L, a^U \leqslant b^U$$

上式是一种较常使用的区间数的序关系，简记为$\left[a^L, a^U\right] \leqslant \left[b^L, b^U\right]$，“$\leqslant$”是区间数的小于等于关系。本书所使用的区间数的取小关系和取大关系均建立在$\leqslant_{LU}$序关系的基础上。

考虑区间值具有最大值$[1,1]$和最小值$[0,0]$，本书采用基于逼近理想解法的排序方法(Chen，2008)对区间值进行排序。首先，介绍4种常见的区间值的距离(Tran and Duckstein，2002；Park，2011)。设$a = \left[a^L, a^U\right]$和$b = \left[b^L, b^U\right]$为任意两个区间值，$a$和$b$的距离为

(1)平均距离

$$d_{\mathrm{A}} = \left|\frac{a^L + a^U}{2} - \frac{b^L + b^U}{2}\right|$$

(2)Hausdorff距离

$$d_{\mathrm{HF}} = \max\left\{\left|a^L - b^L\right|, \left|a^U - b^U\right|\right\}$$

(3) p–范数距离

$$d_p = \frac{\sqrt[p]{\left|a^L - b^L\right|^p + \left|a^U - b^U\right|^p}}{\sqrt[p]{2}}, \quad p \geqslant 1$$

特别地，当$p=1$时，

$$d_1 = \frac{1}{2}\left(\left|a^L - b^L\right| + \left|a^U - b^U\right|\right)$$

称为Hamming距离；

当$p=2$时，

$$d_2 = \frac{\sqrt{\left|a^L - b^L\right|^2 + \left|a^U - b^U\right|^2}}{\sqrt{2}}$$

称为Euclidean距离；

(4)测度距离

$$d_{\mathrm{M}} = \sqrt{\int_{-\frac{1}{2}}^{\frac{1}{2}} \int_{-\frac{1}{2}}^{\frac{1}{2}} \left\{\left[\frac{a^L + a^U}{2} + x\left(a^U - a^L\right)\right] - \left[\frac{b^L + b^U}{2} + y\left(b^U - b^L\right)\right]\right\}^2 \mathrm{d}x\mathrm{d}y}$$

根据逼近理想解法，以区间值$[1,1]$为正理想解，区间值$[0,0]$为负理想解，区间值$a = \left[a^L, a^U\right]$的相对贴进度

$$f_r(a)=\frac{d_-(a)}{d_+(a)+d_-(a)}$$

其中，$d_+(a)$为区间值a与正理想解$[1,1]$的距离；$d_-(a)$为区间值a与负理想解$[0,0]$的距离。根据相对贴近度可以对区间值进行排序，相对贴近度越大区间值越大。即对于任意区间值$a=\left[a^L,a^U\right]$和$b=\left[b^L,b^U\right]$，当$f_r(a)>f_r(b)$时$a>b$，其中“$>$”是区间值的大于关系；当$f_r(a)=f_r(b)$时，区间值$a=\left[a^L,a^U\right]$和$b=\left[b^L,b^U\right]$的排序位置一致；当$a^L=a^U$且$b^L=b^U$时，区间值相等，记作$a=b$。

对任意区间值$a=\left[a^L,a^U\right]$，相对贴进度具有下列性质：

(1) $f_r(a)\in[0,1]$。

(2) 如果$a=[0,0]$，那么$f_r(a)=0$。

(3) 如果$a=[1,1]$，那么$f_r(a)=1$。

(4) 如果$a=[a,a]$，那么$f_r(a)=a$。

(5) $f_r(a)+f_r(1-a)=1$。

4.1.2　区间值确信结构的基本概念

在 3.1 节确信结构的基础上，本节首先构建区间值确信结构，然后给出区间值确信结构的相似度。

定义 4.2　假设存在事件$\varPsi$，赋予事件$\varPsi$一个区间值集合$I_{[0,1]}$中的区间值，该区间值表示事件$\varPsi$为真的确定程度，称为事件$\varPsi$的区间值确信度(interval certitude degree，Icd)，记为$\mathrm{Icd}(\varPsi)=\left[\mathrm{Icd}^L(\varPsi),\mathrm{Icd}^U(\varPsi)\right]$，且$0\leqslant\mathrm{Icd}^L(\varPsi)\leqslant\mathrm{Icd}^U(\varPsi)\leqslant1$。

区间值确信度$\mathrm{Icd}(\varPsi)$的特殊取值具有特定的含义：

(1) 当事件$\varPsi$完全确定为真时，$\mathrm{Icd}(\varPsi)=[1,1]$。

(2) 当事件$\varPsi$完全确定不为真时，$\mathrm{Icd}(\varPsi)=[0,0]$。

(3) 当对事件$\varPsi$一无所知时，$\mathrm{Icd}(\varPsi)=[0,1]$。

(4) 事件$\varPsi$为真的确定程度越大，$\mathrm{Icd}(\varPsi)$越接近于$[1,1]$；事件$\varPsi$为真的确定程度越小，$\mathrm{Icd}(\varPsi)$越接近于$[0,0]$。

定义 4.3　假设存在事件$\varPsi$，其区间值确信度$\mathrm{Icd}(\varPsi)\in I_{[0,1]}$，则称$(\varPsi,\mathrm{Icd}(\varPsi))$为区间值确信结构，表示事件$\varPsi$为真的确定程度是$\mathrm{Icd}(\varPsi)$，事件$\varPsi$又称为区间值确信结构$(\varPsi,\mathrm{Icd}(\varPsi))$的标示事件，特别地，当标示事件$\varPsi$为定量信息时，$\varPsi$称为标示值。

因为当区间数的上限和下限相等时区间数退化为实数，所以确信结构是一种特殊的区间值确信结构。

在确信度的相似度(定义 3.6，定理 3.1)的基础上，研究区间值确信度的相似度，并进一步给出区间值确信结构的相似度。

定义 4.4 对任意$r,q\in I_{[0,1]}$，$r=\left[r^L,r^U\right]$，$q=\left[q^L,q^U\right]$，函数

$$\varPsi_{I_{[0,1]}}(r,q)=\left[\varPsi_{I_{[0,1]}}^L(r,q),\varPsi_{I_{[0,1]}}^U(r,q)\right]$$

其中，

$$\varPsi_{I_{[0,1]}}^L(r,q)=\min\left\{1,\min\left\{1-r^L+q^L,1-r^U+q^U\right\}\right\}$$

$$\varPsi_{I_{[0,1]}}^L(r,q)=\max\left\{1,\min\left\{1-r^L+q^L,1-r^U+q^U\right\}\right\}$$

且$\varPsi_{I_{[0,1]}}([0,0],[1,1])=\varPsi_{I_{[0,1]}}([1,1],[1,1])=[1,1]$，$\varPsi_{I_{[0,1]}}([1,1],[0,0])=[0,0]$，则$r$和$q$的相似度

$$S_{I_{[0,1]}}(r,q)=\min\left\{\varPsi_{I_{[0,1]}}(r,q),\varPsi_{I_{[0,1]}}(q,r)\right\}=\left[S_{I_{[0,1]}}^L(r,q),S_{I_{[0,1]}}^U(r,q)\right]$$

即

$$S_{I_{[0,1]}}^L(r,q)=\min\left\{\min\left\{1-r^L+q^L,1-q^L+r^L\right\},\min\left\{1-r^U+q^U,1-q^U+r^U\right\}\right\}$$

$$S_{I_{[0,1]}}^U(r,q)=\max\left\{\min\left\{1-r^L+q^L,1-q^L+r^L\right\},\min\left\{1-r^U+q^U,1-q^U+r^U\right\}\right\}$$

对任意区间值确信结构$(\varPsi_1,\mathrm{Icd}(\varPsi_1))$和$(\varPsi_2,\mathrm{Icd}(\varPsi_2))$，其中，$\mathrm{Icd}(\varPsi_1)=\left[c_1^L,c_1^U\right]\in I_{[0,1]}$，$\mathrm{Icd}(\varPsi_2)=\left[c_2^L,c_2^U\right]\in I_{[0,1]}$；当$\varPsi_1$和$\varPsi_2$相同时，存在函数：

$$S_{[\,]}:I_{[0,1]}\times I_{[0,1]}\to I_{[0,1]}$$

使得

$$\begin{aligned}&S_{[\,]}\left((\varPsi_1,\mathrm{Icd}(\varPsi_1)),(\varPsi_2,\mathrm{Icd}(\varPsi_2))\right)\\&=\left[S_{[\,]}^L\left((\varPsi_1,\mathrm{Icd}(\varPsi_1)),(\varPsi_2,\mathrm{Icd}(\varPsi_2))\right),S_{[\,]}^U\left((\varPsi_1,\mathrm{Icd}(\varPsi_1)),(\varPsi_2,\mathrm{Icd}(\varPsi_2))\right)\right]\end{aligned}$$

其中，

$$\begin{aligned}&S_{[\,]}^L\left((\varPsi_1,\mathrm{Icd}(\varPsi_1)),(\varPsi_2,\mathrm{Icd}(\varPsi_2))\right)\\&=\min\left\{\min\left\{1-c_1^L+c_2^L,1-c_2^L+c_1^L\right\},\min\left\{1-c_1^U+c_2^U,1-c_2^U+c_1^U\right\}\right\}\end{aligned}$$

$$\begin{aligned}&S_{[\,]}^U\left((\varPsi_1,\mathrm{Icd}(\varPsi_1)),(\varPsi_2,\mathrm{Icd}(\varPsi_2))\right)\\&=\max\left\{\min\left\{1-c_1^L+c_2^L,1-c_2^L+c_1^L\right\},\min\left\{1-c_1^U+c_2^U,1-c_2^U+c_1^U\right\}\right\}\end{aligned}$$

定理 4.1 对任意区间值确信结构$(\varPsi_1,\mathrm{Icd}(\varPsi_1))$和$(\varPsi_2,\mathrm{Icd}(\varPsi_2))$，其中，$\mathrm{Icd}(\varPsi_1)=\left[c_1^L,c_1^U\right]\in I_{[0,1]}$，$\mathrm{Icd}(\varPsi_2)=\left[c_2^L,c_2^U\right]\in I_{[0,1]}$，当$\varPsi_1$和$\varPsi_2$相同时，

$$\begin{aligned}&S_{[\,]}\left((\varPsi_1,\mathrm{Icd}(\varPsi_1)),(\varPsi_2,\mathrm{Icd}(\varPsi_2))\right)\\&=\left[S_{[\,]}^L\left((\varPsi_1,\mathrm{Icd}(\varPsi_1)),(\varPsi_2,\mathrm{Icd}(\varPsi_2))\right),S_{[\,]}^U\left((\varPsi_1,\mathrm{Icd}(\varPsi_1)),(\varPsi_2,\mathrm{Icd}(\varPsi_2))\right)\right]\end{aligned}$$

是区间值确信结构的相似度，其中，

$$\begin{aligned}&S_{[\,]}^L\left((\varPsi_1,\mathrm{Icd}(\varPsi_1)),(\varPsi_2,\mathrm{Icd}(\varPsi_2))\right)\\&=\min\left\{\min\left\{1-c_1^L+c_2^L,1-c_2^L+c_1^L\right\},\min\left\{1-c_1^U+c_2^U,1-c_2^U+c_1^U\right\}\right\}\end{aligned}$$

$$S_{[\,]}^{U}\left(\left(\varPsi_1,\mathrm{Icd}(\varPsi_1)\right),\left(\varPsi_2,\mathrm{Icd}(\varPsi_2)\right)\right)$$
$$=\max\left\{\min\left\{1-c_1^L+c_2^L,1-c_2^L+c_1^L\right\},\min\left\{1-c_1^U+c_2^U,1-c_2^U+c_1^U\right\}\right\}$$

证明 已知$S_{[\,]}$是$I_{[0,1]}\times I_{[0,1]}\to I_{[0,1]}$上的一个映射，下面根据定义 3.3 证明函数$S_{[\,]}$是相似度。假设对任意且区间值确信结构$\left(\varPsi_1,\mathrm{Icd}(\varPsi_1)\right)$和$\left(\varPsi_2,\mathrm{Icd}(\varPsi_2)\right)$，其中，$\mathrm{Icd}(\varPsi_1)=\left[c_1^L,c_1^U\right]$，$\mathrm{Icd}(\varPsi_2)=\left[c_2^L,c_2^U\right]$，满足$0\leqslant c_1^L\leqslant c_1^U\leqslant 1$，$0\leqslant c_2^L\leqslant c_2^U\leqslant 1$。

(1) 当$\mathrm{Icd}(\varPsi_1)=\left[c_1^L,c_1^U\right]=[1,1]$且$\mathrm{Icd}(\varPsi_2)=\left[c_2^L,c_2^U\right]=[0,0]$时，

$$S_{[\,]}\left(\left(\varPsi_1,\mathrm{Icd}(\varPsi_1)\right),\left(\varPsi_2,\mathrm{Icd}(\varPsi_2)\right)\right)=[0,0]$$

当$\mathrm{Icd}(\varPsi_1)=\left[c_1^L,c_1^U\right]=[0,0]$且$\mathrm{Icd}(\varPsi_2)=\left[c_2^L,c_2^U\right]=[1,1]$时，

$$S_{[\,]}\left(\left(\varPsi_1,\mathrm{Icd}(\varPsi_1)\right),\left(\varPsi_2,\mathrm{Icd}(\varPsi_2)\right)\right)=[0,0]$$

(2) 当$\mathrm{Icd}(\varPsi_1)=\mathrm{Icd}(\varPsi_2)=\left[c^L,c^U\right]$时，

$$S_{[\,]}\left(\left(\varPsi_1,\mathrm{Icd}(\varPsi_1)\right),\left(\varPsi_2,\mathrm{Icd}(\varPsi_2)\right)\right)$$
$$=\Big[\min\left\{\min\left\{1-c^L+c^L,1-c^L+c^L\right\},\min\left\{1-c^U+c^U,1-c^U+c^U\right\}\right\},$$
$$\max\left\{\min\left\{1-c^L+c^L,1-c^L+c^L\right\},\min\left\{1-c^U+c^U,1-c^U+c^U\right\}\right\}\Big]$$
$$=\left[\min\left\{\min\{1,1\},\min\{1,1\}\right\},\max\left\{\min\{1,1\},\min\{1,1\}\right\}\right]$$
$$=[1,1]$$

(3) 因为

$$S_{[\,]}\left(\left(\varPsi_1,\mathrm{Icd}(\varPsi_1)\right),\left(\varPsi_2,\mathrm{Icd}(\varPsi_2)\right)\right)$$
$$=\Big[\min\left\{\min\left\{1-c_1^L+c_2^L,1-c_2^L+c_1^L\right\},\min\left\{1-c_1^U+c_2^U,1-c_2^U+c_1^U\right\}\right\},$$
$$\max\left\{\min\left\{1-c_1^L+c_2^L,1-c_2^L+c_1^L\right\},\min\left\{1-c_1^U+c_2^U,1-c_2^U+c_1^U\right\}\right\}\Big]$$
$$S_{[\,]}\left(\left(\varPsi_2,\mathrm{Icd}(\varPsi_2)\right),\left(\varPsi_1,\mathrm{Icd}(\varPsi_1)\right)\right)$$
$$=\Big[\min\left\{\min\left\{1-c_2^L+c_1^L,1-c_1^L+c_2^L\right\},\min\left\{1-c_2^U+c_1^U,1-c_1^U+c_2^U\right\}\right\},$$
$$\max\left\{\min\left\{1-c_2^L+c_1^L,1-c_1^L+c_2^L\right\},\min\left\{1-c_2^U+c_1^U,1-c_1^U+c_2^U\right\}\right\}\Big]$$

且

$$\min\left\{1-c_1^L+c_2^L,1-c_2^L+c_1^L\right\}=\min\left\{1-c_2^L+c_1^L,1-c_1^L+c_2^L\right\}$$
$$\min\left\{1-c_1^U+c_2^U,1-c_2^U+c_1^U\right\}=\min\left\{1-c_2^U+c_1^U,1-c_1^U+c_2^U\right\}$$

所以，

$$S_{[\,]}\left(\left(\varPsi_1,\mathrm{Icd}(\varPsi_1)\right),\left(\varPsi_2,\mathrm{Icd}(\varPsi_2)\right)\right)=S_{[\,]}\left(\left(\varPsi_2,\mathrm{Icd}(\varPsi_2)\right),\left(\varPsi_1,\mathrm{Icd}(\varPsi_1)\right)\right)$$

(4) 对任意区间值确信结构$\left(\varPsi_1,\mathrm{Icd}(\varPsi_1)\right)$、$\left(\varPsi_2,\mathrm{Icd}(\varPsi_2)\right)$和$\left(\varPsi_3,\mathrm{Icd}(\varPsi_3)\right)$，其中，$\mathrm{Icd}(\varPsi_1)=\left[c_1^L,c_1^U\right]\in I_{[0,1]}$；$\mathrm{Icd}(\varPsi_2)=\left[c_2^L,c_2^U\right]\in I_{[0,1]}$；$\mathrm{Icd}(\varPsi_3)=\left[c_3^L,c_3^U\right]\in I_{[0,1]}$；$\left[c_1^L,c_1^U\right]$

$\leqslant\left[c_2^L,c_2^U\right]\leqslant\left[c_3^L,c_3^U\right]$，下式成立：

$$\min\left\{1-c_1^L+c_3^L,1-c_3^L+c_1^L\right\}\leqslant\min\left\{1-c_1^L+c_2^L,1-c_2^L+c_1^L\right\}$$

$$\min\left\{1-c_1^L+c_3^L,1-c_3^L+c_1^L\right\}\leqslant\min\left\{1-c_2^L+c_3^L,1-c_3^L+c_2^L\right\}$$

$$\min\left\{1-c_1^U+c_3^U,1-c_3^U+c_1^U\right\}\leqslant\min\left\{1-c_1^U+c_2^U,1-c_2^U+c_1^U\right\}$$

$$\min\left\{1-c_1^U+c_3^U,1-c_3^U+c_1^U\right\}\leqslant\min\left\{1-c_2^U+c_3^U,1-c_3^U+c_2^U\right\}$$

于是有

$$S_{[\,]}\left(\left(\varPsi_1,\mathrm{Icd}\left(\varPsi_1\right)\right),\left(\varPsi_3,\mathrm{Icd}\left(\varPsi_3\right)\right)\right)\leqslant S_{[\,]}\left(\left(\varPsi_1,\mathrm{Icd}\left(\varPsi_1\right)\right),\left(\varPsi_2,\mathrm{Icd}\left(\varPsi_2\right)\right)\right)$$

$$S_{[\,]}\left(\left(\varPsi_1,\mathrm{Icd}\left(\varPsi_1\right)\right),\left(\varPsi_3,\mathrm{Icd}\left(\varPsi_3\right)\right)\right)\leqslant S_{[\,]}\left(\left(\varPsi_1,\mathrm{Icd}\left(\varPsi_1\right)\right),\left(\varPsi_2,\mathrm{Icd}\left(\varPsi_2\right)\right)\right)$$

综上所述，根据定义 3.3，$S_{[\,]}$是相似度。

4.1.3 区间值确信结构转化方法

常见不确定性信息的表示形式有随机变量、模糊数、不完全信息等。本书以确信结构和区间值确信结构描述不确定性信息，由于确信结构是特殊的区间值确信结构，因而本节将不同类型的信息转化为标示事件，由区间数表示且确信度是区间值的区间值确信结构。不失一般性地假设属性值非负，具体转化方法如下。

1. 数值转化为区间值确信结构

当属性值$x\in R$时，$x\geqslant 0$为数值，x完全确定为真。也就是说，x的标示值为$[x,x]$，且$[x,x]$的区间值确信度为$[1,1]$，即区间值确信结构为$([x,x],[1,1])$。

2. 随机变量转化为区间值确信结构

根据概率论(M. R. 谢尔顿，2014)，如果连续型随机变量x的概率密度函数为$f(x)$，那么，对于概率$p\in[0,1]$，x的区间估计可由下式计算得到。

$$P\left\{\left|\frac{x-\mu}{\sigma}\right|\leqslant t\right\}\leqslant p$$

即

$$\int_{\mu-t\sigma}^{\mu+t\sigma}f(x)\mathrm{d}x=p$$

其中，$t>0$；μ表示期望；σ表示标准差；$\int_{\mu-t\sigma}^{\mu+t\sigma}f(x)\mathrm{d}x=p$表示$x$属于$[\mu-t\sigma,\mu+t\sigma]$的概率是$p$，即认为事件“$x$属于$[\mu-t\sigma,\mu+t\sigma]$”为真的确信度为$p$，连续型随机变量$x$的区间值确信结构为$([\mu-t\sigma,\mu+t\sigma],[p,p])$。

考虑随机变量的定义较多，下面给出几种特殊的、常用的连续型随机变量的区间值确信结构。

(1) 如果 x 服从均匀分布 $U(a,b)$，则 $\mu=\frac{b-a}{2}$，$\sigma=\frac{\sqrt{3}}{6}(b-a)$，$t=\frac{p(b-a)}{2\sigma}$，且 x 属于 $\left[\frac{(1-p)(b-a)}{2},\frac{(1+p)(b-a)}{2}\right]$ 的概率为 p，区间值确信结构为

$$\left(\left[\frac{(1-p)(b-a)}{2},\frac{(1+p)(b-a)}{2}\right],[p,p]\right)$$

(2) 如果 x 服从指数分布 $\mathrm{Exp}(\lambda)$，则 $\mu=\frac{1}{\lambda}$，$\sigma=\frac{1}{\lambda}$，且 x 属于 $\left[\frac{1-t}{\lambda},\frac{1+t}{\lambda}\right]$ 的概率为 p，区间值确信结构为

$$\left(\left[\frac{1-t}{\lambda},\frac{1+t}{\lambda}\right],[p,p]\right)$$

其中，t 满足 $\mathrm{e}^{-(1-t)}-\mathrm{e}^{-(1+t)}=p$。

(3) 如果 x 服从正态分布 $N(\mu,\sigma^2)$，则 x 属于 $[\mu-t\sigma,\mu+t\sigma]$ 的概率为 p，区间值确信结构为

$$([\mu-t\sigma,\mu+t\sigma],[p,p])$$

其中，t 满足 $\frac{1}{\sqrt{2\pi\sigma}}\int_{-\infty}^{t}\exp\left\{-\frac{(x-\mu)^2}{2\sigma^2}\right\}\mathrm{d}x=\frac{p+1}{2}$。根据 3σ 原则（拉依达原则，姜广田等，2009），x 属于 $[\mu-\sigma,\mu+\sigma]$ 的概率为 0.6826，x 属于 $[\mu-2\sigma,\mu+2\sigma]$ 的概率为 0.9544，x 属于 $[\mu-3\sigma,\mu+3\sigma]$ 的概率为 0.9974。

对于离散型随机变量 x，可以通过概率的累加和计算 x 所属的区间，得到 x 的区间值确信结构。

3. 模糊数转化为区间值确信结构

经典集合论将元素与集合之间的关系分为“属于”和“不属于”两类，这一特征通过一个函数表示，当元素属于集合时函数值为 1，当元素不属于集合时函数值为 0。模糊集理论（Zadeh，1965）将元素与集合之间的关系从 0 和 1 扩展到 $[0,1]$，元素隶属于某一模糊集的程度由隶属度 $\lambda\in[0,1]$ 给出。

1) 区间数转化为区间值确信结构

当属性值 $x\in I_R$ 时，$x=[x^L,x^U]$ 是区间数，即区间值确信结构为 $([x^L,x^U],[1,1])$。

模糊集合与经典集合相互转化中的一个重要概念是 λ-截集，λ-截集表示隶属度大于 λ 的元素的集合。当隶属函数为连续函数时，λ-截集是一个闭区间集。考虑梯形模糊数和三角模糊数是较常见的两个隶属函数为连续函数的模糊数（Tsabadze，2015；Dong et al.，2015）。下面根据 λ-截集的定义给出梯形模糊数和三角模糊数转化为区间值确信结构的方法。由于 λ 的选取将影响转化的结果，因此在同一问题中 λ 的取值应当保持一致。

2）梯形模糊数转化为区间值确信结构

$T_{ra}=(a,b,c,d)$ 称为梯形模糊数（图 4-1），如果它的隶属函数 $\mu_{T_{ra}}(x):R\to[0,1]$ 可以表示为

$$\mu_{T_{ra}}(x)=\begin{cases}\dfrac{x-a}{b-a}, & a\leqslant x\leqslant b\\ 1, & b<x\leqslant c\\ \dfrac{d-x}{d-c}, & c<x\leqslant d\\ 0, & \text{其他}\end{cases}$$

其中，$0<a<b<c<d$。那么对任意 $\lambda\in[0,1]$，梯形模糊数的 λ-截集为

$$T_{ra}(\lambda)=\left\{x\left|\mu_{T_{ra}}(x)\geqslant\lambda\right.\right\}=\left[(1-\lambda)a+\lambda b,\lambda c+(1-\lambda)d\right]$$

其中，$T_{ra}(\lambda)$ 为梯形模糊数 T_{ra} 的区间数表示形式，梯形模糊数 T_{ra} 的区间值确信结构为

$$\left(\left[(1-\lambda)a+\lambda b,\lambda c+(1-\lambda)d\right],[\lambda,\lambda]\right)$$

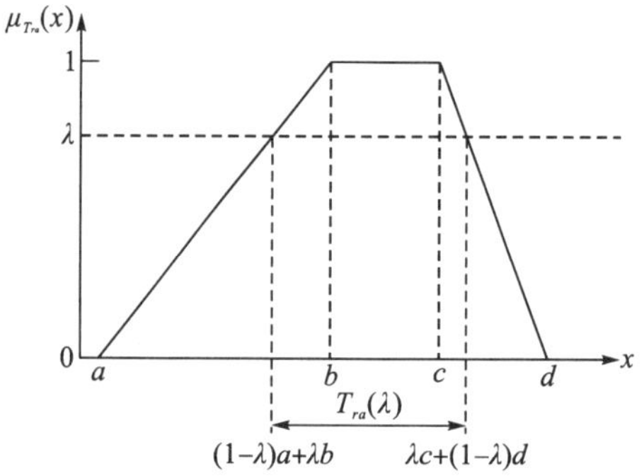

图 4-1 梯形模糊数的 λ- 截集

3）三角模糊数转化为区间值确信结构

$T_{ri}=(a,b,c)$ 称为三角模糊数（图 4-2），如果它的隶属函数 $\mu_{T_{ri}}(x):R\to[0,1]$ 可以表示为

$$\mu_{T_{ri}}(x)=\begin{cases}\dfrac{x-a}{b-a}, & a\leqslant x\leqslant b\\ \dfrac{c-x}{c-b}, & b<x\leqslant c\\ 0, & \text{其他}\end{cases}$$

其中，$0<a<b<c$，那么对任意 $\lambda\in[0,1]$，三角模糊数的 λ-截集为

$$T_{ri}(\lambda)=\left\{x\left|\mu_{T_{ri}}(x)\geqslant\lambda\right.\right\}=\left[(1-\lambda)a+\lambda b,\lambda b+(1-\lambda)c\right]$$

其中，$T_{ri}(\lambda)$ 为三角模糊数 T_{ri} 的区间数表示形式，三角模糊数 T_{ri} 的区间值确信结构为

$$\left(\left[(1-\lambda)a+\lambda b,\lambda b+(1-\lambda)c\right],[\lambda,\lambda]\right)$$

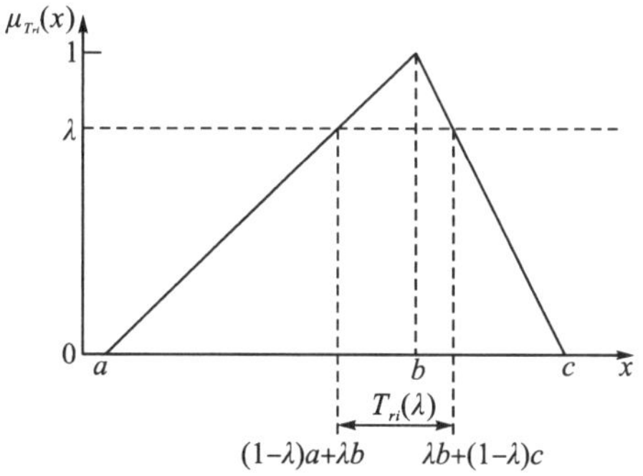

图 4-2　三角模糊数的 λ – 截集

4）直觉模糊数转化为区间值确信结构

直觉模糊集（Atanassov，1986）是对传统模糊集的补充和扩展，是一种特殊的模糊集，直觉模糊数经常被用于描述人类的主观判断和客观事物的不确定性。

设实数集 R 为论域，则 R 上的直觉模糊集为 $X_I=\{\langle x,\mu_I(x),\eta_I(x)\rangle | x\in R\}$，其中，$\mu_I:R\to[0,1]$ 和 $\eta_I:R\to[0,1]$ 分别为 R 中的元素 x 属于 X_I 的隶属度和非隶属度且满足 $0\leqslant\mu_I(x)+\eta_I(x)\leqslant 1$。

在区间值模糊集与直觉模糊集的等价关系（Deschrijver and Kerre，2003；Chen and Fu，2008）的基础上，以隶属度 $\mu_I(x)$ 和非隶属度 $\eta_I(x)$ 表示元素 x 的确定程度，得到直觉模糊数 $\langle x,\mu_I(x),\eta_I(x)\rangle$ 的区间值确信度为 $[\mu_I(x),1-\eta_I(x)]$，则直觉模糊数的区间值确信结构为 $([x,x],[\mu_I(x),1-\eta_I(x)])$。

5）语言变量转化为区间值确信结构

语言变量（Zadeh，1975）是“值非数字而是自然或人工语言中的词或句子的变量”。语言变量较数字变量更接近人类认知，能够更自然地表达出不确定或不完全信息和知识（Herrera et al.，1996）。语言变量通常取值于一个预先定义好的语言短语集，即 $V=\{V_t | t=1,2,\cdots,T\}$，其中，$V_t$ 表示语言短语集 V 中的第 t 个语言变量；T 表示语言短语集 V 中语言变量的个数，一般为奇数。语言短语集 V 具有有序性，即当 $t\geqslant r$ 时，$V_t\geqslant V_r$，其中，“$\geqslant$”表示“优于或等于”，例如，当 $T=7$ 时，

$$V=\{V_1,V_2,V_3,V_4,V_5,V_6,V_7\}$$
$$=\{\text{VL(非常低)},\text{L(低)},\text{ML(较低)},\text{M(中)},\text{MH(较高)},\text{H(高)},\text{VH(非常高)}\}$$

在实际决策问题中，决策者往往使用模糊集表示语言变量的语义，语言变量的计算过程也对应地转化为隶属度函数的运算（杨恶恶，2013），随着传统模糊集向直觉模糊集的扩展，直觉模糊集经常被用于表示语言变量。例如，Guo 和 Li（2012）给出的十一元语言短语集。

根据语言变量的模糊数表示方法以及模糊数转化为区间值确信结构的方法可以将语言变量转化为区间值确信结构。

4. 不完全信息转化为区间值确信结构

在实际决策问题中，决策者有时只能获得评价值或测量值的上限和下限(即区间数)。在这种情况下决策信息是不完全的，因而可以认为区间数是一种不完全信息。除利用区间数表示不完全信息，Kim 和 Ahn(1999a，1999b)将不完全信息$\{\omega_g|g=1,2,\cdots,G\}$分成下列5类线性不等式形式，当$t,r\in\{1,2,\cdots,G\}$且$t\neq r$时，

(1)弱序：$\omega_t \geqslant \omega_r$。

(2)严格序：$\omega_t-\omega_r \geqslant \xi_t$。

(3)倍序：$\omega_t \geqslant \xi_t\omega_r$。

(4)区间序：$\xi_t \leqslant \omega_t \leqslant \xi_t+\zeta_t$。

(5)差序：$\omega_t-\omega_r \geqslant \omega_i-\omega_j$，$r\neq i\neq j$。

其中，ξ_t和ζ_t为非负常数。根据王坚强等(2005，2009)提出的将基于线性规划的不完全信息转化方法，将不完全信息之间的线性关系作为约束条件，可以求解出$\omega_g\left(g=1,2,\cdots,G\right)$的区间范围，具体方法如下：

假设不完全信息$\{\omega_g|g=1,2,\cdots,G\}$由$L$个线性不等式给出，对任意$g\in\{1,2,\cdots,G\}$：

$$\begin{aligned}&\text{Max / Min}\ \ \omega_g\\ &\text{S.t.}\ \ \boldsymbol{C\omega}\leqslant \boldsymbol{b}\\ &\qquad \omega_g\geqslant 0\quad (g=1,2,\cdots,G)\end{aligned}$$

其中，ω_g表示第g个不完全信息；$\boldsymbol{C}$和$\boldsymbol{b}$根据线性不等式给出，$\boldsymbol{C}$是一个$L\times G$矩阵，$\boldsymbol{b}$是一个$L\times 1$矩阵，$\boldsymbol{\omega}=\left(\omega_1,\omega_2,\cdots,\omega_G\right)'$是由不完全信息构成向量的转置。求解上述线性规划问题得到第g个不完全信息ω_g的上限和下限，将不完全信息ω_g转化为区间数$\left[\omega_g^L,\omega_g^U\right]$且转化后的结果完全确定，即转化为区间值确信结构$\left(\left[\omega_g^L,\omega_g^U\right],[1,1]\right)$。

4.2 区间值确信度证据推理

下面在递归确信度证据推理算法(3.2节)的基础上，研究区间值确信度证据推理。

定义 4.5 设区间值确信结构证据集为

$$E=\left\{(e_l,c_l)\middle|c_l=\left[(c_l)^L,(c_l)^U\right]\in I_{[0,1]},\ \ l=1,2,\cdots,T\right\}$$

由事件e_l及其区间值确信度$c_l=\left[(c_l)^L,(c_l)^U\right]\in I_{[0,1]}$构成的相互独立的区间值确信结构$(e_l,c_l)$表示第$l$个证据，其中，事件$e_l$称为证据$(e_l,c_l)$的标示事件，$c_l$表示标示事件$e_l$的区间值确信度；证据集对应的权重集为$W=\{w_1,\cdots,w_l,\cdots,w_T\}$，$w_l=\left[(w_l)^L,(w_l)^U\right]$是证据

(e_l,c_l) 的权重且 $0\leqslant(w_l)^L\leqslant(w_l)^U\leqslant1$，$\sum_{l=1}^{T}(w_l)^L\leqslant1$，$\sum_{l=1}^{T}(w_l)^U\geqslant1$；事件 θ 构成识别框架 $\Theta=\{\theta\}$，Θ 的幂集为 $2^\Theta=\{\varnothing,\{\theta\}\}$，$\varnothing$ 为空集，对任意 $l\in\{1,2,\cdots,T\}$，基本指派函数 $m:E\to I_{[0,1]}$ 满足：

$$m_\varnothing\left((e_l,c_l)\right)=0$$

$$m_\Theta\left((e_l,c_l)\right)=\left[m_\Theta^L\left((e_l,c_l)\right),m_\Theta^U\left((e_l,c_l)\right)\right]=w_lc_l$$

$$m_\Theta^L\left((e_l,c_l)\right)=(w_l)^L(c_l)^L,\quad m_\Theta^U\left((e_l,c_l)\right)=(w_l)^U(c_l)^U$$

$$m_{2^\Theta}\left((e_l,c_l)\right)=\left[m_{2^\Theta}^L\left((e_l,c_l)\right),m_{2^\Theta}^U\left((e_l,c_l)\right)\right]=1-m_\Theta\left((e_l,c_l)\right)=1-w_lc_l$$

$$m_{2^\Theta}^L\left((e_l,c_l)\right)=1-(w_l)^U(c_l)^U,\quad m_{2^\Theta}^U\left((e_l,c_l)\right)=1-(w_l)^L(c_l)^L$$

其中，$m_\varnothing\left((e_l,c_l)\right)=0$ 表示空集对事件 θ 不产生影响；$m_\Theta\left((e_l,c_l)\right)=\left[m_\Theta^L\left((e_l,c_l)\right),m_\Theta^U\left((e_l,c_l)\right)\right]$ 表示由证据 (e_l,c_l) 引起的分配给事件 θ 的确定程度（基本指派函数）；$m_{2^\Theta}\left((e_l,c_l)\right)=\left[m_{2^\Theta}^L\left((e_l,c_l)\right),m_{2^\Theta}^U\left((e_l,c_l)\right)\right]$ 表示由证据 (e_l,c_l) 引起的未分配给事件 θ 的确定程度（未分配的基本指派函数）。令由证据 (e_l,c_l) 的权重引起的未分配给事件 θ 的确定程度为 $\bar{m}_{2^\Theta}\left((e_l,c_l)\right)=\left[\bar{m}_{2^\Theta}^L\left((e_l,c_l)\right),\bar{m}_{2^\Theta}^U\left((e_l,c_l)\right)\right]$，则

$$\bar{m}_{2^\Theta}^L\left((e_l,c_l)\right)=1-(w_l)^U,\quad \bar{m}_{2^\Theta}^U\left((e_l,c_l)\right)=1-(w_l)^L$$

令 $O(t)(t=1,2,\cdots,T)$ 表示前 t 个证据，记 $m_\Theta(O(t))=\left[m_\Theta^L(O(t)),m_\Theta^U(O(t))\right]$ 是合成前 t 个 $(t=1,2,\cdots,T)$ 证据得到的基本指派函数，表示前 t 个证据对"事件 θ 为真"的确定程度结果；$m_{2^\Theta}(O(t))=\left[m_{2^\Theta}^L(O(t)),m_{2^\Theta}^U(O(t))\right]$ 表示由前 t 个证据引起的未分配给事件 θ 的确定程度的合成；$\bar{m}_{2^\Theta}(O(t))=\left[\bar{m}_{2^\Theta}^L(O(t)),\bar{m}_{2^\Theta}^U(O(t))\right]$ 表示由前 t 个证据的权重引起的未分配给事件 θ 的确定程度的合成结果。

当 $t=1$ 时，

$$m_\Theta(O(1))=\left[m_\Theta^L(O(1)),m_\Theta^U(O(1))\right]=m_\Theta\left((e_1,c_1)\right)$$

$$m_\Theta^L(O(1))=(w_1)^L(c_1)^L,\quad m_\Theta^U(O(1))=(w_1)^U(c_1)^U$$

$$m_{2^\Theta}(O(1))=\left[m_{2^\Theta}^L(O(1)),m_{2^\Theta}^U(O(1))\right]=m_{2^\Theta}\left((e_1,c_1)\right)$$

$$m_{2^\Theta}^L(O(1))=1-(w_1)^U(c_1)^U,\quad m_{2^\Theta}^U(O(1))=1-(w_1)^L(c_1)^L$$

$$\bar{m}_{2^\Theta}(O(1))=\left[\bar{m}_{2^\Theta}^L(O(1)),\bar{m}_{2^\Theta}^U(O(1))\right]=\bar{m}_{2^\Theta}\left((e_1,c_1)\right)$$

$$\bar{m}_{2^\Theta}^L(O(1))=1-(w_1)^U,\quad \bar{m}_{2^\Theta}^U(O(1))=1-(w_1)^L$$

合成前 t 个 $(t=2,3,\cdots,T)$ 证据得到

(1) $m_\Theta(O(t))$。

$$\begin{aligned}\text{Max / Min } m_\Theta(O(t))=\ & m_\Theta^*(O(t-1))m_\Theta^*\left((e_t,c_t)\right)+m_\Theta^*(O(t-1))m_{2^\Theta}^*\left((e_t,c_t)\right)\\&+m_{2^\Theta}^*(O(t-1))m_\Theta^*\left((e_t,c_t)\right)\end{aligned}$$

$$\text{S.t.}\ \begin{aligned}&m_\Theta^*\left(O(t-1)\right)m_\Theta^*\left((e_t,c_t)\right)+m_{2^\Theta}^*\left(O(t-1)\right)m_{2^\Theta}^*\left((e_t,c_t)\right)\\&+m_\Theta^*\left(O(t-1)\right)m_{2^\Theta}^*\left((e_t,c_t)\right)+m_{2^\Theta}^*\left(O(t-1)\right)m_\Theta^*\left((e_t,c_t)\right)=1\end{aligned}$$

$$m_\Theta^*\left(O(t-1)\right)+m_{2^\Theta}^*\left(O(t-1)\right)=1$$

$$m_\Theta^*\left((e_t,c_t)\right)+m_{2^\Theta}^*\left((e_t,c_t)\right)=1$$

$$m_\Theta^L\left(O(t-1)\right)\leqslant m_\Theta^*\left(O(t-1)\right)\leqslant m_\Theta^U\left(O(t-1)\right)$$

$$m_\Theta^L\left((e_t,c_t)\right)\leqslant m_\Theta^*\left((e_t,c_t)\right)\leqslant m_\Theta^U\left((e_t,c_t)\right)$$

$$m_{2^\Theta}^L\left(O(t-1)\right)\leqslant m_{2^\Theta}^*\left(O(t-1)\right)\leqslant m_{2^\Theta}^U\left(O(t-1)\right)$$

$$m_{2^\Theta}^L\left((e_t,c_t)\right)\leqslant m_{2^\Theta}^*\left((e_t,c_t)\right)\leqslant m_{2^\Theta}^U\left((e_t,c_t)\right)$$

上式是非线性规划问题，下面给出非线性规划问题的简化形式。

因为

$$m_\Theta^*\left(O(t-1)\right)+m_{2^\Theta}^*\left(O(t-1)\right)=1$$

$$m_\Theta^*\left((e_t,c_t)\right)+m_{2^\Theta}^*\left((e_t,c_t)\right)=1$$

所以，

$$m_{2^\Theta}^*\left(O(t-1)\right)=1-m_\Theta^*\left(O(t-1)\right)$$

$$m_{2^\Theta}^*\left((e_t,c_t)\right)=1-m_\Theta^*\left((e_t,c_t)\right)$$

则

$$\begin{aligned}&m_\Theta^*\left(O(t-1)\right)m_\Theta^*\left((e_t,c_t)\right)+m_{2^\Theta}^*\left(O(t-1)\right)m_{2^\Theta}^*\left((e_t,c_t)\right)\\&+m_\Theta^*\left(O(t-1)\right)m_{2^\Theta}^*\left((e_t,c_t)\right)+m_{2^\Theta}^*\left(O(t-1)\right)m_\Theta^*\left((e_t,c_t)\right)=1\end{aligned}$$

恒成立。

又因为由定义 4.5 可得 $m_{2^\Theta}^L\left((e_t,c_t)\right)=1-m_\Theta^U\left((e_t,c_t)\right)$，$m_{2^\Theta}^U\left((e_t,c_t)\right)=1-m_\Theta^L\left((e_t,c_t)\right)$ 且 $m_{2^\Theta}^L\left(O(t-1)\right)=1-m_\Theta^U\left(O(t-1)\right)$，$m_{2^\Theta}^U\left(O(t-1)\right)=1-m_\Theta^L\left(O(t-1)\right)$，所以非线性规划问题转化为下列形式：

$$\begin{aligned}\text{Max / Min}\ m_\Theta\left(O(t)\right)=\ &m_\Theta^*\left(O(t-1)\right)m_\Theta^*\left((e_t,c_t)\right)\\&+m_\Theta^*\left(O(t-1)\right)\left(1-m_\Theta^*\left((e_t,c_t)\right)\right)+\left(1-m_\Theta^*\left(O(t-1)\right)\right)m_\Theta^*\left((e_t,c_t)\right)\end{aligned}$$

$$\text{S.t.}\ m_\Theta^L\left(O(t-1)\right)\leqslant m_\Theta^*\left(O(t-1)\right)\leqslant m_\Theta^U\left(O(t-1)\right)$$

$$m_\Theta^L\left((e_t,c_t)\right)\leqslant m_\Theta^*\left((e_t,c_t)\right)\leqslant m_\Theta^U\left((e_t,c_t)\right)$$

其中，$m_\Theta^L\left(O(t-1)\right)$、$m_\Theta^U\left(O(t-1)\right)$、$m_\Theta^L\left((e_t,c_t)\right)$、$m_\Theta^U\left((e_t,c_t)\right)$ 已知且 $0\leqslant m_\Theta^L\left(O(t-1)\right)\leqslant m_\Theta^U\left(O(t-1)\right)\leqslant 1$；$0\leqslant m_\Theta^L\left((e_t,c_t)\right)\leqslant m_\Theta^U\left((e_t,c_t)\right)\leqslant 1$，求解上式得

$$m_\Theta\left(O(t)\right)=\left[m_\Theta^L\left(O(t)\right),m_\Theta^U\left(O(t)\right)\right]$$

$$\begin{aligned}m_\Theta^L\left(O(t)\right)&=\text{Min}\ m_\Theta\left(O(t)\right)\\&=m_\Theta^L\left(O(t-1)\right)m_\Theta^L\left((e_t,c_t)\right)+m_\Theta^L\left(O(t-1)\right)m_{2^\Theta}^U\left((e_t,c_t)\right)+m_{2^\Theta}^U\left(O(t-1)\right)m_\Theta^L\left((e_t,c_t)\right)\end{aligned}$$

$$m_{\Theta}^{U}\left(O(t)\right) = \text{Max } m_{\Theta}\left(O(t)\right)$$
$$= m_{\Theta}^{U}\left(O(t-1)\right)m_{\Theta}^{U}\left((e_t,c_t)\right)+m_{\Theta}^{U}\left(O(t-1)\right)m_{2^{\Theta}}^{L}\left((e_t,c_t)\right)+m_{2^{\Theta}}^{L}\left(O(t-1)\right)m_{\Theta}^{U}\left((e_t,c_t)\right)$$

(2) $m_{2^{\Theta}}\left(O(t)\right)$。

$$\text{Max / Min } m_{2^{\Theta}}\left(O(t)\right)=m_{2^{\Theta}}^{*}\left(O(t-1)\right)m_{2^{\Theta}}^{*}\left((e_t,c_t)\right)$$
$$\text{S.t.}\quad m_{\Theta}^{*}\left(O(t-1)\right)m_{\Theta}^{*}\left((e_t,c_t)\right)+m_{2^{\Theta}}^{*}\left(O(t-1)\right)m_{2^{\Theta}}^{*}\left((e_t,c_t)\right)$$
$$+m_{\Theta}^{*}\left(O(t-1)\right)m_{2^{\Theta}}^{*}\left((e_t,c_t)\right)+m_{2^{\Theta}}^{*}\left(O(t-1)\right)m_{\Theta}^{*}\left((e_t,c_t)\right)=1$$
$$m_{\Theta}^{*}\left(O(t-1)\right)+m_{2^{\Theta}}^{*}\left(O(t-1)\right)=1$$
$$m_{\Theta}^{*}\left((e_t,c_t)\right)+m_{2^{\Theta}}^{*}\left((e_t,c_t)\right)=1$$
$$m_{\Theta}^{L}\left(O(t-1)\right)\leqslant m_{\Theta}^{*}\left(O(t-1)\right)\leqslant m_{\Theta}^{U}\left(O(t-1)\right)$$
$$m_{\Theta}^{L}\left((e_t,c_t)\right)\leqslant m_{\Theta}^{*}\left((e_t,c_t)\right)\leqslant m_{\Theta}^{U}\left((e_t,c_t)\right)$$
$$m_{2^{\Theta}}^{L}\left(O(t-1)\right)\leqslant m_{2^{\Theta}}^{*}\left(O(t-1)\right)\leqslant m_{2^{\Theta}}^{U}\left(O(t-1)\right)$$
$$m_{2^{\Theta}}^{L}\left((e_t,c_t)\right)\leqslant m_{2^{\Theta}}^{*}\left((e_t,c_t)\right)\leqslant m_{2^{\Theta}}^{U}\left((e_t,c_t)\right)$$

上式是非线性规划问题，下面给出非线性规划问题的简化形式。

因为

$$m_{\Theta}^{*}\left(O(t-1)\right)+m_{2^{\Theta}}^{*}\left(O(t-1)\right)=1$$
$$m_{\Theta}^{*}\left((e_t,c_t)\right)+m_{2^{\Theta}}^{*}\left((e_t,c_t)\right)=1$$

所以，

$$m_{\Theta}^{*}\left(O(t-1)\right)=1-m_{2^{\Theta}}^{*}\left(O(t-1)\right)$$
$$m_{\Theta}^{*}\left((e_t,c_t)\right)=1-m_{2^{\Theta}}^{*}\left((e_t,c_t)\right)$$

则

$$m_{\Theta}^{*}\left(O(t-1)\right)m_{\Theta}^{*}\left((e_t,c_t)\right)+m_{2^{\Theta}}^{*}\left(O(t-1)\right)m_{2^{\Theta}}^{*}\left((e_t,c_t)\right)$$
$$+m_{\Theta}^{*}\left(O(t-1)\right)m_{2^{\Theta}}^{*}\left((e_t,c_t)\right)+m_{2^{\Theta}}^{*}\left(O(t-1)\right)m_{\Theta}^{*}\left((e_t,c_t)\right)=1$$

恒成立。

又因为由定义 4.5 可得 $m_{\Theta}^{L}\left((e_t,c_t)\right)=1-m_{2^{\Theta}}^{U}\left((e_t,c_t)\right)$、$m_{\Theta}^{U}\left((e_t,c_t)\right)=1-m_{2^{\Theta}}^{L}\left((e_t,c_t)\right)$ 且 $m_{\Theta}^{L}\left(O(t-1)\right)=1-m_{2^{\Theta}}^{U}\left(O(t-1)\right)$、$m_{\Theta}^{U}\left(O(t-1)\right)=1-m_{2^{\Theta}}^{L}\left(O(t-1)\right)$，所以非线性规划问题转化为下列形式：

$$\text{Max / Min } m_{2^{\Theta}}\left(O(t)\right)=m_{2^{\Theta}}^{*}\left(O(t-1)\right)m_{2^{\Theta}}^{*}\left((e_t,c_t)\right)$$
$$\text{S.t. } m_{2^{\Theta}}^{L}\left(O(t-1)\right)\leqslant m_{2^{\Theta}}^{*}\left(O(t-1)\right)\leqslant m_{2^{\Theta}}^{U}\left(O(t-1)\right)$$
$$m_{2^{\Theta}}^{L}\left((e_t,c_t)\right)\leqslant m_{2^{\Theta}}^{*}\left((e_t,c_t)\right)\leqslant m_{2^{\Theta}}^{U}\left((e_t,c_t)\right)$$

其中，$m_{2^{\Theta}}^{L}\left(O(t-1)\right)$、$m_{2^{\Theta}}^{U}\left(O(t-1)\right)$、$m_{2^{\Theta}}^{L}\left((e_t,c_t)\right)$、$m_{2^{\Theta}}^{U}\left((e_t,c_t)\right)$ 已知且 $0\leqslant m_{2^{\Theta}}^{L}\left(O(t-1)\right)\leqslant m_{2^{\Theta}}^{U}\left(O(t-1)\right)\leqslant 1$； $0\leqslant m_{2^{\Theta}}^{L}\left((e_t,c_t)\right)\leqslant m_{2^{\Theta}}^{U}\left((e_t,c_t)\right)\leqslant 1$，求解上式得

$$m_{2^{\Theta}}\left(O(t)\right)=\left[m_{2^{\Theta}}^{L}\left(O(t)\right),m_{2^{\Theta}}^{U}\left(O(t)\right)\right]$$

$$m_{2^\Theta}^L\left(O(t)\right)=\text{Min } m_{2^\Theta}\left(O(t)\right)=m_{2^\Theta}^L\left(O(t-1)\right)m_{2^\Theta}^L\left(\left(e_t,c_t\right)\right)$$
$$m_{2^\Theta}^U\left(O(t)\right)=\text{Max } m_{2^\Theta}\left(O(t)\right)=m_{2^\Theta}^U\left(O(t-1)\right)m_{2^\Theta}^U\left(\left(e_t,c_t\right)\right)$$

(3) $\bar{m}_{2^\Theta}\left(O(t)\right)$。

$$\text{Max / Min } \bar{m}_{2^\Theta}\left(O(t)\right)=\bar{m}_{2^\Theta}^*\left(O(t-1)\right)\bar{m}_{2^\Theta}^*\left(\left(e_t,c_t\right)\right)$$
$$\text{S.t. } \bar{m}_{2^\Theta}^L\left(O(t-1)\right)\leqslant\bar{m}_{2^\Theta}^*\left(O(t-1)\right)\leqslant\bar{m}_{2^\Theta}^U\left(O(t-1)\right)$$
$$\bar{m}_{2^\Theta}^L\left(\left(e_t,c_t\right)\right)\leqslant\bar{m}_{2^\Theta}^*\left(\left(e_t,c_t\right)\right)\leqslant\bar{m}_{2^\Theta}^U\left(\left(e_t,c_t\right)\right)$$

其中，$\bar{m}_{2^\Theta}^L\left(O(t-1)\right)$、$\bar{m}_{2^\Theta}^U\left(O(t-1)\right)$、$\bar{m}_{2^\Theta}^L\left(\left(e_t,c_t\right)\right)$、$\bar{m}_{2^\Theta}^U\left(\left(e_t,c_t\right)\right)$已知且$0\leqslant\bar{m}_{2^\Theta}^L\left(O(t-1)\right)\leqslant\bar{m}_{2^\Theta}^U\left(O(t-1)\right)\leqslant1$；$0\leqslant\bar{m}_{2^\Theta}^L\left(\left(e_t,c_t\right)\right)\leqslant\bar{m}_{2^\Theta}^U\left(\left(e_t,c_t\right)\right)\leqslant1$，求解上式得

$$\bar{m}_{2^\Theta}\left(O(t)\right)=\left[\bar{m}_{2^\Theta}^L\left(O(t)\right),\bar{m}_{2^\Theta}^U\left(O(t)\right)\right]$$
$$\bar{m}_{2^\Theta}^L\left(O(t)\right)=\text{Min } \bar{m}_{2^\Theta}\left(O(t)\right)=\bar{m}_{2^\Theta}^L\left(O(t-1)\right)\bar{m}_{2^\Theta}^L\left(\left(e_t,c_t\right)\right)$$
$$\bar{m}_{2^\Theta}^U\left(O(t)\right)=\text{Min } \bar{m}_{2^\Theta}\left(O(t)\right)=\bar{m}_{2^\Theta}^U\left(O(t-1)\right)\bar{m}_{2^\Theta}^U\left(\left(e_t,c_t\right)\right)$$

合成所有T个证据后，根据定义4.5可得事件θ的合成区间值确信度为

$$\text{Icd}(\theta)=\left[\text{Icd}^L(\theta),\text{Icd}^U(\theta)\right]$$

$$\text{Icd}^L(\theta)=\frac{m_\Theta^L\left(O(T)\right)}{1-\bar{m}_{2^\Theta}^L\left(O(T)\right)}=\frac{1-\prod_{\tau=1}^{T}\left[1-\left(w_\tau\right)^L\left(c_\tau\right)^L\right]}{1-\prod_{\tau=1}^{T}\left[1-\left(w_\tau\right)^U\right]}$$

$$\text{Icd}^U(\theta)=\frac{m_\Theta^U\left(O(T)\right)}{1-\bar{m}_{2^\Theta}^U\left(O(T)\right)}=\frac{1-\prod_{\tau=1}^{T}\left[1-\left(w_\tau\right)^U\left(c_\tau\right)^U\right]}{1-\prod_{\tau=1}^{T}\left[1-\left(w_\tau\right)^L\right]}$$

4.3 区间值确信规则库

在确信规则和确信规则库(3.3节)的基础上，本节进一步给出确信度为区间值的区间确信规则和区间确信规则库，用更加贴近人类认知的区间值实现知识表示。

定义4.6 包含K条规则的区间值确信规则库可以描述为

$$\text{IR}=\left\langle\left(X,A\right),\left(Y,C\right),\text{Icd},\Omega,W,F\right\rangle$$

其中，$X=\left\{X_i\middle|i=1,2,\cdots,I\right\}$是前提属性集合；$A=\left\{A\left(X_i\right)\middle|i=1,2,\cdots,I\right\}$表示前提属性的属性值集合，$A\left(X_i\right)=\left\{A_{i,I_i}\middle|I_i=1,2,\cdots,L_i^A\right\}$是前提属性$X_i$的属性值集合；$Y=\left\{Y_j\middle|j=1,2,\cdots,J\right\}$是结论属性集合，记$C=\left\{C\left(Y_j\right)\middle|j=1,2,\cdots,J\right\}$表示结论属性的属性值集合，$C\left(Y_j\right)=\left\{C_{j,J_j}\middle|J_j=1,2,\cdots,L_j^C\right\}$是结论属性$Y_j$的属性值集合；$\text{Icd}=\left\{\text{Icd}(\Psi)\middle|\text{Icd}(\Psi)\in I_{[0,1]}\right\}$是区间值确信度集合，事件$\Psi$可以是前提、结论或者规则，$\text{Icd}(\Psi)$表示事件$\Psi$的区间值确信

度，$\left(\Psi,\mathrm{Icd}\left(\Psi\right)\right)$ 表示事件 Ψ 的区间值确信结构；$\Omega=\left\{\omega^1,\cdots,\omega^k,\cdots,\omega^K\right\}$ 是规则权重集合，$0\leqslant\omega^k\leqslant 1$ 表示第 k 条规则的相对重要程度；$W=\left\{w_1,\cdots,w_i,\cdots,w_I\right\}$ 是前提属性的权重集合，w_i 表示第 i 个前提属性的权重，$0\leqslant w_i\leqslant 1$ 且 $\sum_{t=1}^{I}w_t=1$；F 是一个逻辑函数，反映前提与结论之间的关系。

区间值确信规则库满足确信规则库的两个限制条件，区间值确信规则的定义如下。

定义 4.7 包含 K 条规则的区间值确信规则库 $\mathrm{IR}=\left\langle(X,A),(Y,C),\mathrm{Icd},\Omega,W,F\right\rangle$ 的第 k 条 $\left(k\in\{1,2,\cdots,K\}\right)$ 区间值确信规则 IR^k 为

$$\text{If }\left(X_1=A_1^k,\mathrm{Icd}^k\left(X_1=A_1^k\right)\right)\wedge\cdots\wedge\left(X_i=A_i^k,\mathrm{Icd}^k\left(X_i=A_i^k\right)\right)\wedge\cdots\wedge\left(X_I=A_I^k,\mathrm{Icd}^k\left(X_I=A_I^k\right)\right)$$
$$\text{then }\left(Y_1=C_1^k,\mathrm{Icd}^k\left(Y_1=C_1^k\right)\right)\wedge\cdots\wedge\left(Y_j=C_j^k,\mathrm{Icd}^k\left(Y_j=C_j^k\right)\right)\wedge\cdots\wedge\left(Y_J=C_J^k,\mathrm{Icd}^k\left(Y_J=C_J^k\right)\right)$$
$$\text{with }\mathrm{Icd}^k\left(R^k\right),\ \omega^k,\ \left\{w_1,\cdots,w_i,\cdots,w_I\right\}$$

其中，$X_i\in X$ 表示第 i 个前提属性；$A_i^k\in A_i$ 或 $A_i^k=\phi$（ϕ 表示缺省值 null，下同）表示在第 k 条规则 IR^k 中第 i 个前提属性 X_i 的属性值；“$=$”表示“是”；“$X_i=A_i^k$”表示事件“在第 k 条规则 IR^k 中第 i 个前提属性 X_i 的属性值是 A_i^k”;“$\mathrm{Icd}^k\left(X_i=A_i^k\right)$”表示事件“$X_i=A_i^k$”的区间值确信度，构成区间值确信结构 $\left(X_i=A_i^k,\mathrm{Icd}^k\left(X_i=A_i^k\right)\right)$，当 $A_i^k=\phi$ 时 $\mathrm{Icd}^k\left(X_i=A_i^k\right)=[0,0]$；$Y_j\in Y$ 表示第 j 个结论属性；$C_j^k\in C_j$ 或 $C_j^k=\phi$ 表示在第 k 条规则 IR^k 中第 j 个结论属性 Y_j 的属性值；“$Y_j=C_j^k$”表示事件“在第 k 条规则 IR^k 中第 j 个结论属性 Y_j 的属性值是 C_j^k”；“$\mathrm{Icd}^k\left(Y_j=C_j^k\right)$”表示事件“$Y_j=C_j^k$”的区间值确信度，构成区间值确信结构 $\left(Y_j=C_j^k,\mathrm{Icd}^k\left(Y_j=C_j^k\right)\right)$，当 $C_j^k=\phi$ 时 $\mathrm{Icd}^k\left(Y_j=C_j^k\right)=[0,0]$；$\mathrm{Icd}^k\left(\mathrm{IR}^k\right)$ 表示第 k 条规则 IR^k 的区间值确信度；ω^k 表示第 k 条规则 IR^k 的权重；$\left\{w_1,\cdots,w_i,\cdots,w_I\right\}$ 表示前提属性的权重。

记

$$\mathrm{Icd}^k\left(X_i=A_i^k\right)=\alpha_i^k=\left[\left(\alpha_i^k\right)^L,\left(\alpha_i^k\right)^U\right]\quad(i=1,2,\cdots,I;\ k=1,2,\cdots,K)$$
$$\mathrm{Icd}^k\left(Y_j=C_j^k\right)=\beta_j^k=\left[\left(\beta_j^k\right)^L,\left(\beta_j^k\right)^U\right]\quad(j=1,2,\cdots,J;\ k=1,2,\cdots,K)$$
$$\mathrm{Icd}^k\left(\mathrm{IR}^k\right)=\gamma^k=\left[\left(\gamma^k\right)^L,\left(\gamma^k\right)^U\right]\quad(k=1,2,\cdots,K)$$

则规则 IR^k 表示为

$$\text{If }\left(A_1^k,\alpha_1^k\right)\wedge\cdots\wedge\left(A_i^k,\alpha_i^k\right)\wedge\cdots\wedge\left(A_I^k,\alpha_I^k\right)$$
$$\text{then }\left(C_1^k,\beta_1^k\right)\wedge\cdots\wedge\left(C_j^k,\beta_j^k\right)\wedge\cdots\wedge\left(C_J^k,\beta_J^k\right)$$
$$\text{with }\gamma^k,\ \omega^k,\ \left\{w_1,\cdots,w_i,\cdots,w_I\right\}$$

或

$$\text{If }\left(A_1^k,\left[\left(\alpha_1^k\right)^L,\left(\alpha_1^k\right)^U\right]\right)\wedge\cdots\wedge\left(A_i^k,\left[\left(\alpha_i^k\right)^L,\left(\alpha_i^k\right)^U\right]\right)\wedge\cdots\wedge\left(A_I^k,\left[\left(\alpha_I^k\right)^L,\left(\alpha_I^k\right)^U\right]\right)$$

$$\text{then}\ \left(C_1^k,\left[\left(\beta_1^k\right)^L,\left(\beta_1^k\right)^U\right]\right)\wedge\cdots\wedge\left(C_j^k,\left[\left(\beta_j^k\right)^L,\left(\beta_j^k\right)^U\right]\right)\wedge\cdots\wedge\left(C_J^k,\left[\left(\beta_J^k\right)^L,\left(\beta_J^k\right)^U\right]\right)$$

$$\text{with}\ \left[\left(\gamma^k\right)^L,\left(\gamma^k\right)^U\right],\ \omega^k,\ \left\{w_1,\cdots,w_i,\cdots,w_I\right\}$$

与确信规则相同，记

$$\wedge A^k = A_1^k \wedge\cdots\wedge A_i^k \wedge\cdots\wedge A_I^k$$
$$\wedge C^k = C_1^k \wedge\cdots\wedge C_j^k \wedge\cdots\wedge C_J^k$$

则第 k 条规则 IR^k 表示为

$$\text{If}\ \left(\wedge A^k,\alpha^k\right)$$
$$\text{then}\ \left(\wedge C^k,\beta^k\right)$$
$$\text{with}\ \gamma^k,\ \omega^k,\ \left\{w_1,\cdots,w_i,\cdots,w_I\right\}$$

其中，$\left(\wedge A^k,\alpha^k\right)$ 表示前提 $\wedge A^k$ 的区间值确信结构，$\alpha^k=\left[\left(\alpha^k\right)^L,\left(\alpha^k\right)^U\right]$ 是前提 $\wedge A^k$ 的区间值确信度；$\left(\wedge C^k,\beta^k\right)$ 表示结论 $\wedge C^k$ 的区间值确信结构，$\beta^k=\left[\left(\beta^k\right)^L,\left(\beta^k\right)^U\right]$ 是 $\wedge C^k$ 的区间值确信度；$\gamma^k=\left[\left(\gamma^k\right)^L,\left(\gamma^k\right)^U\right]$ 表示第 k 条规则 IR^k 的区间值确信度；ω^k 表示第 k 条规则 IR^k 的权重；$\left\{w_1,\cdots,w_i,\cdots,w_I\right\}$ 表示前提属性的权重。

与确信规则库推理相同，区间值确信规则被激活的条件是：输入事实与区间值确信规则匹配成功。

定义 4.8 对于包含 K 条规则的区间值确信规则库

$$\mathrm{IR}=\left\langle (X,A),(Y,C),\mathrm{Icd},\Omega,W,F\right\rangle$$

与其相关的输入事实为

$$\mathrm{Input}()=\left\{\left(a_1,\alpha_1\right),\cdots,\left(a_i,\alpha_i\right),\cdots,\left(a_I,\alpha_I\right)\right\}$$

其中，$\left(a_i,\alpha_i\right)$ 表示在输入事实中第 i 个前提属性 X_i 的属性值是 $a_i\in A_i$ 或 $a_i=\phi$ 的区间值确信结构；$\alpha_i=\left[\left(\alpha_i\right)^L,\left(\alpha_i\right)^U\right]$ 是 a_i 的区间值确信度，当 $a_i=\phi$ 时，$\alpha_i=[0,0]$。

定义 4.9 对于包含 K 条规则的区间值确信规则库

$$\mathrm{IR}=\left\langle (X,A),(Y,C),\mathrm{Icd},\Omega,W,F\right\rangle$$

和输入事实

$$\mathrm{Input}()=\left\{\left(a_1,\alpha_1\right),\cdots,\left(a_i,\alpha_i\right),\cdots,\left(a_I,\alpha_I\right)\right\}$$

如果对任意 $i\in\{1,2,\cdots,I\}$，规则 $\mathrm{IR}^k\left(k\in\{1,2,\cdots,K\}\right)$ 的前提属性值 A_i^k 满足：

$$A_i^k=a_i \text{ 或 } A_i^k=\phi$$

即 A_i^k 和 a_i 相同或 A_i^k 为缺省值，则称输入事实 Input() 与规则 IR^k 匹配成功，规则 IR^k 被激活。

如果输入事实 Input() 与规则 IR^k 匹配成功，则记 $\left(\wedge\tilde{A}^k,\mathrm{Icd}\left(\wedge\tilde{A}^k\right)\right)$ 表示规则 IR^k 的前提 $\left(\wedge A^k,\alpha^k\right)$ 被激活。另外，当输入事实 Input() 与 IR^k 匹配成功时，需要比较输入事实的区

间值确信度与规则前提属性的区间值确信度的相似程度。

定义 4.10　对于包含 K 条规则的区间值确信规则库

$$\mathrm{IR}=\left\langle (X,A),(Y,C),\mathrm{Icd},\Omega,W,F\right\rangle,$$

和输入事实

$$\mathrm{Input}()=\left\{(a_1,\alpha_1),\cdots,(a_i,\alpha_i),\cdots,(a_I,\alpha_I)\right\},$$

假设输入事实 Input() 与区间值确信规则库 IR 中的第 k 条 $\left(k\in\{1,2,\cdots,K\}\right)$ 规则 IR^k 匹配成功，则规则 IR^k 的第 i 个 $(i=1,2,\cdots,I)$ 前提属性的属性值 A_i^k 的激活区间值确信度 $\tilde{\alpha}_i^k=\left[\left(\tilde{\alpha}_i^k\right)^L,\left(\tilde{\alpha}_i^k\right)^U\right]$ 由该属性值的区间值确信结构 $\left(A_i^k,\alpha_i^k\right)$ 与输入事实中第 i 个前提属性值的区间值确信结构 (a_i,α_i) 的相似度给出，即

$$\tilde{\alpha}_i^k=\begin{cases}S_{[\,]}\left(\left(A_i^k,\alpha_i^k\right),(a_i,\alpha_i)\right), & A_i^k\in A_i\\ [1,1], & A_i^k=\phi\end{cases}$$

其中，

$$S_{[\,]}\left(\left(A_i^k,\alpha_i^k\right),(a_i,\alpha_i)\right)=S_{[\,]}\left(\left(A_i^k,\left[\left(\alpha_i^k\right)^L,\left(\alpha_i^k\right)^U\right]\right),\left(a_i,\left[(\alpha_i)^L,(\alpha_i)^U\right]\right)\right)$$

$$=\left[S_{[\,]}^L\left(\left(A_i^k,\left[\left(\alpha_i^k\right)^L,\left(\alpha_i^k\right)^U\right]\right),\left(a_i,\left[(\alpha_i)^L,(\alpha_i)^U\right]\right)\right),S_{[\,]}^U\left(\left(A_i^k,\left[\left(\alpha_i^k\right)^L,\left(\alpha_i^k\right)^U\right]\right),\left(a_i,\left[(\alpha_i)^L,(\alpha_i)^U\right]\right)\right)\right]$$

$$S_{[\,]}^L\left(\left(A_i^k,\alpha_i^k\right),(a_i,\alpha_i)\right)=S_{[\,]}^L\left(\left(A_i^k,\left[\left(\alpha_i^k\right)^L,\left(\alpha_i^k\right)^U\right]\right),\left(a_i,\left[(\alpha_i)^L,(\alpha_i)^U\right]\right)\right)$$

$$=\min\left\{\min\left\{1-\left(\alpha_i^k\right)^L+(\alpha_i)^L,1-(\alpha_i)^L+\left(\alpha_i^k\right)^L\right\},\min\left\{1-\left(\alpha_i^k\right)^U+(\alpha_i)^U,1-(\alpha_i)^U+\left(\alpha_i^k\right)^U\right\}\right\}$$

$$S_{[\,]}^U\left(\left(A_i^k,\alpha_i^k\right),(a_i,\alpha_i)\right)=S_{[\,]}^U\left(\left(A_i^k,\left[\left(\alpha_i^k\right)^L,\left(\alpha_i^k\right)^U\right]\right),\left(a_i,\left[(\alpha_i)^L,(\alpha_i)^U\right]\right)\right)$$

$$=\max\left\{\min\left\{1-\left(\alpha_i^k\right)^L+(\alpha_i)^L,1-(\alpha_i)^L+\left(\alpha_i^k\right)^L\right],\min\left[1-\left(\alpha_i^k\right)^U+(\alpha_i)^U,1-(\alpha_i)^U+\left(\alpha_i^k\right)^U\right\}\right\}$$

即

$$\left(\tilde{\alpha}_i^k\right)^L=\begin{cases}S_{[\,]}^L\left(\left(A_i^k,\alpha_i^k\right),(a_i,\alpha_i)\right), & A_i^k\in A_i\\ [1,1], & A_i^k=\phi\end{cases}$$

$$\left(\tilde{\alpha}_i^k\right)^U=\begin{cases}S_{[\,]}^U\left(\left(A_i^k,\alpha_i^k\right),(a_i,\alpha_i)\right), & A_i^k\in A_i\\ [1,1], & A_i^k=\phi\end{cases}$$

当 $A_i^k=\phi$ 时 $\tilde{\alpha}_i^k=[1,1]$，表示当规则 IR^k 的第 i 个前提属性的属性值缺省时，无论输入事实 Input() 的第 i 个属性的属性值如何取值，第 i 个前提属性均完全被激活，即输入事实 Input() 的第 i 个属性的属性值对规则 IR^k 是否被激活没有影响。

记

$$A_I^k=\left\{\tilde{\alpha}_i^k\,\middle|\,\tilde{\alpha}_i^k=\left[\left(\tilde{\alpha}_i^k\right)^L,\left(\tilde{\alpha}_i^k\right)^U\right]\in I_{[0,1]},i=1,2,\cdots,I\right\}$$

表示输入事实 Input() 与区间值确信规则库 IR 中的第 k 条$\left(k\in\{1,2,\cdots,K\}\right)$规则 IR^k 匹配成功时，所有激活区间值确信度的集合。

4.4 区间值确信规则库推理

在确信规则库推理(3.4 节)和区间值确信度证据推理(4.2 节)的基础上，本节研究区间值确信规则库推理。

假设输入事实 $\mathrm{Input}()=\left\{(a_1,\alpha_1),\cdots,(a_i,\alpha_i),\cdots,(a_I,\alpha_I)\right\}$ 与区间值确信规则 IR^k $\left(k\in\{1,2,\cdots,K\}\right)$ 匹配成功，下面给出不确定性传播算法。

4.4.1 区间值确信规则库推理的顺序传播算法

下面根据三段推理模式给出区间值确信规则库推理的顺序传播算法，即根据输入事实 Input() 和规则 IR^k，推理得到输入事实条件下的结论及其区间值确信度。

与确信规则库推理相同，由于区间值确信规则库 IR 中规则 IR^k 的前提属性值允许缺失(即前提属性值为 ϕ)，因而规则 IR^k 的前提属性权重需要进行重置。具体过程与3.4.1 节相同，规则 IR^k 的第 i 个$\left(i=1,2,\cdots,I\right)$前提属性 X_i 的激活权重为 $\tilde{w}_i^k$。

下面根据前提属性的激活区间值确信度和激活权重计算前提的激活区间值确信度。

由于在区间值确信规则中，前提属性由逻辑“与”（“∧”）连接，因而根据 T-模算子对前提属性的区间值确信度进行合成，得到前提的激活区间值确信度

$$\tilde{\alpha}^k=\left[\left(\tilde{\alpha}^k\right)^L,\left(\tilde{\alpha}^k\right)^U\right]$$

$$\left(\tilde{\alpha}^k\right)^L=\prod_{i=1}^{I}\sqrt[I]{\left[\left(\tilde{\alpha}_i^k\right)^L\right]^{\overline{w}_i^k}}，\left(\tilde{\alpha}^k\right)^U=\prod_{i=1}^{I}\sqrt[I]{\left[\left(\tilde{\alpha}_i^k\right)^U\right]^{\overline{w}_i^k}}$$

其中，

$$\overline{w}_i^k=\frac{\tilde{w}_i^k}{\max\limits_{l=1,2,\cdots,I}\left\{\tilde{w}_l^k\right\}}$$

根据区间值确信度证据推理，设规则 IR^k 的结论 $\wedge C^k$ 的集合 $\Theta^k=\left\{\wedge C^k\right\}$ 为识别框架，记 $2^{\Theta^k}=\left\{\varnothing,\left\{\wedge C^k\right\}\right\}$ 为识别框架的幂集。规则的确信结构$\left(\mathrm{IR}^k,\gamma^k\right)$和激活前提的确信结构$\left(\wedge A^k,\tilde{\alpha}^k\right)$都是结论的证据，规则 IR^k 的区间值确信度 γ^k 表示“规则 IR^k 为真”的确定程度，前提 $\wedge A^k$ 的激活区间值确信度 $\tilde{\alpha}^k$ 表示“在输入事实条件下前提 $\wedge A^k$ 为真”的确定程度。与确信度证据推理相同，证据为真的确定程度越大该证据越重要，下面根据证据为真的确定程度计算每个证据的激活区间权重

$$w_{\mathrm{IR}}^k=\left[\left(w_{\mathrm{IR}}^k\right)^L,\left(w_{\mathrm{IR}}^k\right)^U\right]=\left[\frac{\left(\gamma^k\right)^L}{\left(\tilde{\alpha}^k\right)^U+\left(\gamma^k\right)^L},\frac{\left(\gamma^k\right)^U}{\left(\tilde{\alpha}^k\right)^L+\left(\gamma^k\right)^U}\right]$$

$$w_A^k=\left[\left(w_A^k\right)^L,\left(w_A^k\right)^U\right]=\left[\frac{\left(\tilde{\alpha}^k\right)^L}{\left(\tilde{\alpha}^k\right)^L+\left(\gamma^k\right)^U},\frac{\left(\tilde{\alpha}^k\right)^U}{\left(\tilde{\alpha}^k\right)^U+\left(\gamma^k\right)^L}\right]$$

其中，w_{IR}^k 表示规则 IR^k 的激活区间权重；w_A^k 表示前提 $\wedge A^k$ 的激活区间权重；$\sum_{k=1}^{K}\left(w_{\mathrm{IR}}^k\right)^L\leqslant 1$，$\sum_{k=1}^{K}\left(w_{\mathrm{IR}}^k\right)^U\geqslant 1$［当 $\left(\gamma^k\right)^L\left(\tilde{\alpha}^k\right)^L=\left(\gamma^k\right)^U\left(\tilde{\alpha}^k\right)^U$ 时，等号成立］且 $w_{\mathrm{IR}}^k=1-w_A^k$。

由定义 4.5 可得基本指派函数：

$$m_{\Theta^k}\left(\left(\mathrm{IR}^k,\gamma^k\right)\right)=\left[m_{\Theta^k}^L\left(\left(\mathrm{IR}^k,\gamma^k\right)\right),m_{\Theta^k}^U\left(\left(\mathrm{IR}^k,\gamma^k\right)\right)\right]=w_{\mathrm{IR}}^k\gamma^k$$

$$m_{\Theta^k}^L\left(\left(\mathrm{IR}^k,\gamma^k\right)\right)=\left(w_{\mathrm{IR}}^k\right)^L\left(\gamma^k\right)^L=\frac{\left(\left(\gamma^k\right)^L\right)^2}{\left(\tilde{\alpha}^k\right)^U+\left(\gamma^k\right)^L}$$

$$m_{\Theta^k}^U\left(\left(\mathrm{IR}^k,\gamma^k\right)\right)=\left(w_{\mathrm{IR}}^k\right)^U\left(\gamma^k\right)^U=\frac{\left(\left(\gamma^k\right)^U\right)^2}{\left(\tilde{\alpha}^k\right)^L+\left(\gamma^k\right)^U}$$

$$m_{2^{\Theta^k}}\left(\left(\mathrm{IR}^k,\gamma^k\right)\right)=\left[m_{2^{\Theta^k}}^L\left(\left(\mathrm{IR}^k,\gamma^k\right)\right),m_{2^{\Theta^k}}^U\left(\left(\mathrm{IR}^k,\gamma^k\right)\right)\right]=1-m_{\mathrm{IR}}\left(\wedge C^k\right)=1-w_{\mathrm{IR}}^k\gamma^k$$

$$m_{2^{\Theta^k}}^L\left(\left(\mathrm{IR}^k,\gamma^k\right)\right)=1-m_{\Theta^k}^U\left(\left(\mathrm{IR}^k,\gamma^k\right)\right)=1-\frac{\left(\left(\gamma^k\right)^U\right)^2}{\left(\tilde{\alpha}^k\right)^L+\left(\gamma^k\right)^U}$$

$$m_{2^{\Theta^k}}^U\left(\left(\mathrm{IR}^k,\gamma^k\right)\right)=1-m_{\Theta^k}^L\left(\left(\mathrm{IR}^k,\gamma^k\right)\right)=1-\frac{\left(\left(\gamma^k\right)^L\right)^2}{\left(\tilde{\alpha}^k\right)^U+\left(\gamma^k\right)^L}$$

$$\bar{m}_{2^{\Theta^k}}\left(\left(\mathrm{IR}^k,\gamma^k\right)\right)=\left[\bar{m}_{2^{\Theta^k}}^L\left(\left(\mathrm{IR}^k,\gamma^k\right)\right),\bar{m}_{2^{\Theta^k}}^U\left(\left(\mathrm{IR}^k,\gamma^k\right)\right)\right]=1-w_{\mathrm{IR}}^k$$

$$\bar{m}_{2^{\Theta^k}}^L\left(\left(\mathrm{IR}^k,\gamma^k\right)\right)=1-\left(w_{\mathrm{IR}}^k\right)^U=1-\frac{\left(\gamma^k\right)^U}{\left(\tilde{\alpha}^k\right)^L+\left(\gamma^k\right)^U}=\frac{\left(\tilde{\alpha}^k\right)^L}{\left(\tilde{\alpha}^k\right)^L+\left(\gamma^k\right)^U}$$

$$\bar{m}_{2^{\Theta^k}}^U\left(\left(\mathrm{IR}^k,\gamma^k\right)\right)=1-\left(w_{\mathrm{IR}}^k\right)^L=1-\frac{\left(\gamma^k\right)^L}{\left(\tilde{\alpha}^k\right)^U+\left(\gamma^k\right)^L}=\frac{\left(\tilde{\alpha}^k\right)^U}{\left(\tilde{\alpha}^k\right)^U+\left(\gamma^k\right)^L}$$

其中，$m_{\Theta^k}\left(\left(\mathrm{IR}^k,\gamma^k\right)\right)$ 表示由规则 IR^k 引起的分配给结论 $\wedge C^k$ 的基本指派函数；$m_{2^{\Theta^k}}\left(\left(\mathrm{IR}^k,\gamma^k\right)\right)$ 表示由规则 IR^k 引起的未分配给结论 $\wedge C^k$ 的基本指派函数；$\bar{m}_{2^{\Theta^k}}\left(\left(\mathrm{IR}^k,\gamma^k\right)\right)$ 表示由规则 IR^k 的激活区间权重引起的未分配给结论 $\wedge C^k$ 的基本指派函数。

$$m_{\Theta^k}\left(\left(\wedge A^k,\tilde{\alpha}^k\right)\right)=\left[m_{\Theta^k}^L\left(\left(\wedge A^k,\tilde{\alpha}^k\right)\right),m_{\Theta^k}^U\left(\left(\wedge A^k,\tilde{\alpha}^k\right)\right)\right]=w_A^k\tilde{\alpha}^k$$

$$m_{\Theta^k}^L\left(\left(\wedge A^k,\tilde{\alpha}^k\right)\right)=\left(w_A^k\right)^L\left(\tilde{\alpha}^k\right)^L=\frac{\left(\left(\tilde{\alpha}^k\right)^L\right)^2}{\left(\tilde{\alpha}^k\right)^L+\left(\gamma^k\right)^U}$$

$$m_{\Theta^k}^U\left(\left(\wedge A^k,\tilde{\alpha}^k\right)\right)=\left(w_A^k\right)^U\left(\tilde{\alpha}^k\right)^U=\frac{\left(\left(\tilde{\alpha}^k\right)^U\right)^2}{\left(\tilde{\alpha}^k\right)^U+\left(\gamma^k\right)^L}$$

$$m_{2^{\Theta^k}}\left(\left(\wedge A^k,\tilde{\alpha}^k\right)\right)=\left[m_{2^{\Theta^k}}^L\left(\left(\wedge A^k,\tilde{\alpha}^k\right)\right),m_{2^{\Theta^k}}^U\left(\left(\wedge A^k,\tilde{\alpha}^k\right)\right)\right]=1-m_{\Theta^k}\left(\left(\wedge A^k,\tilde{\alpha}^k\right)\right)=1-w_A^k\tilde{\alpha}^k$$

$$m_{2^{\Theta^k}}^L\left(\left(\wedge A^k,\tilde{\alpha}^k\right)\right)=1-m_{\Theta^k}^U\left(\left(\wedge A^k,\tilde{\alpha}^k\right)\right)=1-\frac{\left(\left(\tilde{\alpha}^k\right)^U\right)^2}{\left(\tilde{\alpha}^k\right)^U+\left(\gamma^k\right)^L}$$

$$m_{2^{\Theta^k}}^U\left(\left(\wedge A^k,\tilde{\alpha}^k\right)\right)=1-m_{\Theta^k}^L\left(\left(\wedge A^k,\tilde{\alpha}^k\right)\right)=1-\frac{\left(\left(\tilde{\alpha}^k\right)^L\right)^2}{\left(\tilde{\alpha}^k\right)^L+\left(\gamma^k\right)^U}$$

$$\bar{m}_{2^{\Theta^k}}\left(\left(\wedge A^k,\tilde{\alpha}^k\right)\right)=\left[\bar{m}_{2^{\Theta^k}}^L\left(\left(\wedge A^k,\tilde{\alpha}^k\right)\right),\bar{m}_{2^{\Theta^k}}^U\left(\left(\wedge A^k,\tilde{\alpha}^k\right)\right)\right]=1-w_A^k$$

$$\bar{m}_{2^{\Theta^k}}^L\left(\left(\wedge A^k,\tilde{\alpha}^k\right)\right)=1-\left(w_A^k\right)^U=1-\frac{\left(\tilde{\alpha}^k\right)^U}{\left(\tilde{\alpha}^k\right)^U+\left(\gamma^k\right)^L}=\frac{\left(\gamma^k\right)^L}{\left(\tilde{\alpha}^k\right)^U+\left(\gamma^k\right)^L}$$

$$\bar{m}_{2^{\Theta^k}}^U\left(\left(\wedge A^k,\tilde{\alpha}^k\right)\right)=1-\left(w_A^k\right)^L=1-\frac{\left(\tilde{\alpha}^k\right)^L}{\left(\tilde{\alpha}^k\right)^L+\left(\gamma^k\right)^U}=\frac{\left(\gamma^k\right)^U}{\left(\tilde{\alpha}^k\right)^L+\left(\gamma^k\right)^U}$$

其中，$m_{\Theta^k}\left(\left(\wedge A^k,\tilde{\alpha}^k\right)\right)$ 表示由前提 $\wedge A^k$ 引起的分配给结论 $\wedge C^k$ 的基本指派函数；$m_{2^{\Theta^k}}\left(\left(\wedge A^k,\tilde{\alpha}^k\right)\right)$ 表示由前提 $\wedge A^k$ 引起的未分配给结论 $\wedge C^k$ 的基本指派函数；$\bar{m}_{2^{\Theta^k}}\left(\left(\wedge A^k,\tilde{\alpha}^k\right)\right)$ 表示由前提 $\wedge A^k$ 的激活区间权重引起的未分配给结论 $\wedge C^k$ 的基本指派函数。

融合证据的不确定性得到合成指派函数：

$$m_{\Theta^k}=\left[m_{\Theta^k}^L,m_{\Theta^k}^U\right]$$

$$\begin{aligned}m_{\Theta^k}^L=&m_{\Theta^k}^L\left(\left(\mathrm{IR}^k,\gamma^k\right)\right)m_{\Theta^k}^L\left(\left(\wedge A^k,\tilde{\alpha}^k\right)\right)+m_{\Theta^k}^L\left(\left(\mathrm{IR}^k,\gamma^k\right)\right)m_{2^{\Theta^k}}^U\left(\left(\wedge A^k,\tilde{\alpha}^k\right)\right)\\&+m_{2^{\Theta^k}}^U\left(\left(\mathrm{IR}^k,\gamma^k\right)\right)m_{\Theta^k}^L\left(\left(\wedge A^k,\tilde{\alpha}^k\right)\right)\end{aligned}$$

$$\begin{aligned}m_{\Theta^k}^U=&m_{\Theta^k}^U\left(\left(\mathrm{IR}^k,\gamma^k\right)\right)m_{\Theta^k}^U\left(\left(\wedge A^k,\tilde{\alpha}^k\right)\right)+m_{\Theta^k}^U\left(\left(\mathrm{IR}^k,\gamma^k\right)\right)m_{2^{\Theta^k}}^L\left(\left(\wedge A^k,\tilde{\alpha}^k\right)\right)\\&+m_{2^{\Theta^k}}^L\left(\left(\mathrm{IR}^k,\gamma^k\right)\right)m_{\Theta^k}^U\left(\left(\wedge A^k,\tilde{\alpha}^k\right)\right)\end{aligned}$$

$$\bar{m}_{2^{\Theta^k}}=\left[\bar{m}_{2^{\Theta^k}}^L,\bar{m}_{2^{\Theta^k}}^U\right]$$

$$\bar{m}_{2^{\Theta^k}}^L=\bar{m}_{2^{\Theta^k}}^L\left(\left(\mathrm{IR}^k,\gamma^k\right)\right)m_{2^{\Theta^k}}^L\left(\left(\wedge A^k,\tilde{\alpha}^k\right)\right)$$

$$\bar{m}_{2^{\Theta^k}}^U=\bar{m}_{2^{\Theta^k}}^U\left(\left(\mathrm{IR}^k,\gamma^k\right)\right)m_{2^{\Theta^k}}^U\left(\left(\wedge A^k,\tilde{\alpha}^k\right)\right)$$

结论 $\wedge C^k$ 的区间值确信度为

$$\tilde{\beta}^k=\left[\left(\tilde{\beta}^k\right)^L,\left(\tilde{\beta}^k\right)^U\right]=\min\left\{\frac{m_{\Theta^k}}{1-\bar{m}_{2^{\Theta^k}}},1\right\}$$

$$\left(\tilde{\beta}^k\right)^L=\min\left\{\frac{m_{\Theta^k}^L}{1-\bar{m}_{2^{\Theta^k}}^L},1\right\},\quad \left(\tilde{\beta}^k\right)^U=\min\left\{\frac{m_{\Theta^k}^U}{1-\bar{m}_{2^{\Theta^k}}^U},1\right\}$$

在输入事实 Input() 条件下结论 $\wedge C^k$ 的区间值确信度 $\tilde{\beta}^k$ 的基础上，根据相似度 $S_{[\,]}$ 以及规则 IR^k 中各结论属性值 $C_j^k\left(j=1,2,\cdots,J\right)$ 的区间值确信度 β_j^k，得到输入事实条件下结论属性值的区间值确信度

$$\tilde{\beta}_j^k=\left[\left(\tilde{\beta}_j^k\right)^L,\left(\tilde{\beta}_j^k\right)^U\right]$$

$$\left(\tilde{\beta}_j^k\right)^L=\min\left\{\left(\dot{\beta}_j^k\right)^L\left(\beta_j^k\right)^L,1\right\},\quad \left(\tilde{\beta}_j^k\right)^U=\min\left\{\left(\dot{\beta}_j^k\right)^U\left(\beta_j^k\right)^U,1\right\}$$

其中，

$$\left(\dot{\beta}_j^k\right)^L=\min\left\{1-\left(\beta_j^k\right)^L+\left(\tilde{\beta}^k\right)^L,1-\left(\beta_j^k\right)^U+\left(\tilde{\beta}^k\right)^U\right\}$$

$$\left(\dot{\beta}_j^k\right)^U=\max\left\{1-\left(\beta_j^k\right)^L+\left(\tilde{\beta}^k\right)^L,1-\left(\beta_j^k\right)^U+\left(\tilde{\beta}^k\right)^U\right\}$$

4.4.2 区间值确信规则库推理的平行传播算法

假设输入事实 Input() 与区间值确信规则库 IR 中 T 条区间值确信规则 $\mathrm{IR}_l\left(l=1,2,\cdots,T\right)$ 匹配成功，且具有相同的结论属性值 C'，则结论属性值 C' 的区间值确信度由 T 条区间值确信规则共同决定。根据顺序传播算法计算得输入事实条件下各结论属性值的区间值确信度，则第 l 条规则 IR_l 可以表示为

$$\text{If }\left(\wedge A_l,\tilde{\alpha}_l\right)$$
$$\text{then }\left(C_{l,n},\tilde{\beta}_{l,n}\right)\wedge\cdots\wedge\left(C_{l,n-1},\tilde{\beta}_{l,n-1}\right)\wedge\left(C_{l,n+1},\tilde{\beta}_{l,n+1}\right)\wedge\cdots\wedge\left(C_{l,J},\tilde{\beta}_{l,J}\right)$$
$$\text{with }\gamma_l,\ \omega_l,\ \left\{w_1,\cdots,w_i,\cdots,w_I\right\}$$

其中，$\wedge A_l$ 表示规则 IR_l 的前提；$\tilde{\alpha}_l$ 表示前提 $\wedge A_l$ 的激活区间值确信度；$C_{l,n}$（简记为 C_l，下同）与 C' 取值相同，表示输入事实 Input() 条件下规则 IR_l 的第 n 个 $\left(n\in\left\{1,2,\cdots,J\right\}\right)$ 结论属性值；$\tilde{\beta}_{l,n}$（记作 $\tilde{\beta}_l$，下同）表示结论属性值 C' 的区间值确信度；$C_{l,j}\left(j\in\left\{1,2,\cdots,J\right\}\text{且}j\neq n\right)$ 表示输入事实 Input() 条件下规则 IR_l 的第 j 个结论属性值；$\tilde{\beta}_{l,j}$ 表示结论属性值 $C_{l,j}$ 的区间值确信度；γ_l 表示规则 IR_l 的区间值确信度；ω_l 表示规则 IR_l 的权重；$\left\{w_1,\cdots,w_i,\cdots,w_I\right\}$ 表示规则 IR_l 的前提属性权重。

输入事实 Input() 条件下结论属性值 C' 的区间值确信度

$$\tilde{\beta}_1=\left[\left(\tilde{\beta}_1\right)^L,\left(\tilde{\beta}_1\right)^U\right],\cdots,\tilde{\beta}_l=\left[\left(\tilde{\beta}_l\right)^L,\left(\tilde{\beta}_l\right)^U\right],\cdots,\tilde{\beta}_T=\left[\left(\tilde{\beta}_T\right)^L,\left(\tilde{\beta}_T\right)^U\right]$$

其中，$\tilde{\beta}_l$ 表示输入事实 Input() 与规则 IR_l 匹配成功后得到的输入事实条件下结论属性值 C' 的区间值确信度。

根据 3.4.2 节给出的基于特征向量的相对权重计算方法计算 T 条规则的相对权重 $\varpi=\{\varpi_1,\cdots,\varpi_l,\cdots,\varpi_T\}$。根据区间值确信度证据推理，设结论 C' 的集合 $\Theta'=\{C'\}$ 为识别框架，记 $2^{\Theta'}=\{\varnothing,\{C'\}\}$ 为识别框架的幂集。根据定义 4.5 得到基本指派函数：

$$m_{\Theta'}\left(\left(C_l,\tilde{\beta}_l\right)\right)=\left[m_{\Theta'}^L\left(\left(C_l,\tilde{\beta}_l\right)\right),m_{\Theta'}^U\left(\left(C_l,\tilde{\beta}_l\right)\right)\right]=\varpi_l\tilde{\beta}_l$$

$$m_{\Theta'}^L\left(\left(C_l,\tilde{\beta}_l\right)\right)=\varpi_l\left(\tilde{\beta}_l\right)^L,\quad m_{\Theta'}^U\left(\left(C_l,\tilde{\beta}_l\right)\right)=\varpi_l\left(\tilde{\beta}_l\right)^U$$

$$m_{2^{\Theta'}}\left(\left(C_l,\tilde{\beta}_l\right)\right)=\left[m_{2^{\Theta'}}^L\left(\left(C_l,\tilde{\beta}_l\right)\right),m_{2^{\Theta'}}^U\left(\left(C_l,\tilde{\beta}_l\right)\right)\right]=1-m_{\Theta'}\left(\left(C_l,\tilde{\beta}_l\right)\right)$$

$$m_{2^{\Theta'}}^L\left(\left(C_l,\tilde{\beta}_l\right)\right)=1-m_{\Theta'}^U\left(\left(C_l,\tilde{\beta}_l\right)\right)=1-\varpi_l\left(\tilde{\beta}_l\right)^U$$

$$m_{2^{\Theta'}}^U\left(\left(C_l,\tilde{\beta}_l\right)\right)=1-m_{\Theta'}^L\left(\left(C_l,\tilde{\beta}_l\right)\right)=1-\varpi_l\left(\tilde{\beta}_l\right)^L$$

$$\bar{m}_{2^{\Theta'}}\left(\left(C_l,\tilde{\beta}_l\right)\right)=1-\varpi_l$$

其中，$l=1,2,\cdots,T$；$m_{\Theta'}\left(\left(C_l,\tilde{\beta}_l\right)\right)$ 表示由规则 IR_l 中证据 $\left(C_l,\tilde{\beta}_l\right)$ 引起的分配给结论属性值 C' 的基本指派函数；$m_{2^{\Theta'}}\left(\left(C_l,\tilde{\beta}_l\right)\right)$ 表示由规则 IR_l 中证据 $\left(C_l,\tilde{\beta}_l\right)$ 引起的未分配给结论属性值 C' 的基本指派函数；$\bar{m}_{2^{\Theta'}}\left(\left(C_l,\tilde{\beta}_l\right)\right)$ 表示由规则 IR_l 中证据 $\left(C_l,\tilde{\beta}_l\right)$ 的相对权重引起的未分配给结论属性值 C' 的基本指派函数。

令 $O(t)(t=1,2,\cdots,T)$ 表示前 t 条规则中证据 $\left(C_t,\tilde{\beta}_t\right)$ 的合成，记 $m_{\Theta'}(O(t))$ 表示合成前 t 个 $(t=1,2,\cdots,T)$ 证据得到的基本指派函数；$m_{2^{\Theta'}}(O(t))$ 表示前 t 个证据未分配给结论属性值 C' 的确定程度的合成结果；$\bar{m}_{2^{\Theta'}}(O(t))$ 表示由前 t 个证据的权重引起的未分配给结论属性值 C' 的确定程度的合成结果。当 $t=1$ 时，

$$m_{\Theta'}(O(1))=\left[m_{\Theta'}^L(O(1)),m_{\Theta'}^U(O(1))\right]=m_{\Theta'}\left(\left(C_1,\tilde{\beta}_1\right)\right)$$

$$m_{\Theta'}^L(O(1))=\varpi_1\left(\tilde{\beta}_1\right)^L,\quad m_{\Theta'}^U(O(1))=\varpi_1\left(\tilde{\beta}_1\right)^U$$

$$m_{2^{\Theta'}}(O(1))=\left[m_{2^{\Theta'}}^L(O(1)),m_{2^{\Theta'}}^U(O(1))\right]=m_{2^{\Theta'}}\left(\left(C_1,\tilde{\beta}_1\right)\right)$$

$$m_{2^{\Theta'}}^L(O(1))=1-\varpi_1\left(\tilde{\beta}_1\right)^U,\quad m_{2^{\Theta'}}^U(O(1))=1-\varpi_1\left(\tilde{\beta}_1\right)^L$$

$$\bar{m}_{2^{\Theta'}}(O(1))=\bar{m}_{2^{\Theta'}}\left(\left(C_1,\tilde{\beta}_1\right)\right)=1-\varpi_1$$

由合成前 t 条 $(t=2,\cdots,T)$ 规则得

$$m_{\Theta'}(O(t))=\left[m_{\Theta'}^L(O(t)),m_{\Theta'}^U(O(t))\right]$$

$$m_{\Theta'}^L(O(t))=m_{\Theta'}^L(O(t-1))m_{\Theta'}^L\left(\left(C_t,\tilde{\beta}_t\right)\right)+m_{\Theta'}^L(O(t-1))m_{2^{\Theta'}}^U\left(\left(C_t,\tilde{\beta}_t\right)\right)$$
$$+m_{2^{\Theta'}}^U(O(t-1))m_{\Theta'}^L\left(\left(C_t,\tilde{\beta}_t\right)\right)$$

$$=1-\prod_{\tau=1}^{t}\left[1-\varpi_{\tau}\left(\tilde{\beta}_{\tau}\right)^{L}\right]$$

$$m_{\Theta'}^{U}\left(O(t)\right)=m_{\Theta'}^{U}\left(O(t-1)\right)m_{\Theta'}^{U}\left(\left(C_{t},\tilde{\beta}_{t}\right)\right)+m_{\Theta'}^{U}\left(O(t-1)\right)m_{2^{\Theta'}}^{L}\left(\left(C_{t},\tilde{\beta}_{t}\right)\right)$$
$$+m_{2^{\Theta'}}^{L}\left(O(t-1)\right)m_{\Theta'}^{U}\left(\left(C_{t},\tilde{\beta}_{t}\right)\right)$$
$$=1-\prod_{\tau=1}^{t}\left[1-\varpi_{\tau}\left(\tilde{\beta}_{\tau}\right)^{U}\right]$$

$$m_{2^{\Theta'}}\left(O(t)\right)=\left[m_{2^{\Theta'}}^{L}\left(O(t)\right),m_{2^{\Theta'}}^{U}\left(O(t)\right)\right]$$

$$m_{2^{\Theta'}}^{L}\left(O(t)\right)=m_{2^{\Theta'}}^{L}\left(O(t-1)\right)m_{2^{\Theta'}}^{L}\left(\left(C_{t},\tilde{\beta}_{t}\right)\right)=\prod_{\tau=1}^{t}\left[1-\varpi_{\tau}\left(\tilde{\beta}_{\tau}\right)^{U}\right]$$

$$m_{2^{\Theta'}}^{U}\left(O(t)\right)=m_{2^{\Theta'}}^{U}\left(O(t-1)\right)m_{2^{\Theta'}}^{U}\left(\left(C_{t},\tilde{\beta}_{t}\right)\right)=\prod_{\tau=1}^{t}\left[1-\varpi_{\tau}\left(\tilde{\beta}_{\tau}\right)^{L}\right]$$

$$\bar{m}_{2^{\Theta'}}\left(O(t)\right)=\bar{m}_{2^{\Theta'}}\left(O(t-1)\right)\bar{m}_{2^{\Theta'}}\left(\left(C_{t},\tilde{\beta}_{t}\right)\right)=\prod_{\tau=1}^{t}\left(1-\varpi_{\tau}\right)$$

合成所有 T 条规则后，根据定义 4.5 得到结论 C' 的合成区间值确信度：

$$\beta'=\left[\left(\beta'\right)^{L},\left(\beta'\right)^{U}\right]=\frac{m_{\Theta'}\left(O(T)\right)}{1-\bar{m}_{2^{\Theta'}}\left(O(T)\right)}$$

$$\left(\beta'\right)^{L}=\frac{m_{\Theta'}^{L}\left(O(T)\right)}{1-\bar{m}_{2^{\Theta'}}\left(O(T)\right)}=\frac{1-\prod_{\tau=1}^{T}\left[1-\varpi_{\tau}\left(\tilde{\beta}_{\tau}\right)^{L}\right]}{1-\prod_{\tau=1}^{T}\left(1-\varpi_{\tau}\right)}$$

$$\left(\beta'\right)^{U}=\frac{m_{\Theta'}^{U}\left(O(T)\right)}{1-\bar{m}_{2^{\Theta'}}\left(O(T)\right)}=\frac{1-\prod_{\tau=1}^{T}\left[1-\varpi_{\tau}\left(\tilde{\beta}_{\tau}\right)^{U}\right]}{1-\prod_{\tau=1}^{T}\left(1-\varpi_{\tau}\right)}$$

4.4.3　区间值确信规则库推理的演绎传播算法

与确信规则库推理相同，最新匹配成功得到的结论与输入事实和已有结论之间分别包含三种关系：①输入事实（或已有结论）中不包含新结论中任意属性的属性值；②输入事实（或已有结论）中包含新结论中某一属性的属性值但属性值不同；③输入事实（或已有结论）中包含新结论中某一属性的属性值且属性值相同。

如果输入事实（或已有结论）中不包含新结论中任意属性的属性值，那么将该属性值添加到输入事实（或已有结论）。如果输入事实（或已有结论）中包含新结论中某一属性的属性值但属性值不同，那么根据基于逼近理想解法的区间值排序方法将输入事实（或已有结论）中的对应属性更新为区间值确信度较大的属性值。如果输入事实（或已有结论）中包含新结论中某一属性的属性值且属性值相同，那么对属性值的区间值确信度进行合成。下面给出具体合成方法。

假设属性 Z 既是前提属性又是结论属性，当输入事实和规则匹配成功时，得到结论属性值的区间值确信度(或合成区间值确信度)为 $\beta_Z=\left[(\beta_Z)^L,(\beta_Z)^U\right]$。如果输入事实 Input() 中包含属性值 C_Z 且其区间值确信度为 $\alpha_Z=\left[(\alpha_Z)^L,(\alpha_Z)^U\right]$，那么参照平行传播算法计算属性值 C_Z 的区间值确信度，具体算法如下。

首先，根据输入事实中属性值的区间值确信度 α_Z 和结论属性值的区间值确信度 β_Z 计算证据的权重：

$$w_F=\left[(w_F)^L,(w_F)^U\right]=\left[\frac{(\alpha_Z)^L}{(\beta_Z)^U+(\alpha_Z)^L},\frac{(\alpha_Z)^U}{(\beta_Z)^L+(\alpha_Z)^U}\right]$$

$$w_C=\left[(w_C)^L,(w_C)^U\right]=\left[\frac{(\beta_Z)^L}{(\beta_Z)^L+(\alpha_Z)^U},\frac{(\beta_Z)^U}{(\beta_Z)^U+(\alpha_Z)^L}\right]$$

其中，w_F 表示证据 (C_Z,α_Z) 的权重；w_C 表示证据 (C_Z,β_Z) 的权重。

根据区间值确信度证据推理，设结论 C_Z 的集合 $\Theta_Z=\{C_Z\}$ 为识别框架，记 $2^{\Theta_Z}=\{\varnothing,\{C_Z\}\}$ 为识别框架的幂集。由定义 4.10 得基本指派函数：

$$\begin{aligned}m_{\Theta_Z}((C_Z,\alpha_Z))&=\left[m_{\Theta_Z}^L((C_Z,\alpha_Z)),m_{\Theta_Z}^U((C_Z,\alpha_Z))\right]\\&=\left[\frac{\left((\alpha_Z)^L\right)^2}{(\beta_Z)^U+(\alpha_Z)^L},\frac{\left((\alpha_Z)^U\right)^2}{(\beta_Z)^L+(\alpha_Z)^U}\right]\end{aligned}$$

$$\begin{aligned}m_{2^{\Theta_Z}}((C_Z,\alpha_Z))&=\left[m_{2^{\Theta_Z}}^L((C_Z,\alpha_Z)),m_{2^{\Theta_Z}}^U((C_Z,\alpha_Z))\right]\\&=\left[1-\frac{\left((\alpha_Z)^U\right)^2}{(\beta_Z)^L+(\alpha_Z)^U},1-\frac{\left((\alpha_Z)^L\right)^2}{(\beta_Z)^U+(\alpha_Z)^L}\right]\end{aligned}$$

$$\begin{aligned}\bar{m}_{2^{\Theta_Z}}((C_Z,\alpha_Z))&=\left[\bar{m}_{2^{\Theta_Z}}^L((C_Z,\alpha_Z)),\bar{m}_{2^{\Theta_Z}}^U((C_Z,\alpha_Z))\right]\\&=\left[1-\frac{(\alpha_Z)^U}{(\beta_Z)^L+(\alpha_Z)^U},1-\frac{(\alpha_Z)^L}{(\beta_Z)^U+(\alpha_Z)^L}\right]\\&=\left[\frac{(\beta_Z)^L}{(\beta_Z)^L+(\alpha_Z)^U},\frac{(\beta_Z)^U}{(\beta_Z)^U+(\alpha_Z)^L}\right]\end{aligned}$$

其中，$m_{\Theta_Z}((C_Z,\alpha_Z))$ 表示证据 (C_Z,α_Z) 引起的基本指派函数；$m_{2^{\Theta_Z}}((C_Z,\alpha_Z))$ 表示证据 (C_Z,α_Z) 引起的未分配的基本指派函数；$\bar{m}_{2^{\Theta_Z}}((C_Z,\alpha_Z))$ 表示证据 (C_Z,α_Z) 的权重引起的未分配的基本指派函数。

$$m_{\Theta_Z}((C_Z,\beta_Z))=\left[m_{\Theta_Z}^L((C_Z,\beta_Z)),m_{\Theta_Z}^U((C_Z,\beta_Z))\right]$$

$$=\left[\frac{\left(\left(\beta_Z\right)^L\right)^2}{\left(\beta_Z\right)^L+\left(\alpha_Z\right)^U},\frac{\left(\left(\beta_Z\right)^U\right)^2}{\left(\beta_Z\right)^U+\left(\alpha_Z\right)^L}\right]$$

$$m_{2^{\Theta_Z}}\left(\left(C_Z,\beta_Z\right)\right)=\left[m_{2^{\Theta_Z}}^L\left(\left(C_Z,\beta_Z\right)\right),m_{2^{\Theta_Z}}^U\left(\left(C_Z,\beta_Z\right)\right)\right]$$

$$=\left[1-\frac{\left(\left(\beta_Z\right)^U\right)^2}{\left(\beta_Z\right)^U+\left(\alpha_Z\right)^L},1-\frac{\left(\left(\beta_Z\right)^L\right)^2}{\left(\beta_Z\right)^L+\left(\alpha_Z\right)^U}\right]$$

$$\bar{m}_{2^{\Theta_Z}}\left(\left(C_Z,\beta_Z\right)\right)=\left[\bar{m}_{2^{\Theta_Z}}^L\left(\left(C_Z,\beta_Z\right)\right),\bar{m}_{2^{\Theta_Z}}^U\left(\left(C_Z,\beta_Z\right)\right)\right]$$

$$=\left[1-\frac{\left(\beta_Z\right)^U}{\left(\beta_Z\right)^U+\left(\alpha_Z\right)^L},1-\frac{\left(\beta_Z\right)^L}{\left(\beta_Z\right)^L+\left(\alpha_Z\right)^U}\right]$$

$$=\left[\frac{\left(\alpha_Z\right)^L}{\left(\beta_Z\right)^U+\left(\alpha_Z\right)^L},\frac{\left(\alpha_Z\right)^U}{\left(\beta_Z\right)^L+\left(\alpha_Z\right)^U}\right]$$

其中，$m_{\Theta_Z}\left(\left(C_Z,\beta_Z\right)\right)$表示证据$\left(C_Z,\beta_Z\right)$引起的基本指派函数；$m_{2^{\Theta_Z}}\left(\left(C_Z,\beta_Z\right)\right)$表示证据$\left(C_Z,\beta_Z\right)$引起的未分配的基本指派函数；$\bar{m}_{2^{\Theta_Z}}\left(\left(C_Z,\beta_Z\right)\right)$表示证据$\left(C_Z,\beta_Z\right)$的权重引起的未分配的基本指派函数。

融合证据的不确定性得到合成指派函数：

$$m_{\Theta_Z}=\left[m_{\Theta_Z}^L,m_{\Theta_Z}^U\right]$$

$$m_{\Theta^Z}^L=m_{\Theta_Z}^L\left(\left(C_Z,\alpha_Z\right)\right)m_{\Theta_Z}^L\left(\left(C_Z,\beta_Z\right)\right)+m_{\Theta_Z}^L\left(\left(C_Z,\alpha_Z\right)\right)m_{2^{\Theta_Z}}^U\left(\left(C_Z,\beta_Z\right)\right)+m_{2^{\Theta_Z}}^U\left(\left(C_Z,\alpha_Z\right)\right)m_{\Theta_Z}^L\left(\left(C_Z,\beta_Z\right)\right)$$

$$m_{\Theta^Z}^U=m_{\Theta_Z}^U\left(\left(C_Z,\alpha_Z\right)\right)m_{\Theta_Z}^U\left(\left(C_Z,\beta_Z\right)\right)+m_{\Theta_Z}^U\left(\left(C_Z,\alpha_Z\right)\right)m_{2^{\Theta_Z}}^L\left(\left(C_Z,\beta_Z\right)\right)+m_{2^{\Theta_Z}}^L\left(\left(C_Z,\alpha_Z\right)\right)m_{\Theta_Z}^U\left(\left(C_Z,\beta_Z\right)\right)$$

$$\bar{m}_{2^{\Theta_Z}}=\left[\bar{m}_{2^{\Theta_Z}}^L,\bar{m}_{2^{\Theta_Z}}^U\right]$$

$$\bar{m}_{2^{\Theta_Z}}^L=\bar{m}_{2^{\Theta_Z}}^L\left(\left(C_Z,\alpha_Z\right)\right)\bar{m}_{2^{\Theta_Z}}^L\left(\left(C_Z,\beta_Z\right)\right)$$

$$\bar{m}_{2^{\Theta_Z}}^U=\bar{m}_{2^{\Theta_Z}}^U\left(\left(C_Z,\alpha_Z\right)\right)\bar{m}_{2^{\Theta_Z}}^U\left(\left(C_Z,\beta_Z\right)\right)$$

输入事实 Input() 中属性值C_Z的区间值确信度更新为

$$\tilde{\alpha}_Z=\left[\left(\tilde{\alpha}_Z\right)^L,\left(\tilde{\alpha}_Z\right)^U\right]=\min\left\{\frac{m_{\Theta_Z}}{1-\bar{m}_{2^{\Theta_Z}}},1\right\}$$

$$\left(\tilde{\alpha}_Z\right)^L=\min\left\{\frac{m_{\Theta_Z}^L}{1-\bar{m}_{2^{\Theta_Z}}^L},1\right\},\quad\left(\tilde{\alpha}_Z\right)^U=\min\left\{\frac{m_{\Theta_Z}^U}{1-\bar{m}_{2^{\Theta_Z}}^U},1\right\}$$

与确信规则库推理相同，为了避免重复推理，一般先对前提部分重复属性的属性值缺省且结论部分重复属性的属性值不为缺省值的规则进行对比和推理。输入事实更新完成后，需要再次与规则库中的其他规则进行对比，确定所有匹配成功的规则，重复使用顺序传播算法、平行传播算法和演绎传播算法，直至没有新的规则匹配成功。

在第 2 章介绍的不确定性推理模型应满足 6 个基本条件的基础上，考虑区间值确信规则的前提以逻辑“与”连接，下面证明区间值确信规则库推理满足条件(1)～条件(5)。

定理 4.2　区间值确信规则库推理是不确定性推理模型。

证明 要证明区间值确信规则库推理是不确定性推理模型，只需证明区间值确信规则库推理满足不确定性推理模型的 5 个基本条件。

根据定义 4.5，包含 K 条规则的区间值确信规则库为

$$\mathrm{IR}=\left\langle (X,A),(Y,C),\mathrm{Icd},\Omega,W,F\right\rangle$$

(1) 当输入事实和规则都是确定性时，该模型应满足确定性推理。

①根据顺序传播算法，假设输入事实和规则都是确定性的，则区间值确信规则库 IR 中存在规则 $\mathrm{IR}^k\left(k\in\{1,2,\cdots,K\}\right)$：

$$\text{If}\ \left(A_1^k,\left[\left(\alpha_1^k\right)^L,\left(\alpha_1^k\right)^U\right]\right)\wedge\cdots\wedge\left(A_i^k,\left[\left(\alpha_i^k\right)^L,\left(\alpha_i^k\right)^U\right]\right)\wedge\cdots\wedge\left(A_I^k,\left[\left(\alpha_I^k\right)^L,\left(\alpha_I^k\right)^U\right]\right)$$

$$\text{then}\ \left(C_1^k,\left[\left(\beta_1^k\right)^L,\left(\beta_1^k\right)^U\right]\right)\wedge\cdots\wedge\left(C_j^k,\left[\left(\beta_j^k\right)^L,\left(\beta_j^k\right)^U\right]\right)\wedge\cdots\wedge\left(C_J^k,\left[\left(\beta_J^k\right)^L,\left(\beta_J^k\right)^U\right]\right)$$

$$\text{with}\ \left[\left(\gamma^k\right)^L,\left(\gamma^k\right)^U\right],\ \omega^k,\ \{w_1,\cdots,w_i,\cdots,w_I\}$$

其中，$\left(\alpha_1^k\right)^L=\left(\alpha_1^k\right)^U=\cdots=\left(\alpha_I^k\right)^L=\left(\alpha_I^k\right)^U=\cdots=\left(\beta_1^k\right)^L=\left(\beta_1^k\right)^U=\cdots=\left(\beta_J^k\right)^L=\left(\beta_J^k\right)^U=1$；$\left(\gamma^k\right)^L=\left(\gamma^k\right)^U=1$；$\omega^k=1$。

输入事实

$$\mathrm{Input}()=\left\{\left(a_1,\left[\left(\alpha_1\right)^L,\left(\alpha_1\right)^U\right]\right),\cdots,\left(a_i,\left[\left(\alpha_i\right)^L,\left(\alpha_i\right)^U\right]\right),\cdots,\left(a_I,\left[\left(\alpha_I\right)^L,\left(\alpha_I\right)^U\right]\right)\right\}$$

其中，$\left(\alpha_1\right)^L=\left(\alpha_1\right)^U=\cdots=\left(\alpha_I\right)^L=\left(\alpha_I\right)^U=1$。

假设输入事实 Input() 与区间值确信规则 IR^k 匹配成功，则规则 IR^k 的第 i 个$\left(i=1,2,\cdots,I\right)$前提属性的属性值 A_i^k 的激活区间值确信度

$$\tilde{\alpha}_i^k=\left[\left(\tilde{\alpha}_i^k\right)^L,\left(\tilde{\alpha}_i^k\right)^U\right]$$

$$=\begin{cases}S_{[\,]}\left(\left(A_i^k,\left[\left(\alpha_i^k\right)^L,\left(\alpha_i^k\right)^U\right]\right),\left(a_i,\left[\left(\alpha_i\right)^L,\left(\alpha_i\right)^U\right]\right)\right), & A_i^k\in A_i\\ [1,1], & A_i^k=\phi\end{cases}$$

其中，$S_{[\,]}\left(\left(A_i^k,\left[\left(\alpha_i^k\right)^L,\left(\alpha_i^k\right)^U\right]\right),\left(a_i,\left[\left(\alpha_i\right)^L,\left(\alpha_i\right)^U\right]\right)\right)=[1,1]$。前提的激活区间值确信度

$$\tilde{\alpha}^k=\left[\prod_{i=1}^{I}\sqrt[I]{\left[\left(\tilde{\alpha}_i^k\right)^L\right]^{\overline{w}_i^k}},\prod_{i=1}^{I}\sqrt[I]{\left[\left(\tilde{\alpha}_i^k\right)^U\right]^{\overline{w}_i^k}}\right]=[1,1]$$

结论 $\wedge C^k$ 的区间值确信度

$$\tilde{\beta}^k=\left[\left(\tilde{\beta}^k\right)^L,\left(\tilde{\beta}^k\right)^U\right]=[1,1]$$

输入事实条件下结论属性值 $C_j^k\left(j=1,2,\cdots,J\right)$ 的区间值确信度

$$\tilde{\beta}_j^k=\left[\left(\tilde{\beta}_j^k\right)^L,\left(\tilde{\beta}_j^k\right)^U\right]=\left(1-\beta_j^k+\tilde{\beta}^k\right)\beta_j^k$$
$$=\left(1-[1,1]+[1,1]\right)\times[1,1]=[1,1]$$

②根据平行传播算法，设输入事实 Input() 与区间值确信规则库 IR 中 T 条区间值确信规则 $\mathrm{IR}_l\left(l=1,2,\cdots,T\right)$ 匹配成功，且具有相同的结论属性值 C' 。

因为输入事实和规则都是确定性的，所以根据顺序传播算法，得到输入事实 Input() 条件下结论属性值 C' 的区间值确信度

$$\tilde{\beta}_1=\left[\left(\tilde{\beta}_1\right)^L,\left(\tilde{\beta}_1\right)^U\right]=[1,1],\cdots,\tilde{\beta}_l=\left[\left(\tilde{\beta}_l\right)^L,\left(\tilde{\beta}_l\right)^U\right]=[1,1],\cdots,\tilde{\beta}_T=\left[\left(\tilde{\beta}_T\right)^L,\left(\tilde{\beta}_T\right)^U\right]=[1,1]$$

因为输入事实和规则都是确定性的，所以规则 $R_l\left(l=1,2,\cdots,T\right)$ 的权重 $\omega_l=1$ ，于是得规则的相对权重 $\varpi=\left\{\varpi_1=1/T,\cdots,\varpi_l=1/T,\cdots,\varpi_T=1/T\right\}$ 。

结论属性值 C' 的合成区间值确信度

$$\beta'=\left[\left(\beta'\right)^L,\left(\beta'\right)^U\right]=\left[\frac{1-\prod_{\tau=1}^{T}\left(1-\varpi_\tau\left(\tilde{\beta}_\tau\right)^L\right)}{1-\prod_{\tau=1}^{T}\left(1-\varpi_\tau\right)},\frac{1-\prod_{\tau=1}^{T}\left(1-\varpi_\tau\left(\tilde{\beta}_\tau\right)^U\right)}{1-\prod_{\tau=1}^{T}\left(1-\varpi_\tau\right)}\right]=[1,1]$$

③根据演绎传播算法，当原输入事实 Input() 中不包含属性值 C_Z 时，由于输入事实和规则都是确定性的，因而属性值 C_Z 及其区间值确信度 $\beta_Z=[1,1]$ 添加原输入事实形成新的输入事实，即 $\mathrm{Input()}=\mathrm{Input()}\cup\left\{\left(C_Z,[1,1]\right)\right\}$ ，输入事实仍是确定性。

当原输入事实中包含属性值 C_Z 时，由于输入事实和规则都是确定性的，因而设原输入事实 Input() 中属性值 C_Z 的区间值确信度 $\alpha_Z=[1,1]$ ，结论属性 Z 的属性值 C_Z 在输入事实条件下的区间值确信度（或者合成区间值确信度） $\beta_Z=[1,1]$ ，则属性值 C_Z 的合成区间值确信度 $\tilde{\alpha}_Z=\left[\left(\tilde{\alpha}_Z\right)^L,\left(\tilde{\alpha}_Z\right)^U\right]=[1,1]$。

综上所述，当输入事实和规则都是确定性时，区间值确信规则库推理满足确定性推理。

(2) 当对前提的不确定性一无所知时，该前提对结论的不确定性没有任何影响。

考虑对前提的不确定性一无所知，假设存在区间值确信规则 $\mathrm{IR}^k\left(k\in\{1,2,\cdots,K\}\right)$ 满足区间值确信规则 IR^k 的前提为 $\left(\wedge A^k,\left[\left(\tilde{\alpha}^k\right)^L,\left(\tilde{\alpha}^k\right)^U\right]\right)$ ，其中， $\left(\tilde{\alpha}^k\right)^L=0$ 、 $\left(\tilde{\alpha}^k\right)^U=1$ ，即激活后的规则 IR^k 为

$$\text{If }\left(\wedge A^k,[0,1]\right)$$
$$\text{then }\left(C_1^k,\left[\left(\beta_1^k\right)^L,\left(\beta_1^k\right)^U\right]\right)\wedge\cdots\wedge\left(C_j^k,\left[\left(\beta_j^k\right)^L,\left(\beta_j^k\right)^U\right]\right)\wedge\cdots\wedge\left(C_J^k,\left[\left(\beta_J^k\right)^L,\left(\beta_J^k\right)^U\right]\right)$$
$$\text{with }\left[\left(\gamma^k\right)^L,\left(\gamma^k\right)^U\right],\ \omega^k,\ \left\{w_1,\cdots,w_i,\cdots,w_I\right\}$$

根据顺序传播算法，结论 $\wedge C^k$ 的区间值确信度

$$\tilde{\beta}^k=\left[\left(\tilde{\beta}^k\right)^L,\left(\tilde{\beta}^k\right)^U\right]=\left[\frac{\left(\left(\gamma^k\right)^L\right)^2}{1+\left(\gamma^k\right)^L},1\right]$$

在输入事实条件下，结论属性值 $C_j^k\left(j=1,2,\cdots,J\right)$ 的区间值确信度为

$$\begin{aligned}\tilde{\beta}_j^k&=\left[\left(\tilde{\beta}_j^k\right)^L,\left(\tilde{\beta}_j^k\right)^U\right]\\&=\left(1-\left[\left(\beta_j^k\right)^L,\left(\beta_j^k\right)^U\right]+\left[\frac{\left(\left(\gamma^k\right)^L\right)^2}{1+\left(\gamma^k\right)^L},1\right]\right)\times\left[\left(\beta_j^k\right)^L,\left(\beta_j^k\right)^U\right]\end{aligned}$$

区间值确信度 $\tilde{\beta}_j^k$ 与前提 $\wedge A^k$ 的区间值确信度 $\tilde{\alpha}^k$ 无关，即当对前提的不确定性一无所知时，该前提对结论的不确定性没有任何影响。

(3) 当前提对结论未提供任何信息时，前提不影响结论的不确定性。

由于某条规则中前提对结论未提供任何信息，因而设输入事实与区间值确信规则库IR中的区间值确信规则 IR_1 和 IR_2 匹配成功，且具有相同的结论属性值 C'。在输入事实条件下，结论属性值的区间值确信度分别为 $\tilde{\beta}_1=\left[\left(\tilde{\beta}_1\right)^L,\left(\tilde{\beta}_1\right)^U\right]$ 和 $\tilde{\beta}_2=\left[\left(\tilde{\beta}_2\right)^L,\left(\tilde{\beta}_2\right)^U\right]$，其中，$\left(\tilde{\beta}_1\right)^L=0$，$\left(\tilde{\beta}_1\right)^U=1$，$0<\left(\tilde{\beta}_2\right)^L\leqslant\left(\tilde{\beta}_2\right)^U<1$，且规则的权重分别为 ω_1 和 ω_2，其中，$\omega_1=0$；$0<\omega_2\leqslant1$。根据平行传播算法，规则 IR_1 和 IR_2 的相对权重分别为 $\varpi_1=0$ 和 $\varpi_2=1$，结论 C' 的合成区间值确信度

$$\begin{aligned}\beta'=\left[\left(\beta'\right)^L,\left(\beta'\right)^U\right]&=\left[\frac{1-\left(1-\varpi_1\left(\tilde{\beta}_1\right)^L\right)\left(1-\varpi_2\left(\tilde{\beta}_2\right)^L\right)}{1-\left(1-\varpi_1\right)\left(1-\varpi_2\right)},\frac{1-\left(1-\varpi_1\left(\tilde{\beta}_1\right)^U\right)\left(1-\varpi_2\left(\tilde{\beta}_2\right)^U\right)}{1-\left(1-\varpi_1\right)\left(1-\varpi_2\right)}\right]\\&=\left[\left(\tilde{\beta}_2\right)^L,\left(\tilde{\beta}_2\right)^U\right]\end{aligned}$$

区间值确信度 β' 与规则 IR_1 中结论属性值 C' 的区间值确信度 $\tilde{\beta}_1$ 无关，即当前提对结论未提供任何信息时，前提不影响结论的不确定性。

(4) 当前提与结论无关时，前提对结论不产生任何影响。

由于某条规则的前提与结论无关，因而假设存在 $k\in\{1,2,\cdots,K\}$，使得区间值确信规则库IR中的规则 IR^k 满足前提与结论无关，即

$$\begin{aligned}&\text{If }\left(A_1^k,\left[\left(\alpha_1^k\right)^L,\left(\alpha_1^k\right)^U\right]\right)\wedge\cdots\wedge\left(A_i^k,\left[\left(\alpha_i^k\right)^L,\left(\alpha_i^k\right)^U\right]\right)\wedge\cdots\wedge\left(A_I^k,\left[\left(\alpha_I^k\right)^L,\left(\alpha_I^k\right)^U\right]\right)\\&\text{then }\left(C_1^k,\left[\left(\beta_1^k\right)^L,\left(\beta_1^k\right)^U\right]\right)\wedge\cdots\wedge\left(C_j^k,\left[\left(\beta_j^k\right)^L,\left(\beta_j^k\right)^U\right]\right)\wedge\cdots\wedge\left(C_J^k,\left[\left(\beta_J^k\right)^L,\left(\beta_J^k\right)^U\right]\right)\\&\text{with }\left[\left(\gamma^k\right)^L,\left(\gamma^k\right)^U\right],\ \omega^k,\ \{w_1,\cdots,w_i,\cdots,w_I\}\end{aligned}$$

其中，$\left(\beta_1^k\right)^L=\left(\beta_1^k\right)^U=\cdots=\left(\beta_J^k\right)^L=\left(\beta_J^k\right)^U=0$。

根据顺序传播算法，输入事实条件下结论属性值的区间值确信度

$$\tilde{\beta}_j^k = \left(1-[0,0]+\tilde{\beta}^k\right)\times[0,0]=[0,0]$$

即当前提与结论无关时，前提对结论不产生任何影响。

(5) 当前提为复合命题且组成该复合命题的各简单命题以逻辑“与”连接时，复合命题的不确定性值小于等于所有简单命题的不确定性值。

在区间值确信规则库 IR 中，区间值确信规则的前提为复合命题且组成该复合命题的各简单命题以逻辑“与”连接，即前提属性以逻辑“与”连接。如果输入事实 Input() = $\{(a_1,\alpha_1),\cdots,(a_i,\alpha_i),\cdots,(a_I,\alpha_I)\}$ 与规则 IR^k 匹配成功，则规则 IR^k 的前提属性值 $\left(A_i^k,\alpha_i^k\right)$ 的激活区间值确信度

$$\tilde{\alpha}_i^k = \left[\left(\tilde{\alpha}_i^k\right)^L,\left(\tilde{\alpha}_i^k\right)^U\right]$$
$$=\begin{cases} S_{[\,]}\left(\left(A_i^k,\left[\left(\alpha_i^k\right)^L,\left(\alpha_i^k\right)^U\right]\right),\left(a_i,\left[\left(\alpha_i\right)^L,\left(\alpha_i\right)^U\right]\right)\right), & A_i^k\in A_i \\ [1,1], & A_i^k=\phi \end{cases}$$

其中，$S_{[\,]}\left(\left(A_i^k,\left[\left(\alpha_i^k\right)^L,\left(\alpha_i^k\right)^U\right]\right),\left(a_i,\left[\left(\alpha_i\right)^L,\left(\alpha_i\right)^U\right]\right)\right)$ 为区间值确信结构的相似度。前提的激活区间值确信度

$$\tilde{\alpha}^k = \left[\left(\tilde{\alpha}^k\right)^L,\left(\tilde{\alpha}^k\right)^U\right]=\left[\prod_{i=1}^{I}\sqrt[I]{\left(\left(\tilde{\alpha}_i^k\right)^L\right)^{\tilde{w}_i^k\Big/\max\limits_{\tau=1,\cdots,I}\left\{\tilde{w}_\tau^k\right\}}},\prod_{i=1}^{I}\sqrt[I]{\left(\left(\tilde{\alpha}_i^k\right)^U\right)^{\tilde{w}_i^k\Big/\max\limits_{\tau=1,\cdots,I}\left\{\tilde{w}_\tau^k\right\}}}\right]$$

其中，$\tilde{w}_i^k = w_i^k\Big/\sum\limits_{t=1}^{I}w_t^k$，$w_i^k\left(i=1,2,\cdots,I\right)$ 为激活权重。因为对任意 $i\in\{1,2,\cdots,I\}$，$\left(\tilde{\alpha}_i^k\right)\in I_{[0,1]}$ 且 $0\leqslant\tilde{w}_i^k\Big/\max\limits_{\tau=1,\cdots,I}\left\{\tilde{w}_\tau^k\right\}\leqslant 1$，所以根据区间值的基本运算法则和 $\leqslant LU$ 序关系得

$$\tilde{\alpha}^k\leqslant\min\left\{\left(\tilde{\alpha}_1^k\right)^{\tilde{w}_1^k\Big/\max\limits_{\tau=1,\cdots,I}\left\{\tilde{w}_\tau^k\right\}},\cdots,\left(\tilde{\alpha}_i^k\right)^{\tilde{w}_i^k\Big/\max\limits_{\tau=1,\cdots,I}\left\{\tilde{w}_\tau^k\right\}},\cdots,\left(\tilde{\alpha}_I^k\right)^{\tilde{w}_I^k\Big/\max\limits_{\tau=1,\cdots,I}\left\{\tilde{w}_\tau^k\right\}}\right\}$$

即当前提为复合命题且组成该复合命题的各简单命题是以逻辑“与”连接时，复合命题的不确定性值小于等于所有简单命题的不确定性值。

4.5 案例分析

本节包括两个案例：数值算例和 UCI 机器学习资料存储库(UCI machine learning repository)中的分类问题。首先，通过数值算例说明区间值确信规则库推理具有可行性；然后，通过 UCI 机器学习资料存储库中的分类问题进一步说明区间值确信规则库推理具有有效性；最后，通过与已有方法进行对比说明该方法具有优越性。

4.5.1 数值算例

假设 $\mathrm{IR}=\left\langle(X,A),(Y,C),\mathrm{Icd},\Omega,W,F\right\rangle$ 为区间值确信规则库。其中，$X=\{X_1,X_2,X_3\}$；

$A=\{A_1,A_2,A_3\}$，$A_1=\{a_{11},a_{12},a_{13},a_{14}\}$，$A_2=\{a_{21},a_{22},a_{23}\}$，$A_3=\{a_{31},a_{32},a_{33}\}$；$Y=\{X_3,X_4\}$；$C=\{C_1,C_2\}$，$C_1=\{a_{31},a_{32},a_{33}\}$，$C_2=\{a_{41},a_{42}\}$；$W=\{w_1,w_2,w_3\}$，$w_1=0.4$，$w_2=0.35$，$w_3=0.25$。区间值确信规则库 IR 中，属性 X_3 既是前提属性又是结论属性(重复属性)，规则 $\text{IR}^k\left(k=1,2,\cdots,10\right)$ 如表 4-1 所示。输入事实

$$\text{Input}()=\left\{\left(a_{11},[0.6,0.7]\right),\left(a_{21},[0.8,0.9]\right)\right\}$$

表 4-1 区间值确信规则库

规则 (IR^k)	前提 ($\wedge A^k$)	结论 ($\wedge C^k$)	权重 (ω^k)	区间值确信度 (γ^k)
IR^1	$(a_{11},[0.7,0.8])\wedge(a_{21},[0.6,0.7])$	$(a_{31},[0.6,0.7])\wedge(a_{41},[0.7,0.8])$	0.8	$[0.8,0.9]$
IR^2	$(a_{13},[0.8,0.9])\wedge(a_{22},[0.7,0.8])$	$(a_{41},[0.6,0.7])$	0.7	$[0.8,0.9]$
IR^3	$(a_{12},[0.6,0.7])\wedge(a_{21},[0.8,0.9])$	$(a_{32},[0.7,0.8])$	0.9	$[0.7,0.8]$
IR^4	$(a_{12},[0.7,0.8])\wedge(a_{22},[0.6,0.7])$	$(a_{32},[0.7,0.8])\wedge(a_{41},[0.6,0.7])$	0.8	$[0.7,0.8]$
IR^5	$(a_{21},[0.8,0.9])\wedge(a_{31},[0.7,0.8])$	$(a_{41},[0.7,0.8])$	0.8	$[0.6,0.8]$
IR^6	$(a_{22},[0.6,0.7])\wedge(a_{32},[0.6,0.7])$	$(a_{42},[0.5,0.6])$	0.6	$[0.6,0.7]$
IR^7	$(a_{11},[0.6,0.7])\wedge(a_{21},[0.7,0.8])\wedge(a_{31},[0.8,0.9])$	$(a_{41},[0.7,0.8])$	0.7	$[0.6,0.8]$
IR^8	$(a_{11},[0.7,0.8])\wedge(a_{23},[0.6,0.7])\wedge(a_{32},[0.7,0.8])$	$(a_{42},[0.8,0.9])$	0.8	$[0.8,0.9]$
IR^9	$(a_{12},[0.7,0.8])\wedge(a_{22},[0.7,0.8])\wedge(a_{31},[0.6,0.7])$	$(a_{41},[0.7,0.8])$	0.7	$[0.8,0.9]$
IR^{10}	$(a_{13},[0.6,0.7])\wedge(a_{23},[0.8,0.9])\wedge(a_{31},[0.7,0.8])$	$(a_{42},[0.8,0.9])$	0.8	$[0.8,0.9]$

输入事实与规则 IR^1 匹配成功。根据顺序传播算法，得输入事实条件下结论的区间值确信度及相关数据如表 4-2 所示。

表 4-2 输入事实条件下结论的区间值确信度及相关数据（第一次匹配成功）

规则 (IR^k)	$\tilde{\alpha}_1^k$	$\tilde{\alpha}_2^k$	$\tilde{\alpha}_3^k$	$\tilde{\alpha}^k$	γ^k
IR^1	[0.9000,0.9000]	[0.8000,0.8000]	[1.0000,1.0000]	[0.9047,0.9047]	[0.8000,0.9000]
规则 (IR^k)	w_A^k	w_{IR}^k	$\tilde{\beta}^k$	$\tilde{\beta}_1^k$	$\tilde{\beta}_2^k$
IR^1	[0.5013,0.5307]	[0.4693,0.4987]	[0.8613,0.9702]	[0.7568,0.8892]	[0.8129,0.9362]

注：$\tilde{\alpha}_i^k=\left[\left(\tilde{\alpha}_i^k\right)^L,\left(\tilde{\alpha}_i^k\right)^U\right]\left(i=1,2,3;k=1\right)$ 表示规则 IR^k 的第 i 个前提属性值的激活区间值确信度；$\tilde{\alpha}^k=\left[\left(\tilde{\alpha}^k\right)^L,\left(\tilde{\alpha}^k\right)^U\right]$ 表示规则 IR^k 前提的激活区间值确信度；$\gamma^k=\left[\left(\gamma^k\right)^L,\left(\gamma^k\right)^U\right]$ 表示规则 IR^k 的区间值确信度；$w_A^k=\left[\left(w_A^k\right)^L,\left(w_A^k\right)^U\right]$ 表示规则 IR^k 前提的激活区间权重；$w_{\text{IR}}^k=\left[\left(w_{\text{IR}}^k\right)^L,\left(w_{\text{IR}}^k\right)^U\right]$ 表示规则 IR^k 的激活区间权重；β^k 表示规则 IR^k 结论的区间值确信度；$\tilde{\beta}_j^k\left(j=1,2\right)$ 表示第 j 个结论属性值的区间值确信度。

第一次匹配成功后，得到输入事实条件下的结论为 $(a_{31},[0.7568,0.8892])\wedge(a_{41},[0.8129,0.9362])$。因为属性 X_3 既是前提属性又是结论属性，原输入事实 Input() 中不包含属性 X_3 的属性值，所以根据演绎传播算法，更新后的输入事实为

$$\text{Input}()=\{(a_{11},[0.6,0.7]),(a_{21},[0.8,0.9]),(a_{31},[0.7568,0.8892])\}$$

更新后的输入事实 Input() 与剩余规则对比得到规则 IR^5 和 IR^7 匹配成功，根据顺序传播算法，得到输入事实条件下结论的区间值确信度及相关数据如表 4-3 所示。

表 4-3　输入事实条件下结论的区间值确信度及相关数据（第二次匹配成功）

规则 (IR^k)	$\tilde{\alpha}_1^k$	$\tilde{\alpha}_2^k$	$\tilde{\alpha}_3^k$	$\tilde{\alpha}^k$	γ^k
IR^5	[1.0000,1.0000]	[1.0000,1.0000]	[0.9108,0.9432]	[0.9780,0.9862]	[0.6000,0.8000]
IR^7	[1.0000,1.0000]	[0.9000,0.9000]	[0.9568,0.9892]	[0.9609,0.9675]	[0.6000,0.8000]
规则 (IR^k)	w_A^k	w_{IR}^k	$\tilde{\beta}^k$	$\tilde{\beta}_1^k$	$\tilde{\beta}_2^k$
IR^5	[0.5501,0.6217]	[0.3783,0.4499]	[0.8117,1.0000]	[0,0]	[0.7782,0.9600]
IR^7	[0.5457,0.6172]	[0.3828,0.4543]	[0.8008,1.0000]	[0,0]	[0.7706,0.9600]

注：$\tilde{\alpha}_i^k=\left[(\tilde{\alpha}_i^k)^L,(\tilde{\alpha}_i^k)^U\right](i=1,2,3;k=5,7)$ 表示规则 IR^k 的第 i 个前提属性值的激活区间值确信度；$\tilde{\alpha}^k=\left[(\tilde{\alpha}^k)^L,(\tilde{\alpha}^k)^U\right]$ 表示规则 IR^k 前提的激活区间值确信度；$\gamma^k=\left[(\gamma^k)^L,(\gamma^k)^U\right]$ 表示规则 IR^k 的区间值确信度；$w_A^k=\left[(w_A^k)^L,(w_A^k)^U\right]$ 表示规则 IR^k 前提的激活区间权重；$w_{\text{IR}}^k=\left[(w_{\text{IR}}^k)^L,(w_{\text{IR}}^k)^U\right]$ 表示规则 IR^k 的激活区间权重；β^k 表示规则 IR^k 结论的区间值确信度；$\tilde{\beta}_j^k(j=1,2)$ 表示第 j 个结论属性值的区间值确信度。

第二次匹配成功后，得到输入事实条件下的结论为 $(a_{41},[0.7782,0.9600])\wedge(a_{41},[0.7706,0.9600])$，具有相同的结论属性值 a_{41}。根据平行传播算法，得到输入事实条件下结论属性值 a_{41} 的合成区间值确信度 $\beta'(a_{41})$，相关数据如表 4-4 所示。

表 4-4　结论属性值 a_{41} 的合成区间值确信度的相关数据

规则 (IR_l)	$\tilde{\beta}_l$	ϖ_l	$m_{\{a_{41}\}}((a_{41},\tilde{\beta}_l))$	$m_{2\{a_{41}\}}((a_{41},\tilde{\beta}_l))$	$\bar{m}_{2\{a_{41}\}}((a_{41},\tilde{\beta}_l))$
IR_1	[0.7782,0.9600]	0.5714	[0.4514,0.5553]	[0.4447,0.5486]	0.4286
IR_2	[0.7706,0.9600]	0.4286	[0.5886,0.6698]	[0.3302,0.4114]	0.5714

注：$\text{IR}_l(l=1,2)$ 表示第 l 条激活规则；IR_1 表示规则 IR^5；IR_2 表示规则 IR^7；ϖ_l 表示证据 $(a_{41},\tilde{\beta}_l)$ 的权重；$m_{\{a_{41}\}}((a_{41},\tilde{\beta}_l))$ 表示由规则 IR_l 中证据 $(a_{41},\tilde{\beta}_l)$ 引起的分配给结论属性值 a_{41} 的基本指派函数；$m_{2\{a_{41}\}}((a_{41},\tilde{\beta}_l))$ 表示由规则 IR_l 中证据 $(a_{41},\tilde{\beta}_l)$ 引起的未分配给结论属性值 a_{41} 的基本指派函数；$\bar{m}_{2\{a_{41}\}}((a_{41},\tilde{\beta}_l))$ 表示由规则 IR_l 中证据 $(a_{41},\tilde{\beta}_l)$ 的相对权重引起的未分配给结论属性值 a_{41} 的基本指派函数。

输入事实条件下结论属性值 a_{41} 的合成区间值确信度 $\beta'(a_{41})=[0.8318,0.9725]$。根据演绎传播算法，第二次匹配成功后所得结论 $(a_{41},[0.8318,0.9725])$ 与第一次匹配所得结论 $(a_{41},[0.8129,0.9362])$ 合成得到结论属性值 a_{41} 的区间值确信结构 $(a_{41},[0.8666,0.9708])$。至此，由于再没有规则与输入事实匹配成功，因而在输入事实条件下得到结论：

$$(a_{31},[0.7568,0.8892])\wedge(a_{41},[0.8666,0.9708])$$

本算例根据区间值确信规则库推理模型中的顺序传播算法、平行传播算法和演绎传播算法，分析输入事实 $\text{Input()}=\{(a_{11},[0.6,0.7]),(a_{21},[0.8,0.9])\}$ 和区间值确信规则库 IR（表4-1），推理得到结论 $(a_{31},[0.7568,0.8892])\wedge(a_{41},[0.8666,0.9708])$。也就是说，当前提属性 X_1 取值为 a_{11} 且其区间值确信度为 $[0.6,0.7]$；前提属性 X_2 取值为 a_{21} 且其区间值确信度为 $[0.8,0.9]$ 时，得到结论 a_{31} 和 a_{41} 的区间值确信度分别为 $[0.7568,0.8892]$ 和 $[0.8666,0.9708]$，区间值确信规则库推理具有可行性。

4.5.2 UCI 机器学习资料存储库中的分类问题

本节选取 UCI 机器学习资料存储库(http://archive.ics.uci.edu/ml)中的 8 个分类数据集(表4-5)进行分类实验，说明区间值确信规则库推理的有效性，并通过与已有方法进行对比说明该方法的优越性。

表 4-5 UCI 机器学习资料存储库中的 8 个数据集

数据集名称	实例个数	属性个数	线性属性个数	名词属性个数	语言变量属性个数	类别个数	缺失数据百分比/%
Cancer	699	10	0	0	10	2	0.25
Glass	214	9	9	0	0	6	0
Horse	368	27	7	20	0	2	24
Ionosphere	351	34	34	0	0	2	0
Iris	150	4	4	0	0	3	0
Liver	345	6	6	0	0	2	0
Pima	768	8	8	0	0	2	0
Wine	178	13	13	0	0	2	0

由于上述 8 个数据集的数据类型不同，需要首先根据区间值确信结构转化方法将数据集中的实例转化为区间值确信规则，其中缺失数据以区间值确信结构 $(0,[0,0])$ 表示。因为所有实例均为实测结果，所以规则的区间值确信度为 $[1,1]$。

基于区间值确信规则库推理的分类结果受前提属性权重和规则权重的影响，因而基于区间值确信规则库推理的分类算法仍然分为两种：一种是所有前提属性权重相等，且前提属性权重和为 1，所有规则的规则权重都为 1，推理方法为区间值确信规则库推理(interval-valued certitude rule base inference method using evidential reasoning with interval-valued certitude degree，ICRIMER)；另一种是区间值确信规则的前提属性权重和规则权重通过机器学习方法得到，推理方法为确信规则库推理(interval-valued certitude rule base inference method using evidential reasoning with interval-valued certitude degree and weights of antecedent attributes and rules are obtained by machine learning，ICRIMER-W)，根据特征选择方法给出前提属性权重和规则权重：

(1) 前提属性权重：根据基于 Relief(Kononenko，1994)的特征选择方法计算前提属性权重。

(2) 规则权重：①包含离群属性值的规则被赋予较小的规则权重(≤ 0.3)；②前提相同而结论相反的规则被赋予较小的规则权重(≤ 0.3)。

选择 5 种具有代表性的分类算法：特征区间学习算法(feature interval learning，FIL；Dayanik，2010)，*k*-最近邻算法(instance based learning for 10 nearest neighbors，*k*-NN，*k*=10；Wu et al.，2005)、逻辑回归算法(logistic regression，LoR；Bielza et al.，2011)、朴素贝叶斯算法(naive bayes，NB；Chen et al.，2008)、剪枝决策树算法(pruning decision making tree，PDT；Esposito et al.，1997)，与基于区间值确信规则库推理的分类算法的分类正确率进行对比。其中，FIL 是基于区间型数据的分类算法；LoR 和 NB 是基于概率的分类算法；PDT 是基于结构的分类算法，并且决策树可以表述 If-then 规则；*k*-NN 是著名的机器学习方法，在诸多领域取得了较好的应用成果(Saez et al.，2014)。

本书运用五分交叉验证法(即将样本分为 5 份，轮流将 4 份作为训练数据，一份作为测试数据)，并在图 4-3 和表 4-6 中给出 7 种分类算法的分类正确率。基于区间值确信规则库推理的分类算法将每条测试数据的前提属性作为输入事实。然后，将输入事实与由训练数据构成的规则库进行对比，根据匹配结果推理得到分类结果。如果分类结果与数据集中实际分类一致，则该分类结果正确。分类结果正确的个数与测试数据的总数的比值称为分类正确率。分类正确率越大，算法的分类效果越好。

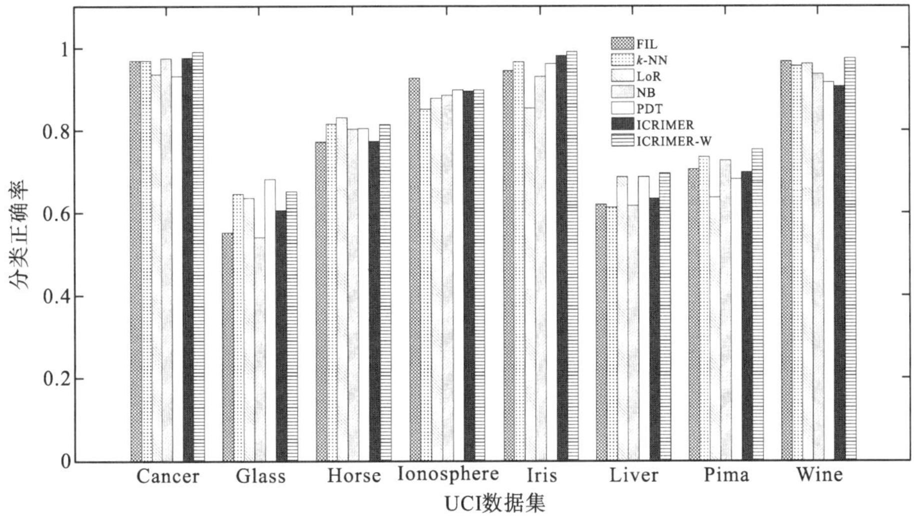

图 4-3　不同算法的分类正确率

表 4-6 7 种算法的分类正确率

分类算法	Cancer	Glass	Horse	Ionosphere	Iris	Liver	Pima	Wine
FIL	0.9688	0.5502	0.7718	0.9253	0.9426	0.6185	0.7054	0.9663
k-NN	0.9691	0.6455	0.8157	0.8501	0.9640	0.6110	0.7353	0.9540
LoR	0.9342	0.6355	0.8300	0.8775	0.8533	0.6870	0.6355	0.9607
NB	0.9740	0.5392	0.8027	0.8842	0.9293	0.6151	0.7262	0.9348
PDT	0.9299	0.6822	0.8033	0.8974	0.9600	0.6870	0.6822	0.9157
ICRIMER	0.9759	0.6047	0.7733	0.8942	0.9800	0.6318	0.6987	0.9055
ICRIMER-W	0.9900	0.6512	0.8132	0.8971	0.9899	0.6957	0.7532	0.9722

根据不同算法的分类正确率(图 4-3 和表 4-6)，可以得到下列结论:

(1)对比所有 8 个数据集的分类正确率，ICRIMER-W 对数据集 Cancer、Iris、Liver、Pima 和 Wine 的分类正确率最高，ICRIMER-W 对数据集 Glass、Horse 和 Ionosphere 的分类正确率处于前三位，这说明 ICRIMER-W 对表 4-5 中的 8 个来自 UCI 机器学习资料存储库的数据集具有较好的分类能力。

(2)除 ICRIMER-W 外，对比数据集 Cancer 和 Iris 的分类结果，ICRIMER 的分类正确率最高，分类效果最好。对比数据集 Cancer、Glass、Horse、Iris 和 Liver 的分类结果，ICRIMER 的分类效果优于 FIL，这说明 ICRIMER 对区间型数据具有较好的分类能力。

(3)对比数据集 Cancer、Ionosphere、Iris、Pima 和 Wine 的分类结果，ICRIMER 的分类正确率高于或稍低于 PDT，这说明 ICRIMER 能够更好地处理 If-then 规则知识。

(4)对比数据集 Cancer、Iris、Liver、Pima 和 Wine 的分类结果，ICRIMER-W 的分类正确率最高，分类效果最好，这说明 ICRIMER-W 具有较好的分类能力。对比其他三个数据集 Glass、Horse 和 Ionosphere 的分类结果，ICRIMER-W 的分类正确率高于 ICRIMER 的分类正确率，这说明提高前提属性权重和规则权重的精确度可以有效提高 ICRIMER 方法的分类效果。

综上所述，针对表 4-5 中的 8 个来自 UCI 机器学习资料存储库的数据集，基于区间值确信规则库推理的分类算法具有较好的分类能力。当规则库的准确度提高时，分类效果更好。区间值确信结构和区间值确信规则库能够较好地描述知识的不确定性，从而更加有效地利用专家经验知识，提高推理和决策的正确性。

4.6 本章小结

在第 3 章的基础上，考虑在知识获取过程中，专家往往只能给出确定程度的范围而较难精确描述确定程度的实际情况，在确信结构、确信度证据推理和确信规则库推理的基础上，本章提出基于证据推理的区间值确信规则库推理。首先，给出区间值确信结构，并在确信结构相似度的基础上给出区间值确信结构相似度。其次，根据不确定性信息的多种表示形式，给出不同类型的信息转化为区间值确信结构的具体方法。接着，在确信度证据推理的基础上，给出区间值确信度证据推理算法。进一步，为充分描述知识的不确定性，提出区间值确信规则知识表示，构建区间值确信规则库。第 3 章提出的确信结构和确信规则库相比，区间值确信结构和区间值确信规则库可以由数值、随机变量、模糊数、不完全信息等不确定性数据转换得到、且更加符合人类认知，能够实现不同类型不确定性数据融合。再次，在区间值确信度证据推理和区间值确信规则库的基础上给出区间值确信规则库推理，包括顺序传播算法、平行传播算法和演绎传播算法。证明了区间值确信规则库推理满足不确定性推理模型的 5 个基本条件，是不确定性推理模型。基于证据推理的区间值确信规则库推理模型具有对随机不确定性、模糊不确定性、不完全性、非线性特征数据进行建模的能力，更适用于解决基于多种类型不确定性数据的推理、决策问题。最后，通过数值算例和 UCI 机器学习资料存储库中的分类问题分析，说明基于证据推理的区间值确信规则库推理具有可行性和优越性。

第 5 章　基于确信结构的不确定性多属性决策

多属性决策是决策理论和方法研究的重要内容，涉及社会、经济和管理中的诸多问题。由于决策信息和外部环境具有不确定性、决策者认知能力(如决策者的风险态度、决策者对损失和收益的敏感性、决策者对损失的规避行为等)具有局限性，因而大部分多属性决策属于不确定性多属性决策，不确定性多属性决策方法成为研究热点。为了解决不确定性多属性决策问题，首先需要实现不确定性决策信息的表示和不确定性决策信息的信息融合；考虑前面所提出的确信结构能够有效地描述不确定性信息，确信度证据推理算法能够融合不确定性信息，因而本章将在第 3 章的基础上研究不确定性多属性决策方法。除上述不确定性因素，决策者的行为也会对决策结果产生影响。因此，基于决策者行为对不确定性多属性决策问题进行研究具有理论和实践价值。

本章将事件为数值型数据的确信结构引入前景理论，研究不确定性多属性决策。假设 (x,cd) 表示“事件 x 为真”的确信结构，(x,p) 表示事件 x 的前景。下面从三个角度说明将确信结构引入前景理论的合理性。

1. 从外在形式和内在含义角度

(x,cd) 表示“事件 x 为真”的确信结构，其中，事件 x 为数值型数据，反映决策者采取某一决策行为所获得的结果；cd 表示事件 x 的确信度，反映事件 x 的不确定性。前景 (x,p) 中，事件 x 为数值型数据，反映决策者采取某一决策行为所获得的结果；p 表示事件 x 发生的概率，反映事件 x 的随机性。

从外在形式的角度，确信结构 (x,cd) 和前景 (x,p) 的结构相同。从内在含义的角度，因为随机性是不确定性的一种(Xu et al.，2010)，所以确信结构 (x,cd) 和前景 (x,p) 都反映了决策者采取某一决策行为所获得的结果 x 的不确定性。

2. 从价值函数角度

前景理论以事件 x 的价值函数测量事件偏离参考点的价值，即收益或损失。确信结构 (x,cd) 中事件 x 和前景 (x,p) 中事件 x 一样，都反映决策者采取某一决策行为所获得的结果，确信结构中事件 x 相对参考点的价值函数能够反映前景理论的基本观点：

(1) 冒险型决策者在面对收益时表现为风险厌恶，在面对损失时表现为风险偏好(Kahneman and Tversky，1979)；保守型决策者在面对收益时表现为风险偏好，在面对损失时表现为风险厌恶(曾建敏，2007；马健和孙先霞，2011)。

(2) 不同决策者对收益和损失的相对敏感程度不同(Wakker and Zank，2002；马健和孙先霞，2011)。因而，可以沿用关于价值函数参数选择的相关研究结果。

3. 从权重函数角度

前景理论以概率 p 的权重函数反映事件对总前景值的影响，即事件 x 的随机不确定性对总前景值的影响。下面分析以确信度获取决策权重的合理性：

(1) 对比权重、确信度和概率，其赋值方法均包括主观赋值法和客观赋值法；而在实际决策问题中，决策者对事件发生随机性的评价(即概率)往往掺加了个人认知和主观感受，决策者对“事件为真”的不确定性的评价(即确信度)也是如此，因而确信度和概率的获得方式和来源相同。

(2) 对于确定效应(certainty effect；Kahneman and Tversky，1979)，即相对于确定程度低的事件，决策者往往会高估确定程度高的事件。前景理论以概率描述事件的确定程度，本章以确信度描述事件的确定程度，满足确定效应。

综上所述，本章以确信度代替概率描述事件的不确定性，以标示值 x 的价值函数以及确信度 cd 的权重函数反映事件对总前景值的影响。

融合价值函数和权重函数时，前景理论采用的是加权和法。在其他基于前景理论的不确定性多属性决策方法中，数据融合也往往采用加权和法(Tamura，2008；Liu et al.，2011；张晓和樊治平，2012；文杏梓等，2014；刘云志等，2014)。除了对方案的属性值加权求和进行评价，更有效的评价决策方法是将搜集到的信息和个体的经验作为判断和推理的证据进行证据推理、信息融合，从而评价方案、对方案进行排序，最终给出决策结果。本书采用确信度证据推理融合价值函数和权重函数，使得决策信息能够充分利用，弥补了前景理论缺乏严格理论和数学推导的缺陷，使得决策结果更为合理。

本章将在第 3 章的基础上，考虑决策者行为对决策结果的影响，研究属性值为确信结构的不确定性多属性决策(简称：确信结构多属性决策)，确信结构的标示值和确信度均为数值。本章的结构安排如下：首先，根据规范化的本意和规范属性值边际效用递减原则(N. 格里高利·曼昆，2009)给出满足非线性变化规律的属性值规范化方法；然后，结合确信度证据推理(即规范性决策方法)和前景理论(即描述性决策方法)，提出确信结构多属性决策方法；最后，将所提方法应用于解决实际问题，给出案例分析。

5.1　属性值规范化方法

属性通常可以分为效益型属性、成本型属性和非效益非成本型属性。效益型属性的属性值越大越好；成本型属性的属性值越小越好；非效益非成本型属性会给定一个数值作为最优值，属性值与最优值的相似度越大，属性值越好。对于非效益非成本型属性，往往通过计算属性值与最优值的贴近度，将非效益非成本型属性转化为属性值为贴进度的效益型属性，贴进度满足贴近度越大属性值越好。假设属性值为 y，最优值为 u，则属性值与最

优值的贴进度为

$$f(y,u)=1-\min\left\{\frac{|y-u|}{u},1\right\}$$

需要说明的是，当属性值为确信结构时，y为属性值的标示值。

假设不确定性多属性决策的非效益非成本型属性已转化为效益型属性，即假设不确定性多属性决策问题中属性类型仅包含效益型和成本型，下面的研究均建立在该假设的基础之上。

由于属性通常具有不同的单位(量纲)，属性值的数值大小差别很大，因而具有不可公度性。将具有不同量纲的属性放在一起不便于直接从数值的大小上判断方案的优劣，需要将属性单一化(使得越好的方案属性值越大，属性值规范化后的数值越大代表其变换率越小)、消除量纲并将属性值变换到$[0,1]$内，给出每个属性的属性值在决策者评价决策方案时的实际价值。

目前，数值型属性值的规范化方法较多，其中最常用的规范化方法有极差变换法、线性变换法和向量变换法(王桂芳和王应明，2012)，其中极差变换法是较多决策方法采用的规范化方法(李为相，2010)。但是上述方法没有考虑各种属性从不同角度反映方案的特征，而这些特征往往具有非线性变化规律(王桂芳和王应明，2012)；同时也没有考虑规范化后属性值越大其变化速率越小这一需求。

为了使得规范化后的属性值更加符合决策分析的实际需求，在边际效用递减原则的基础上，下面提出三种规范化方法：极差-对数变换法、对数变换法和线性-对数变换法。决策者可以根据具体问题选择合适的规范化方法。

假设数值$y_t(t=1,2,\cdots,T)$不全为0，z_t是y_t规范化后的属性值，则具体规范化方法如下：

1. 极差-对数变换法

(1)效益型

$$z_t=\log_2\left(\frac{y_t-\min\{y\}}{\max\{y\}-\min\{y\}}+1\right)$$

(2)成本型

$$z_t=\log_2\left(\frac{\max\{y\}-y_t}{\max\{y\}-\min\{y\}}+1\right)$$

其中，$\min\{y\}=\min\{y_1,y_2,\cdots,y_T\}$；$\max\{y\}=\max\{y_1,y_2,\cdots,y_T\}$。规范化后，各属性具有相同的度量空间，且最优值为1，最劣值为0，满足边际效用递减原则。适用范围与极差变换法相同，不适用于原属性值的最大值和最小值相同的属性，在决策问题中最大值和最小值相同的属性对决策方案评价没有影响，可以剔除。

2. 对数变换法

(1) 效益型

$$z_t = \frac{\ln\left(y_t / \min\{y\}\right)}{\ln\left(\max\{y\} / \min\{y\}\right)}$$

(2) 成本型

$$z_t = \frac{\ln\left(\max\{y\} / y_t\right)}{\ln\left(\max\{y\} / \min\{y\}\right)}$$

其中，$\min\{y\} = \min\{y_1, y_2, \cdots, y_T\}$；$\max\{y\} = \max\{y_1, y_2, \cdots, y_T\}$。规范化后，各属性具有相同的度量空间，且最优值为 1，最劣值为 0，满足边际效用递减原则。属性值为 0 时，该属性值不参与取小$\left(\min\{y\}\right)$、取大$\left(\max\{y\}\right)$运算，该属性值规范化后仍为 0。

3. 线性–对数变换法(一)

(1) 效益型

$$z_t = \log_2\left(\frac{y_t}{\max\{y\}} + 1\right)$$

(2) 成本型

$$z_t = \log_2\left(\frac{\min\{y\}}{y_t} + 1\right)$$

其中，$\min\{y\} = \min\{y_1, y_2, \cdots, y_T\}$；$\max\{y\} = \max\{y_1, y_2, \cdots, y_T\}$。规范化属性值满足边际效用递减原则，最优值为 1，最劣值不一定为 0。成本型属性的属性值为 0 时，该属性值不参与取小运算，该属性值规范化后仍为 0。

4. 线性–对数变换法(二)

(1) 效益型

$$z_t = \log_2\left(2 - \frac{\min\{y\}}{y_t}\right)$$

(2) 成本型

$$z_t = \log_2\left(2 - \frac{y_t}{\max\{y\}}\right)$$

其中，$\min\{y\} = \min\{y_1, y_2, \cdots, y_T\}$；$\max\{y\} = \max\{y_1, y_2, \cdots, y_T\}$。规范化属性值满足边际效用递减原则，最劣值为 0，最优值不一定为 1。效益型属性的属性值为 0 时，该属性值不参与取小运算，该属性值规范化后仍为 0。

5.2 确信结构多属性决策

确信结构描述了决策信息的不确定性，以及对定性属性进行量化时决策者主观判断的不确定性。考虑未来状态也可能具有不确定性，本节分为两种情况进行研究：①单状态不确定性多属性决策(即未来状态唯一且确定发生)；②多状态不确定性多属性决策(即未来状态不确定，存在两种或两种以上的未来状态)。在上述分析的基础上，下面给出基于确信结构的不确定性多属性决策方法。

考虑参考点的选取将会引起决策结果的差异：以目标值为参考点，可以得到满足决策目标的最优(或满意)方案；以当前状态为参考点，得到的决策结果是在现有资源条件下的最优(或满意)方案；以最小需求为参考点，得到的决策结果是达到最小需求的最优(或满意)方案。以当前状态或最小需求为参考点，所得到的决策结果不一定能够达到决策目标。因而，本书在选取参考点时，优先选取目标值；当目标值未知时，选取当前状态或最小需求为参考点。

5.2.1 单状态确信结构多属性决策

下面根据前景理论和确信度证据推理，给出未来状态唯一的确信结构多属性决策方法的具体步骤，简称单状态确信结构多属性决策。

步骤 1 给出单状态确信结构多属性决策问题的描述。

定义 5.1 单状态确信结构多属性决策问题可以描述为

$$\mathrm{SCMADM}=\left\langle A, X, \boldsymbol{W}, \boldsymbol{D}_{\mathrm{SC}}, \boldsymbol{G}, \mathrm{DM}\right\rangle,$$

其中，$A=\left\{A_i \middle| i=1,2,\cdots,I\right\}$ 表示备选方案集，A_i 是第 i 个备选方案；$X=\left\{X_j \middle| j=1,2,\cdots,J\right\}$ 表示属性集，X_j 是第 j 个属性；$\boldsymbol{W}=\left(W_1,\cdots,W_j,\cdots,W_J\right)$ 表示属性权重向量，其中，W_j 是属性 X_j 的权重，满足 $0\leqslant W_j\leqslant 1$ 且 $\sum_{j=1}^{J}W_j=1$；$\boldsymbol{D}_{\mathrm{SC}}=\left[X_{ij}\right]_{I\times J}=\left[\left(x_{ij},\mathrm{cd}_{ij}\right)\right]_{I\times J}$ 表示决策矩阵，$X_{ij}=\left(x_{ij},\mathrm{cd}_{ij}\right)$ 是第 i 个备选方案 A_i 的第 j 个属性 X_j 的确信结构属性值，其中，x_{ij} 为数值，是属性值 X_{ij} 的标示值，表示第 i 个备选方案 A_i 在第 j 个属性 X_j 下的取值为 x_{ij}，cd_{ij} 为标示值 x_{ij} 的确信度，表示第 i 个备选方案 A_i 在第 j 个属性 X_j 下的取值为 x_{ij} 的确定程度。假设第 j 个属性 X_j 的目标值为 G_j，G_j 为确定的数值且 $\boldsymbol{G}=\left(G_1,\cdots,G_j,\cdots,G_J\right)$，则以目标值为参考点。如果不存在目标值，则根据当前状态或最小需求得到参考点，记作 $\boldsymbol{G}=\left(G_1,\cdots,G_j,\cdots,G_J\right)$，其中，$G_j$ 为数值。DM 表示决策者类型，包括保守型决策者、中立型决策者和冒险型决策者。在前景理论的基础上，给出基于确信结构的价值函数和确信度权重函数，分别根据确信结构属性值的标示值及其确信度计算标示价值和确信度权重。

步骤 2　根据决策者类型和标示值，给出价值函数，计算各属性值的标示价值。

因为 Wakker 和 Zank(2002)，马健和孙先霞(2011)给出的价值函数既考虑了决策者的类型又考虑了决策者对收益和损失的敏感偏好，较其他价值函数对决策者的行为描述更加全面，所以本节选择采用价值函数计算属性值的标示价值。

定义 5.2　单状态确信结构多属性决策问题 $\mathrm{SCMADM}=\langle A,X,\boldsymbol{W},\boldsymbol{D}_{\mathrm{SC}},\boldsymbol{G},\mathrm{DM}\rangle$ 的第 i 个 $(i=1,2,\cdots,I)$ 备选方案 A_i 在第 j 个 $(j=1,2,\cdots,J)$ 属性 X_j 下属性值 $(x_{ij},\mathrm{cd}_{ij})$ 的标示价值如下：

(1) 当属性 X_j 为效益型属性时，若 $x_{ij}\geqslant G_j$，则属性值为收益；若 $x_{ij}<G_j$，则属性值为损失。标示价值为

$$v(\Delta x_{ij})=\begin{cases}\lambda^+(x_{ij}-G_j)^{\alpha^+}, & x_{ij}\geqslant G_j\\ -\lambda^-(G_j-x_{ij})^{\alpha^-}, & x_{ij}<G_j\end{cases}$$

(2) 当属性 X_j 为成本型属性时，若 $x_{ij}\leqslant G_j$，则属性值为收益；若 $x_{ij}>G_j$，则属性值为损失。标示价值为

$$v(\Delta x_{ij})=\begin{cases}\lambda^+(G_j-x_{ij})^{\alpha^+}, & x_{ij}\leqslant G_j\\ -\lambda^-(x_{ij}-G_j)^{\alpha^-}, & x_{ij}>G_j\end{cases}$$

其中，G_j 为参考点；$\Delta x_{ij}=x_{ij}-G_j$ 表示 x_{ij} 相对于参考点 G_j 的偏离值；λ^+、λ^- 表示决策者对收益或损失的敏感性，若收益相对损失更加敏感，则 $\lambda^+>1$ 且 $\lambda^-=1$；若损失相对收益更加敏感，则 $\lambda^+=1$ 且 $\lambda^->1$。α^+、α^- 表示决策者的风险态度，若决策者是保守型决策者，则 $\alpha^+>1$ 且 $\alpha^->1$；若决策者是中立型决策者，则 $\alpha^+=\alpha^-=1$；若决策者是冒险型决策者，则 $\alpha^+<1$ 且 $\alpha^-<1$。

步骤 3　给出确信度权重函数，计算各属性值的确信度权重。

本书选择由 Prelec (1998)提出的权重函数计算确信度权重，具体原因如下：

(1) 其权重函数符合 Kahneman 和 Tversky(1979)对概率运算规律的研究结果：①小概率事件(即确定程度低的事件)的权重较大，中、大概率事件(即确定程度中、高的事件)的权重较小；②次加性；③次确定性。

(2) 不同于 Kahneman 和 Tversky(1979)根据概率运算规律图形所提出的权重函数，Prelec (1998)提出的权重函数建立在行为公理基础之上，研究事件的不确定性。

(3) Bleichrodt(2000)采用实证分析的方式研究 Prelec(1998)提出的权重函数，为参数的选取提供依据。

定义 5.3　单状态确信结构多属性决策问题 $\mathrm{SCMADM}=\langle A,X,\boldsymbol{W},\boldsymbol{D}_{\mathrm{SC}},\boldsymbol{G},\mathrm{DM}\rangle$ 的第 i 个 $(i=1,2,\cdots,I)$ 备选方案 A_i 在第 j 个 $(j=1,2,\cdots,J)$ 属性 X_j 下属性值 $(x_{ij},\mathrm{cd}_{ij})$ 的确信度权重如下：

(1) 当 $\mathrm{cd}_{ij}=0$ 时，$w(\mathrm{cd}_{ij})=0$。

(2) 当 $\mathrm{cd}_{ij}>0$ 且属性 X_j 为效益型属性时，若 $x_{ij}\geqslant G_j$，则属性值为收益；若 $x_{ij}<G_j$，

则属性值为损失。确信度权重为

$$w\left(\mathrm{cd}_{ij}\right)=\begin{cases}\exp\left\{-\delta^{+}\left[-\ln\left(\mathrm{cd}_{ij}\right)\right]^{\sigma^{+}}\right\}, & x_{ij}\geqslant G_j\\ \exp\left\{-\delta^{-}\left[-\ln\left(\mathrm{cd}_{ij}\right)\right]^{\sigma^{-}}\right\}, & x_{ij}<G_j\end{cases}$$

(3) 当 $\mathrm{cd}_{ij}>0$ 且属性 X_j 为成本型属性时，若 $x_{ij}\leqslant G_j$，则属性值为收益；若 $x_{ij}>G_j$，则属性值为损失。确信度权重为

$$w\left(\mathrm{cd}_{ij}\right)=\begin{cases}\exp\left\{-\delta^{+}\left[-\ln\left(\mathrm{cd}_{ij}\right)\right]^{\sigma^{+}}\right\}, & x_{ij}\leqslant G_j\\ \exp\left\{-\delta^{-}\left[-\ln\left(\mathrm{cd}_{ij}\right)\right]^{\sigma^{-}}\right\}, & x_{ij}>G_j\end{cases}$$

其中，$\delta^{+},\delta^{-}>0$ 刻画决策者的过度反应：若决策者是保守型决策者，则 $0<\sigma^{-}<\sigma^{+}<1$；若决策者是中立型决策者，则 $0<\sigma^{+}=\sigma^{-}<1$；若决策者是冒险型决策者，则 $0<\sigma^{+}<\sigma^{-}<1$。

根据前景理论，各方案在各属性下的前景值由标示价值和确信度权重的乘积得到。

步骤 4 根据标示价值和确信度权重计算各方案在各属性下的前景值。

定义 5.4 假设单状态确信结构多属性决策问题 $\mathrm{SCMADM}=\left\langle A,X,\boldsymbol{W},\boldsymbol{D}_{\mathrm{SC}},\boldsymbol{G},\mathrm{DM}\right\rangle$ 的第 i 个 $(i=1,2,\cdots,I)$ 备选方案 A_i 在第 j 个 $(j=1,2,\cdots,J)$ 属性 X_j 下属性值 $\left(x_{ij},\mathrm{cd}_{ij}\right)$ 的标示价值为 $v\left(\Delta x_{ij}\right)$，确信度权重为 $w\left(\mathrm{cd}_{ij}\right)$，则属性值 $\left(x_{ij},\mathrm{cd}_{ij}\right)$ 的前景值为

$$V_{ij}=v\left(\Delta x_{ij}\right)w\left(\mathrm{cd}_{ij}\right)$$

步骤 5 根据属性值规范化方法对属性值的前景值进行规范化，得到规范前景值。

根据具体问题选择一种 5.1 节中给出的属性值规范化方法，对前景值 V_{ij} 进行规范化，得到规范前景值 $\bar{V}_{ij}$。

为了实现对所有方案进行评价，下面针对每个方法合成各属性下的规范前景值。

步骤 6 根据确信度证据推理合成规范前景值，得到每个方案的合成前景值。

1) 说明根据确信度证据推理实现规范前景值的合成具有合理性和可行性

在单状态确信结构多属性决策问题 $\mathrm{SCMADM}=\left\langle A,X,\boldsymbol{W},\boldsymbol{D}_{\mathrm{SC}},\boldsymbol{G},\mathrm{DM}\right\rangle$ 中，对任意 $i\in\{1,2,\cdots,I\}$，$j\in\{1,2,\cdots,J\}$，有下列结果成立。

(1) $\left\{\left(x_{i1},\mathrm{cd}_{i1}\right),\cdots,\left(x_{ij},\mathrm{cd}_{ij}\right),\cdots,\left(x_{iJ},\mathrm{cd}_{iJ}\right)\right\}$ 为证据集，备选方案 A_i 构成识别框架 $\Theta_i=\{A_i\}$，Θ_i 的幂集为 $2^{\Theta_i}=\{\varnothing,\{A_i\}\}$。

(2) 证据 $\left(x_{i1},\mathrm{cd}_{i1}\right),\cdots,\left(x_{ij},\mathrm{cd}_{ij}\right),\cdots,\left(x_{iJ},\mathrm{cd}_{iJ}\right)$ 相互独立。

(3) 规范前景值 $\bar{V}_{ij}$ 表示证据 $\left(x_{ij},\mathrm{cd}_{ij}\right)$ 对方案 A_i 的支持度，满足 $0\leqslant\bar{V}_{ij}\leqslant1$，规范前景值的合成值越大，方案 A_i 越好。

(4) 属性 X_j 的权重 W_j 反映了证据 $\left(x_{ij},\mathrm{cd}_{ij}\right)$ 对方案 A_i 的重要程度，因而 W_j 是证据 $\left(x_{ij},\mathrm{cd}_{ij}\right)$ 的权重。

2)根据确信度证据推理计算合成前景值

定义 5.5　假设单状态确信结构多属性决策问题$\text{SCMADM}=\langle A,X,\boldsymbol{W},\boldsymbol{D}_{\text{SC}},\boldsymbol{G},\text{DM}\rangle$的第$i$个$(i=1,2,\cdots,I)$备选方案$A_i$在第$j$个$(j=1,2,\cdots,J)$属性$X_j$下属性值$(x_{ij},\text{cd}_{ij})$的规范前景值为$\bar{V}_{ij}$，属性权重为$\boldsymbol{W}=(W_1,\cdots,W_j,\cdots,W_J)$，则由证据$(x_{ij},\text{cd}_{ij})$引起的分配给方案$A_i$的基本前景指派$m_{\Theta_i}((x_{ij},\text{cd}_{ij}))$，未分配的基本前景指派$m_{2^{\Theta_i}}((x_{ij},\text{cd}_{ij}))$，以及由证据$(x_{ij},\text{cd}_{ij})$的权重$W_j$引起的未分配的基本前景指派$\bar{m}_{2^{\Theta_i}}((x_{ij},\text{cd}_{ij}))$分别为

$$m_{\Theta_i}((x_{ij},\text{cd}_{ij}))=W_j\bar{V}_{ij}$$

$$m_{2^{\Theta_i}}((x_{ij},\text{cd}_{ij}))=1-W_j\bar{V}_{ij}$$

$$\bar{m}_{2^{\Theta_i}}((x_{ij},\text{cd}_{ij}))=1-W_j$$

令$O(t)(t=1,2,3,\cdots,J)$表示前t个证据，记$m_{\Theta_i}(O(t))$表示根据确信度证据推理合成前t个证据得到的分配给方案A_i的基本前景指派；$m_{2^{\Theta_i}}(O(t))$表示由前t个证据引起的未分配给方案A_i的基本前景指派；$\bar{m}_{2^{\Theta_i}}(O(t))$表示由前$t$个证据的权重引起的未分配给方案$A_i$的基本前景指派。当$t=1$时，

$$m_{\Theta_i}(O(1))=m_{\Theta_i}((x_{i1},\text{cd}_{i1}))=W_1\bar{V}_{i1}$$

$$m_{2^{\Theta_i}}(O(1))=m_{2^{\Theta_i}}((x_{i1},\text{cd}_{i1}))=1-W_1\bar{V}_{i1}$$

$$\bar{m}_{2^{\Theta_i}}(O(1))=\bar{m}_{2^{\Theta_i}}((x_{i1},\text{cd}_{i1}))=1-W_1$$

由合成前$t(t=2,3,\cdots,J-1)$个证据得

$$\begin{aligned}m_{\Theta_i}(O(t))=&m_{\Theta_i}(O(t-1))m_{\Theta_i}((x_{it},\text{cd}_{it}))+m_{\Theta_i}(O(t-1))m_{2^{\Theta_i}}((x_{it},\text{cd}_{it}))\\&+m_{2^{\Theta_i}}(O(t-1))m_{\Theta_i}((x_{it},\text{cd}_{it}))\end{aligned}$$

$$m_{2^{\Theta_i}}(O(t))=m_{2^{\Theta_i}}(O(t-1))m_{2^{\Theta_i}}((x_{it},\text{cd}_{it}))$$

$$\bar{m}_{2^{\Theta_i}}(O(t))=\bar{m}_{2^{\Theta_i}}(O(t-1))\bar{m}_{2^{\Theta_i}}((x_{it},\text{cd}_{it}))$$

由合成所有J条证据得

$$\begin{aligned}m_{\Theta_i}(O(J))=&m_{\Theta_i}(O(J-1))m_{\Theta_i}((x_{iJ},\text{cd}_{iJ}))+m_{\Theta_i}(O(J-1))m_{2^{\Theta_i}}((x_{iJ},\text{cd}_{iJ}))\\&+m_{2^{\Theta_i}}(O(J-1))m_{\Theta_i}((x_{iJ},\text{cd}_{iJ}))\\=&1-\prod_{t=1}^{J}m_{\Theta_i}((x_{it},\text{cd}_{it}))\\=&1-\prod_{t=1}^{J}(1-W_t\bar{V}_{it})\end{aligned}$$

$$m_{2^{\Theta_i}}(O(J))=m_{2^{\Theta_i}}(O(J-1))m_{2^{\Theta_i}}((x_{iJ},\text{cd}_{iJ}))=\prod_{t=1}^{J}m_{2^{\Theta_i}}((x_{it},\text{cd}_{it}))=\prod_{t=1}^{J}(1-W_t\bar{V}_{it})$$

$$\bar{m}_{2^{\Theta_i}}(O(J))=\bar{m}_{2^{\Theta_i}}(O(J-1))\bar{m}_{2^{\Theta_i}}((x_{iJ},\text{cd}_{iJ}))=\prod_{t=1}^{J}\bar{m}_{2^{\Theta_i}}((x_{it},\text{cd}_{it}))=\prod_{t=1}^{J}(1-W_t)$$

故方案A_i的合成前景值

$$V(A_i)=\frac{m_{\Theta_i}\big(O(J)\big)}{1-\bar{m}_{2\Theta_i}\big(O(J)\big)}$$

显然，方案的合成前景值越大，方案越好。因而可以根据合成前景值选择最优方案。

步骤 7 根据合成前景值对方案进行排序，合成前景值最大的方案为最优方案。

5.2.2 多状态确信结构多属性决策

下面在单状态确信结构多属性决策方法的基础上，根据确信度证据推理和第三代前景理论，未来状态为多状态的确信结构多属性决策方法，简称多状态确信结构多属性决策。

步骤 1 给出多状态确信结构多属性决策问题的描述。

定义 5.6 多状态确信结构多属性决策问题可以描述为

$$\text{MCMADM}=\langle A,X,S,\boldsymbol{P},\boldsymbol{W},\boldsymbol{D}_{\text{MC}},\boldsymbol{H},\text{DM}\rangle$$

其中，$A=\{A_i|i=1,2,\cdots,I\}$ 表示备选方案集，A_i 为第 i 个备选方案；$X=\{X_j|j=1,2,\cdots,J\}$ 表示属性集，X_j 为第 j 个属性；$S=\{S_n|n=1,2,\cdots,N\}$ 表示相互独立的未来状态的集合，S_n 为第 n 个状态；$\boldsymbol{P}=(P_1,\cdots,P_n,\cdots,P_N)$ 表示未来状态发生的不确定性，其中，P_n 是状态 S_n 发生的概率，满足 $0\leqslant P_n\leqslant 1$ 且 $\sum_{n=1}^{N}P_n\leqslant 1$；$\boldsymbol{W}=(W_1,\cdots,W_j,\cdots,W_J)$ 表示属性权重向量，其中，W_j 是属性 X_j 的权重，满足 $0\leqslant W_j\leqslant 1$ 且 $\sum_{j=1}^{J}W_j=1$；$\boldsymbol{D}_{\text{MC}}=[X_{ij}]_{I\times J}=\left[\left(x_{ij},(\text{cd}_{ij})'\right)\right]_{I\times J}$ 表示决策矩阵，$\left(x_{ij},(\text{cd}_{ij})'\right)=\left(\left(x_{ij}^1,(\text{cd}_{ij}^1)'\right),\cdots,\left(x_{ij}^n,(\text{cd}_{ij}^n)'\right),\cdots,\left(x_{ij}^N,(\text{cd}_{ij}^N)'\right)\right)$ 是第 i 个备选方案 A_i 的第 j 个属性 X_j 的属性值，其中，x_{ij}^n 为数值，是第 n 个状态 S_n 下第 i 个备选方案 A_i 的第 j 个属性 X_j 的属性值的标示值，表示第 n 个状态 S_n 下第 i 个备选方案 A_i 的第 j 个属性 X_j 的取值为 x_{ij}^n；$(\text{cd}_{ij}^n)'$ 为 x_{ij}^n 的确信度，表示第 n 个状态 S_n 下第 i 个备选方案 A_i 的第 j 个属性 X_j 的取值为 x_{ij}^n 的确定程度。假设第 n 个状态 S_n 下属性值的参考点向量为 $\boldsymbol{H}(S_n)=\left(h_1(S_n),\cdots,h_j(S_n),\cdots,h_J(S_n)\right)$，其中，$h_j(S_n)$ 表示第 n 个状态 S_n 下属性 X_j 的参考点，记 $\boldsymbol{H}=\left(\boldsymbol{H}(S_1),\cdots,\boldsymbol{H}(S_n),\cdots,\boldsymbol{H}(S_N)\right)$；DM 表示决策者类型，包括保守型决策者、中立型决策者和冒险型决策者。

步骤 2 合并属性值的不确定性和未来状态的不确定性，得到考虑未来状态不确定性的确信结构属性值。

因为对于任意状态 $S_n\left(n\in\{1,2,\cdots,N\}\right)$，确信度 $(\text{cd}_{ij}^n)'$ $(i=1,2,\cdots,I;j=1,2,\cdots,J)$ 反映属性值的不确定性，概率 P_n 反映未来状态的不确定性，属性值的不确定性不影响未来状态的不确定性，未来状态的不确定性也不影响属性值的不确定性，所以本书认为属性值的不确定性与未来状态的不确定性相互独立，以确信度 $(\text{cd}_{ij}^n)'$ 和概率 P_n 的乘积合并属性值的不确定性和未来状态的不确定性。

定义 5.7　多状态确信结构多属性决策问题 $\mathrm{MCMADM}=\langle A,X,S,\boldsymbol{P},\boldsymbol{W},\boldsymbol{D}_{\mathrm{MC}},\boldsymbol{H},\mathrm{DM}\rangle$ 中，未来状态发生的概率 $\boldsymbol{P}=(P_1,\cdots,P_n,\cdots,P_N)$，第 i 个 $(i=1,2,\cdots,I)$ 备选方案 A_i 在第 j 个 $(j=1,2,\cdots,J)$ 属性 X_j 下属性值为

$$\left(x_{ij},(\mathrm{cd}_{ij})'\right)=\left(\left(x_{ij}^1,(\mathrm{cd}_{ij}^1)'\right),\cdots,\left(x_{ij}^n,(\mathrm{cd}_{ij}^n)'\right),\cdots,\left(x_{ij}^N,(\mathrm{cd}_{ij}^N)'\right)\right)$$

考虑未来状态不确定性的第 i 个备选方案 A_i 在第 j 个属性 X_j 下属性值为

$$\left(x_{ij},\mathrm{cd}_{ij}\right)=\left(\left(x_{ij}^1,\mathrm{cd}_{ij}^1\right),\cdots,\left(x_{ij}^n,\mathrm{cd}_{ij}^n\right),\cdots,\left(x_{ij}^N,\mathrm{cd}_{ij}^N\right)\right)$$

其中，$\mathrm{cd}_{ij}^n=(\mathrm{cd}_{ij}^n)'\times P_n$。

因为 $0\leqslant(\mathrm{cd}_{ij}^n)'\leqslant1$，$0\leqslant P_n\leqslant1$ 且 $\sum\limits_{n=1}^{N}P_n\leqslant1$，所以 $0\leqslant\mathrm{cd}_{ij}^n\leqslant1$ 且 $\sum\limits_{n=1}^{N}\mathrm{cd}_{ij}^n\leqslant1$。

在第三代前景理论的基础上，下面给出各状态下基于确信结构的价值函数和确信度权重函数，分别根据确信结构属性值的标示值及其确信度计算标示价值和确信度权重。

步骤 3　根据决策者类型和标示值给出价值函数，计算各属性值的标示价值。

定义 5.8　多状态确信结构多属性决策问题 $\mathrm{MCMADM}=\langle A,X,S,\boldsymbol{P},\boldsymbol{W},\boldsymbol{D}_{\mathrm{MC}},\boldsymbol{H},\mathrm{DM}\rangle$ 在第 n 个 $(n=1,2,\cdots,N)$ 状态 S_n 下，第 i 个 $(i=1,2,\cdots,I)$ 备选方案 A_i 的第 j 个 $(j=1,2,\cdots,J)$ 属性 X_j 的属性值 $(x_{ij},\mathrm{cd}_{ij})$ 的标示价值如下：

(1) 当属性 X_j 为效益型属性时，若 $x_{ij}^n\geqslant h_j(S_n)$，则属性值为收益；若 $x_{ij}^n<h_j(S_n)$，则属性值为损失。标示价值为

$$v(\Delta x_{ij}^n)=\begin{cases}\lambda^+\left(x_{ij}^n-h_j(S_n)\right)^{\alpha^+}, & x_{ij}^n\geqslant h_j(S_n)\\ -\lambda^-\left(h_j(S_n)-x_{ij}^n\right)^{\alpha^-}, & x_{ij}^n<h_j(S_n)\end{cases}$$

(2) 当属性 X_j 为成本型属性时，若 $x_{ij}^n\leqslant h_j(S_n)$，则属性值为收益；若 $x_{ij}^n>h_j(S_n)$，则属性值为损失。标示价值为

$$v(\Delta x_{ij}^n)=\begin{cases}\lambda^+\left(h_j(S_n)-x_{ij}^n\right)^{\alpha^+}, & x_{ij}^n\leqslant h_j(S_n)\\ -\lambda^-\left(x_{ij}^n-h_j(S_n)\right)^{\alpha^-}, & x_{ij}^n>h_j(S_n)\end{cases}$$

其中，$h_j(S_n)$ 为参考点。$\Delta x_{ij}^n=x_{ij}^n-h_j(S_n)$ 表示 x_{ij}^n 相对于参考点 $h_j(S_n)$ 的偏离值。λ^+、λ^- 表示决策者对收益或损失的敏感性：若收益相对损失更加敏感，则 $\lambda^+>1$ 且 $\lambda^-=1$；若损失相对收益更加敏感，则 $\lambda^+=1$ 且 $\lambda^->1$。α^+、α^- 表示决策者的风险态度：若决策者是保守型决策者，则 $\alpha^+>1$ 且 $\alpha^->1$；若决策者是中立型决策者，则 $\alpha^+=\alpha^-=1$；若决策者是冒险型决策者，则 $\alpha^+<1$ 且 $\alpha^-<1$。

步骤 4　根据标示价值对状态进行排序。

多状态确信结构多属性决策问题 $\mathrm{MCMADM}=\langle A,X,S,\boldsymbol{P},\boldsymbol{W},\boldsymbol{D}_{\mathrm{MC}},\boldsymbol{H},\mathrm{DM}\rangle$ 中，针对第 i 个 $(i\in\{1,2,\cdots,I\})$ 方案 A_i 的第 j 个 $(j\in\{1,2,\cdots,J\})$ 属性 X_j，根据各状态 S_n $(n=1,2,\cdots,N)$ 下的标示价值 $v(\Delta x_{ij}^n)$ 对状态进行排序，使得排序后的结果满足下列条件：

(1) 对任意状态 S_r，$S_t \in S$ 且 $r \neq t$，若 $v\left(\Delta x_{ij}^r\right) > v\left(\Delta x_{ij}^t\right)$，则 $r > t$。

(2) 对于效益型属性 X_j：当 $x_{ij}^n < h_j\left(S_n\right)$ 时，状态 S_n 为强损失状态，记 S^- 表示强损失状态的个数；当 $x_{ij}^n \geqslant h_j\left(S_n\right)$ 时，状态 S_n 为弱收益状态，记 S^+ 表示弱收益状态的个数且 $S^+ = N - S^-$。

(3) 对于成本型属性 X_j：当 $x_{ij}^n > h_j\left(S_n\right)$ 时，状态 S_n 为强损失状态，记 S^- 表示强损失状态的个数；当 $x_{ij}^n \leqslant h_j\left(S_n\right)$ 时，状态 S_n 为弱收益状态，记 S^+ 表示弱收益状态的个数且 $S^+ = N - S^-$。

第 i 个备选方案 A_i 在第 j 个属性 X_j 下的标示价值及对应属性值的确信度排序后的结果记为

$$\left(v_{ij}, c_{ij}\right) = \left(\left(v_{ij}^1, c_{ij}^1\right), \cdots, \left(v_{ij}^n, c_{ij}^n\right), \cdots, \left(v_{ij}^N, c_{ij}^N\right)\right)$$

其中，v_{ij}^n 表示排序后第 n 个状态的标示价值；c_{ij}^n 表示与 v_{ij}^n 对应的确信度。

步骤 5 根据排序后的标示价值以及与其对应的考虑状态发生概率的确信度，给出确信度权重函数，计算各状态下的确信度权重。

定义 5.9 多状态确信结构多属性决策问题 $\text{MCMADM} = \left\langle A, X, S, \boldsymbol{P}, \boldsymbol{W}, \boldsymbol{D}_{\text{MC}}, \boldsymbol{H}, \text{DM} \right\rangle$ 的第 i 个 $(i = 1, 2, \cdots, I)$ 备选方案 A_i 的第 j 个 $(j = 1, 2, \cdots, J)$ 属性 X_j 的属性值在排序后的第 n 个 $(n = 1, 2, \cdots, N)$ 状态的确信度权重如下：

(1) 当 $S^- = 0$ 时，所有状态均为弱收益状态，确信度权重为

$$\pi\left(c_{ij}^n\right) = \begin{cases} w^+\left(c_{ij}^n\right), & n = 1 \text{或} n = N \\ w^+\left(\sum\limits_{t \geqslant n} c_{ij}^t\right) - w^+\left(\sum\limits_{t > n} c_{ij}^t\right), & 1 < n < N \end{cases}$$

(2) 当 $S^- = N$ 时，所有状态均为强损失状态，确信度权重为

$$\pi\left(c_{ij}^n\right) = \begin{cases} w^-\left(c_{ij}^n\right), & n = 1 \text{或} n = N \\ w^-\left(\sum\limits_{t \leqslant n} c_{ij}^t\right) - w^-\left(\sum\limits_{t < n} c_{ij}^t\right), & 1 < n < N \end{cases}$$

(3) 当 $0 < S^- < N$ 时，既有弱收益状态又有强损失状态，确信度权重为

$$\pi\left(c_{ij}^n\right) = \begin{cases} w^+\left(c_{ij}^n\right), & n = N \\ w^+\left(\sum\limits_{t \geqslant n} c_{ij}^t\right) - w^+\left(\sum\limits_{t > n} c_{ij}^t\right), & S^- + 1 \leqslant n < N \\ w^-\left(\sum\limits_{t \leqslant n} c_{ij}^t\right) - w^-\left(\sum\limits_{t < n} c_{ij}^t\right), & 1 < n \leqslant S^- \\ w^-\left(c_{ij}^n\right), & n = 1 \end{cases}$$

其中，

$$w^{+}(c)=\begin{cases}0, & c=0\\ \exp\left\{-\delta^{+}\left[-\ln(c)\right]^{\sigma^{+}}\right\}, & c\neq 0\end{cases}$$

$$w^{-}(c)=\begin{cases}0, & c=0\\ \exp\left\{-\delta^{-}\left[-\ln(c)\right]^{\sigma^{-}}\right\}, & c\neq 0\end{cases}$$

$\delta^{+},\delta^{-}>0$ 刻画了决策者的过度反应，若决策者是保守型决策者，则 $0<\sigma^{-}<\sigma^{+}<1$；若决策者是中立型决策者，则 $0<\sigma^{+}=\sigma^{-}<1$；若决策者是冒险型决策者，则 $0<\sigma^{+}<\sigma^{-}<1$。

步骤 6　规范化各状态下各方案在各属性的标示价值和确信度权重。

该步骤的目的是：①将标示价值规范化到 $[0,1]$ 内，使得规范化后的标示价值可以根据确信度证据推理进行合成；②将确信度权重规范化到 $[0,1]$ 内，使得规范化后的确信度权重之和为 1。

假设多状态确信结构多属性决策问题 $\mathrm{MCMADM}=\langle A,X,S,\boldsymbol{P},\boldsymbol{W},\boldsymbol{D}_{\mathrm{MC}},\boldsymbol{H},\mathrm{DM}\rangle$ 的第 i 个 $(i=1,2,\cdots,I)$ 备选方案 A_i 的第 j 个 $(j=1,2,\cdots,J)$ 属性 X_j 的属性值在排序后的第 n 个 $(n=1,2,\cdots,N)$ 状态的标示价值为 v_{ij}^{n}，由 5.1 节给出的属性值规范化方法对标示价值 v_{ij}^{n} 进行规范化得规范标示价值为 $\bar{V}_{ij}^{n}$。对确信度权重 $\pi\left(c_{ij}^{n}\right)$ 进行规范化得规范确信度权重

$$\bar{W}_{ij}^{n}=\frac{\pi\left(c_{ij}^{n}\right)}{\sum_{t=1}^{N}\pi\left(c_{ij}^{t}\right)}$$

步骤 7　根据确信度证据推理，计算各方案在各属性下的前景值。

首先，说明根据确信度证据推理计算各方案在各属性下的前景值具有合理性和可行性。

在多状态确信结构多属性决策问题 $\mathrm{MCMADM}=\langle A,X,S,\boldsymbol{P},\boldsymbol{W},\boldsymbol{D}_{\mathrm{MC}},\boldsymbol{H},\mathrm{DM}\rangle$ 中，对任意 $i\in\{1,2,\cdots,I\}$ 和 $j\in\{1,2,\cdots,J\}$ 满足：

(1) 第 i 个备选方案 A_i 在第 j 个属性 X_j 下的评价结果 A_{ij} 构成识别框架 $\Theta_{ij}=\{A_{ij}\}$，Θ_{ij} 的幂集为 $2^{\Theta_{ij}}=\{\varnothing,\{A_{ij}\}\}$，$\left\{\left(v_{ij}^{1},c_{ij}^{1}\right),\cdots,\left(v_{ij}^{n},c_{ij}^{n}\right),\cdots,\left(v_{ij}^{N},c_{ij}^{N}\right)\right\}$ 为证据集。

(2) 证据 $\left(v_{ij}^{1},c_{ij}^{1}\right),\cdots,\left(v_{ij}^{n},c_{ij}^{n}\right),\cdots,\left(v_{ij}^{N},c_{ij}^{N}\right)$ 相互独立。

(3) 规范标示价值 $\bar{V}_{ij}^{n}(n=1,2,\cdots,N)$ 表示证据 $\left(v_{ij}^{n},c_{ij}^{n}\right)$ 对评价结果 A_{ij} 的支持度，满足 $0\leqslant\bar{V}_{ij}^{n}\leqslant 1$，规范标示价值的合成(前景值)越大，评价结果 A_{ij} 越好。

(4) 规范确信度权重 $\bar{W}_{ij}^{n}$ 反映了证据 $\left(v_{ij}^{n},c_{ij}^{n}\right)$ 对评价结果 A_{ij} 的重要程度，因而 $\bar{W}_{ij}^{n}$ 是证据 $\left(v_{ij}^{n},c_{ij}^{n}\right)$ 的权重。

定义 5.10　假设多状态确信结构多属性决策问题 $\mathrm{MCMADM}=\langle A,X,S,\boldsymbol{P},\boldsymbol{W},\boldsymbol{D}_{\mathrm{MC}},\boldsymbol{H},\mathrm{DM}\rangle$ 的第 i 个 $(i=1,2,\cdots,I)$ 方案 A_i 的第 j 个 $(j=1,2,\cdots,J)$ 属性 X_j 在第 n 个 $(n=1,2,\cdots,N)$ 状态 S_n 下的规范标示价值为 $\bar{V}_{ij}^{n}$，规范确信度权重为 $\bar{W}_{ij}^{n}$，则由证据 $\left(v_{ij}^{n},c_{ij}^{n}\right)$ 引起的分配给评价结果 A_{ij} 的基本分量前景指派 $m_{\Theta_{ij}}\left(\left(v_{ij}^{n},c_{ij}^{n}\right)\right)$，未分配的基本分量前景指派 $m_{2^{\Theta_{ij}}}\left(\left(v_{ij}^{n},c_{ij}^{n}\right)\right)$

以及由规范确信度权重引起的未分配的基本分量前景指派 $\bar{m}_{2^{\Theta_{ij}}}\left(\left(v_{ij}^n,c_{ij}^n\right)\right)$ 分别为

$$m_{\Theta_{ij}}\left(\left(v_{ij}^n,c_{ij}^n\right)\right)=\bar{W}_{ij}^n\bar{V}_{ij}^n$$

$$m_{2^{\Theta_{ij}}}\left(\left(v_{ij}^n,c_{ij}^n\right)\right)=1-\bar{W}_{ij}^n\bar{V}_{ij}^n$$

$$\bar{m}_{2^{\Theta_{ij}}}\left(\left(v_{ij}^n,c_{ij}^n\right)\right)=1-\bar{W}_{ij}^n$$

令 $O(t)(t=1,2,\cdots,N)$ 表示前 t 个证据，记 $m_{\Theta_{ij}}\left(O(t)\right)$ 表示根据确信度证据推理合成前 t 个证据得到的基本前景指派；$m_{2^{\Theta_{ij}}}\left(O(t)\right)$ 表示前 t 个证据引起的未分配的基本前景指派；$\bar{m}_{2^{\Theta_{ij}}}\left(O(t)\right)$ 表示由前 t 个证据的权重引起的未分配前景指派。当 $t=1$ 时，

$$m_{\Theta_{ij}}\left(O(1)\right)=m_{\Theta_{ij}}\left(\left(v_{ij}^1,c_{ij}^1\right)\right)=\bar{W}_{ij}^1\bar{V}_{ij}^1$$

$$m_{2^{\Theta_{ij}}}\left(O(1)\right)=m_{2^{\Theta_{ij}}}\left(\left(v_{ij}^1,c_{ij}^1\right)\right)=1-\bar{W}_{ij}^1\bar{V}_{ij}^1$$

$$\bar{m}_{2^{\Theta_{ij}}}\left(O(1)\right)=\bar{m}_{2^{\Theta_{ij}}}\left(\left(v_{ij}^1,c_{ij}^1\right)\right)=1-\bar{W}_{ij}^1$$

由合成前 $t(t=2,3,\cdots,N-1)$ 个证据得

$$\begin{aligned}m_{\Theta_{ij}}\left(O(t)\right)=&m_{\Theta_{ij}}\left(O(t-1)\right)m_{\Theta_{ij}}\left(\left(v_{ij}^t,c_{ij}^t\right)\right)+m_{\Theta_{ij}}\left(O(t-1)\right)m_{2^{\Theta_{ij}}}\left(\left(v_{ij}^t,c_{ij}^t\right)\right)\\&+m_{2^{\Theta_{ij}}}\left(O(t-1)\right)m_{\Theta_{ij}}\left(\left(v_{ij}^t,c_{ij}^t\right)\right)\end{aligned}$$

$$m_{2^{\Theta_{ij}}}\left(O(t)\right)=m_{2^{\Theta_{ij}}}\left(O(t-1)\right)m_{2^{\Theta_{ij}}}\left(\left(v_{ij}^t,c_{ij}^t\right)\right)$$

$$\bar{m}_{2^{\Theta_{ij}}}\left(O(t)\right)=\bar{m}_{2^{\Theta_{ij}}}\left(O(t-1)\right)\bar{m}_{2^{\Theta_{ij}}}\left(\left(v_{ij}^t,c_{ij}^t\right)\right)$$

由合成所有 N 条证据得

$$\begin{aligned}m_{\Theta_{ij}}\left(O(N)\right)=&m_{\Theta_{ij}}\left(O(N-1)\right)m_{\Theta_{ij}}\left(\left(v_{ij}^N,c_{ij}^N\right)\right)+m_{\Theta_{ij}}\left(O(N-1)\right)m_{2^{\Theta_{ij}}}\left(\left(v_{ij}^N,c_{ij}^N\right)\right)\\&+m_{2^{\Theta_{ij}}}\left(O(N-1)\right)m_{\Theta_{ij}}\left(\left(v_{ij}^N,c_{ij}^N\right)\right)\\=&1-\prod_{t=1}^{N}m_{2^{\Theta_{ij}}}\left(\left(v_{ij}^t,c_{ij}^t\right)\right)\\=&1-\prod_{t=1}^{N}\left(1-\bar{W}_{ij}^t\bar{V}_{ij}^t\right)\end{aligned}$$

$$m_{2^{\Theta_{ij}}}\left(O(N)\right)=m_{2^{\Theta_{ij}}}\left(O(N-1)\right)m_{2^{\Theta_{ij}}}\left(\left(v_{ij}^N,c_{ij}^N\right)\right)=\prod_{t=1}^{N}m_{2^{\Theta_{ij}}}\left(\left(v_{ij}^t,c_{ij}^t\right)\right)=\prod_{t=1}^{N}\left(1-\bar{W}_{ij}^t\bar{V}_{ij}^t\right)$$

$$\bar{m}_{2^{\Theta_{ij}}}\left(O(N)\right)=\bar{m}_{2^{\Theta_{ij}}}\left(O(N-1)\right)\bar{m}_{2^{\Theta_{ij}}}\left(\left(v_{ij}^N,c_{ij}^N\right)\right)=\prod_{t=1}^{N}\bar{m}_{2^{\Theta_{ij}}}\left(\left(v_{ij}^t,c_{ij}^t\right)\right)=\prod_{t=1}^{N}\left(1-\bar{W}_{ij}^t\right)$$

故第 i 个方案 A_i 在第 j 个属性 X_j 下的前景值为

$$V_{ij}=\frac{m_{\Theta_{ij}}\left(O(N)\right)}{1-\bar{m}_{2^{\Theta_{ij}}}\left(O(N)\right)}$$

步骤 8 根据属性值规范化方法对前景值进行规范化，得到规范前景值。

根据具体问题选择 5.1 节中给出的一种属性值规范化方法，对前景值 V_{ij} 进行规范化，得到规范前景值 $\bar{V}_{ij}$。

步骤 9　根据确信度证据推理合成规范前景值，得到每个方案的合成前景值。

与 5.2.1 节单状态确信结构多属性决策的步骤 6 相同，首先，根据定义 5.5 得到方案 $A_i(i=1,2,\cdots,I)$ 在属性 $X_j(j=1,2,\cdots,J)$ 下基本前景指派 $m_{\Theta_i}((x_{ij},\mathrm{cd}_{ij}))$、$m_{2^{\Theta_i}}((x_{ij},\mathrm{cd}_{ij}))$ 和 $\bar{m}_{2^{\Theta_i}}((x_{ij},\mathrm{cd}_{ij}))$；然后，令 $O(t)(t=1,2,\cdots,J)$ 表示前 t 个证据，得到合成基本前景指派 $m_{\Theta_i}(O(t))$、$m_{2^{\Theta_i}}(O(t))$ 和 $\bar{m}_{2^{\Theta_i}}(O(t))$；最后，合成 J 个证据 $\{(x_{i1},\mathrm{cd}_{i1}),\cdots,(x_{ij},\mathrm{cd}_{ij}),\cdots,(x_{iJ},\mathrm{cd}_{iJ})\}$ 得到方案 A_i 的合成前景值：

$$V(A_i)=\frac{m_{\Theta_i}(O(J))}{1-\bar{m}_{2^{\Theta_i}}(O(J))}$$

步骤 10　根据合成前景值对方案进行排序，合成前景值最大的方案为最优方案。

与已有的基于前景理论的不确定性多属性决策方法(Cheng et al.，2011；Krohling and De Souza，2012；Fan et al.，2013；Li et al.，2014；郝晶晶等，2015)、模糊多属性决策方法(Wang et al.，2014；Mardani et al.，2015；Li et al.，2015；De Miguel et al.，2016)以及针对具有模糊决策信息的混合多属性决策方法(Wan and Dong，2015；文杏梓等，2014)不同，基于确信结构的不确定性多属性决策方法以确信结构表述不确定性决策信息，能够对多种不确定性进行建模求解；根据确信度证据推理将确信结构决策信息和决策者行为特征作为判断、推理的依据，融合不确定性信息，规范决策过程。与已有的基于证据推理的不确定性多属性决策方法(Yang，2001；Guo et al.，2007；Bazargan-Lari，2014；Ngan，2015；et al.)不同，基于确信结构的不确定性多属性决策方法以确信度证据推理融合不确定性决策信息，简化了决策过程。假设决策者不是完全理性人，以前景理论描述决策者行为特征符合实际决策偏好，使得决策结果更具实用性。

5.3　案 例 分 析

5.3.1　战术导弹评估

本节参考 Guo 和 Li(2012)给出的战术导弹评估案例，根据单状态确信结构多属性决策方法选择最优方案，并与已有方法进行对比，说明单状态确信结构多属性决策方法的可行性和优越性。

某国国防部准备开发一种新型战术导弹，武器研发部门依据相关需求提供了 5 种战术导弹(A_1,A_2,A_3,A_4,A_5)的技术指标：命中范围(X_1，单位：千米)、头载荷(X_2，单位：千克)、机动性能(X_3，单位：千米每小时)、价格(X_4，单位：百万美元)、可靠性(X_5)、可维护性(X_6)以及战术导弹的详细信息。其中，价格为成本型属性；其他指标为效益型属性。国防部对这些信息进行分析并给出指标的权重，如表 5-1 所示。

以最小需求为参考点，记作 $\boldsymbol{G}=\left(G_1,G_2,G_3,G_4,G_5,G_6\right)=\left(1.8,480,32,5.5,0.325,0.55\right)$，根据单状态确信结构多属性决策方法评估战术导弹的性能。

首先，根据决策者类型，给出价值函数和权重函数及其参数，并进一步计算各属性值的标示价值和确信度权重。

表 5-1 5 种战术导弹的性能

导弹	命中范围 X_1/km	弹头载荷 X_2/kg	机动性能 $X_3/\left(\mathrm{km}\cdot\mathrm{h}^{-1}\right)$	价格 X_4/百万美元	可靠性 X_5	可维护性 X_6
A_1	$(2.0,1.0)$	$(500,1.0)$	$(55.5,0.9652)$	$(5.20,0.9163)$	$(0.550,0.9005)$	$(0.85,0.9526)$
A_2	$(2.5,1.0)$	$(540,1.0)$	$(35.0,0.8732)$	$(4.70,0.9023)$	$(0.325,0.7234)$	$(0.55,0.9096)$
A_3	$(1.8,1.0)$	$(480,1.0)$	$(55.5,0.9376)$	$(5.50,0.9233)$	$(0.750,0.9345)$	$(0.75,0.9432)$
A_4	$(2.2,1.0)$	$(520,1.0)$	$(40.0,0.8971)$	$(5.00,0.9112)$	$(0.550,0.9005)$	$(0.55,0.9096)$
A_5	$(3.0,1.0)$	$(580,1.0)$	$(32.5,0.9025)$	$(5.15,0.9285)$	$(0.650,0.9208)$	$(0.65,0.9299)$
权重	0.2	0.2	0.1	0.1	0.2	0.2

考虑保守型决策者，参考曾建敏(2007)和 Prelec(1998)的研究成果得到价值函数 $v\left(\Delta x_{ij}\right)$ 和权重函数 $w\left(\mathrm{cd}_{ij}\right)$ $\left(i=1,2,\cdots,5;j=1,2,\cdots,6\right)$ 如下：

(1)当属性 $X_j\left(j=1,2,\cdots,6\right)$ 为效益型属性时，

$$v\left(\Delta x_{ij}\right)=\begin{cases}\left(x_{ij}-G_j\right)^{1.21}, & x_{ij}\geqslant G_j\\ -2.25\left(G_j-x_{ij}\right)^{1.02}, & x_{ij}<G_j\end{cases}$$

$$w\left(\mathrm{cd}_{ij}\right)=\begin{cases}\exp\left\{-\left[-\ln\left(\mathrm{cd}_{ij}\right)\right]^{0.603}\right\}, & x_{ij}\geqslant G_j\\ \exp\left\{-\left[-\ln\left(\mathrm{cd}_{ij}\right)\right]^{0.605}\right\}, & x_{ij}<G_j\end{cases}$$

(2)当属性 $X_j\left(j=1,2,\cdots,6\right)$ 为成本型属性时，

$$v\left(\Delta x_{ij}\right)=\begin{cases}\left(G_j-x_{ij}\right)^{1.21}, & x_{ij}\leqslant G_j\\ -2.25\left(x_{ij}-G_j\right)^{1.02}, & x_{ij}>G_j\end{cases}$$

$$w\left(\mathrm{cd}_{ij}\right)=\begin{cases}\exp\left\{-\left[-\ln\left(\mathrm{cd}_{ij}\right)\right]^{0.603}\right\}, & x_{ij}\leqslant G_j\\ \exp\left\{-\left[-\ln\left(\mathrm{cd}_{ij}\right)\right]^{0.605}\right\}, & x_{ij}>G_j\end{cases}$$

根据价值函数 $v\left(\Delta x_{ij}\right)$ 和权重函数 $w\left(\mathrm{cd}_{ij}\right)$ 分别计算 5 种战术导弹在各属性下的标示价值和确信度权重，如表 5-2 和表 5-3 所示。

表 5-2　5 种战术导弹在各属性下的标示价值

导弹	命中范围 X_1/km	弹头载荷 X_2/kg	机动性能 $X_3/(\mathrm{km\cdot h^{-1}})$	价格 X_4/百万美元	可靠性 X_5	可维护性 X_6
A_1	0.1426	37.5186	45.6029	0.2330	0.1645	0.2330
A_2	0.6495	141.7630	3.7785	0.7634	0.0000	0.0000
A_3	0.0000	0.0000	44.4315	0.0000	0.3551	0.1426
A_4	0.3300	86.7946	12.3805	0.4323	0.1645	0.0000
A_5	1.2468	263.0268	0.4323	0.2808	0.2567	0.0617

表 5-3　5 种战术导弹在各属性下的确信度权重

导弹	命中范围 X_1/km	弹头载荷 X_2/kg	机动性能 $X_3/(\mathrm{km\cdot h^{-1}})$	价格 X_4/百万美元	可靠性 X_5	可维护性 X_6
A_1	1.0000	1.0000	0.8759	0.7954	0.7746	0.5180
A_2	1.0000	1.0000	0.7419	0.7768	0.6032	0.7864
A_3	1.0000	1.0000	0.8267	0.8043	0.8219	0.8357
A_4	1.0000	1.0000	0.7703	0.7885	0.7746	0.7864
A_5	1.0000	1.0000	0.7771	0.8128	0.8017	0.8149

其次，根据标示价值和确信度权重计算 5 种战术导弹在各属性的前景值，根据极差−对数变换法对前景值进行规范化，得到规范前景值 $\bar{V}_{ij}\left(i=1,2,\cdots,5;j=1,2,\cdots,6\right)$，如表 5-4 所示。

表 5-4　5 种战术导弹在各属性下的规范前景值

导弹	$\bar{V}_{i1}$	$\bar{V}_{i2}$	$\bar{V}_{i3}$	$\bar{V}_{i4}$	$\bar{V}_{i5}$	$\bar{V}_{i6}$
A_1	0.1563	0.1924	1.0000	0.3923	0.5226	1.0000
A_2	0.6049	0.6220	0.0872	1.0000	0.0000	0.0000
A_3	0.0000	0.0000	0.9403	0.0000	1.0000	0.6787
A_4	0.3387	0.4114	0.3013	0.6551	0.5226	0.0000
A_5	1.0000	1.0000	0.0000	0.4697	0.7698	0.3256

然后，根据确信度证据推理合成规范前景值，得到 5 种战术导弹的合成前景值分别为

$$V\left(A_1\right)=0.6333$$

$$V\left(A_2\right)=0.4689$$

$$V\left(A_3\right)=0.5591$$

$$V\left(A_4\right)=0.4574$$

$$V(A_5)=0.7745$$

最后，由合成前景值对 5 种战术导弹进行排序得

$$A_5 \rhd A_1 \rhd A_3 \rhd A_2 \rhd A_4$$

其中，“$\rhd$”表示“优于”，下同。根据排序结果得到如下结论：当国防部为保守型决策者时，战术导弹 A_5 应当被开发。根据 Guo 和 Li(2012) 给出的决策方法，对于保守型决策者，方案的排序结果为 $A_3 \rhd A_1 \rhd A_5 \rhd A_4 \rhd A_2$，战术导弹 A_3 应当被开发。

对于中立型决策者，根据单状态确信结构多属性决策方法，得到 5 种战术导弹的合成前景值分别为

$$V(A_1)=0.6771$$
$$V(A_2)=0.5002$$
$$V(A_3)=0.5729$$
$$V(A_4)=0.5206$$
$$V(A_5)=0.7987$$

由合成前景值对 5 种战术导弹进行排序得

$$A_5 \rhd A_1 \rhd A_3 \rhd A_4 \rhd A_2$$

当国防部为中立型决策者时，战术导弹 A_5 应当被开发。根据 Guo 等(2012) 给出的决策方法，对于中立型决策者，方案的排序结果为 $A_1 \rhd A_5 \rhd A_3 \rhd A_4 \rhd A_2$，战术导弹 A_1 应当被开发。

对于冒险型决策者，根据单状态确信结构多属性决策方法，得到 5 种战术导弹的合成前景值分别为

$$V(A_1)=0.7009$$
$$V(A_2)=0.5163$$
$$V(A_3)=0.5753$$
$$V(A_4)=0.5495$$
$$V(A_5)=0.8100$$

由合成前景值对 5 种战术导弹进行排序得

$$A_5 \rhd A_1 \rhd A_3 \rhd A_4 \rhd A_2$$

根据排序结果得到如下结论：当国防部为冒险型决策者时，战术导弹 A_5 应当被开发。根据 Guo 和 Li(2012) 给出的决策方法，对于冒险型决策者，方案的排序结果为 $A_1 \rhd A_3 \rhd A_5 \rhd A_4 \rhd A_2$，战术导弹 A_1 应当被开发。

通过对比上述结果可以发现单状态确信结构多属性决策方法与 Guo 等(2012) 所提决策方法的结果差异主要体现为 A_1、A_3 和 A_5 三个方案的相对排序位置。为了说明单状态确信结构多属性决策方法的优越性，下面根据表 5-1 中信息对比方案 A_1、A_3 和 A_5：

(1) 对比方案 A_1 和方案 A_3。除了指标可靠性，方案 A_1 在其他指标的取值均优于或等于方案 A_3 的取值，因此，可以认为方案 A_1 优于方案 A_3。

(2) 对比方案 A_1 和方案 A_5。除了指标机动性能和可维护性，方案 A_5 在其他指标的取值均优于方案 A_1 的取值。特别是方案 A_5 在指标命中范围和弹头荷载的取值远远优于方案 A_1

的取值，并且这两个指标比较重要(权重为 0.2)且确定程度高(确信度为 1)。虽然，方案 A_1 在指标机动性能的取值优于方案 A_5 的取值且优势较为明显，但是机动性能的权重较小，因而对合成前景值影响较小。因此，可以认为方案 A_5 优于方案 A_1。

综上所述，单状态确信结构多属性决策方法具有可行性和有效性，且针对此案例，单状态确信结构多属性决策方法给出的方案排序结果较 Guo 和 Li(2012)给出的方案排序结果更加合理、准确，更加符合决策者行为、认知。区别于 Guo 和 Li(2012)以有序加权法融合直觉模糊数决策信息，单状态确信结构多属性决策方法基于前景理论充分考虑了决策者行为特征对决策结果的影响，基于确信结构描述不确定性决策信息符合人类认知、便于获取，并基于确信度证据推理融合不确定性决策信息，提高决策结果的正确性。

5.3.2　投资决策问题

本节参考刘云志等(2014)给出的投资决策问题，根据多状态确信结构多属性决策方法选择最优方案，并与已有方法进行对比，说明多状态确信结构多属性决策方法的可行性和优越性。

某投资银行拟从同一行业的 5 家公司：A_1，A_2，A_3，A_4，A_5 中选择一家进行投资，考虑年产值(X_1，单位：千万元)、社会收益(X_2，单位：千万元)、环境污染程度(X_3)、员工规模(X_4，单位：千人)4 个属性。其中，年产值和社会收益为效益型属性；环境污染程度为成本型属性；员工规模为非效益非成本型属性，若员工规模较大则公司费用增加，若员工规模较小则无法完成生产任务。属性的权重 $\boldsymbol{W}=(0.3,0.2,0.3,0.2)$。存在三种市场未来状态{优，良，差}，即 $\{S_1,S_2,S_3\}$，发生概率分别为 $P_1=0.3$，$P_2=0.5$，$P_3=0.2$。通过调查，投资银行得到不同市场未来状态下 5 家公司的相关信息如表 5-5，表 5-6 和表 5-7 所示。

表 5-5　市场未来状态为优(S_1)时 5 家公司的相关信息

公司	年产值 X_1/千万元	社会收益 X_2/千万元	环境污染程度 X_3	员工规模 X_4/千人
A_1	$(3.5,1)$	$(0.37,0.9790)$	$(0.900,1.0000)$	$(6.0,1.0)$
A_2	$(3.3,1)$	$(0.35,0.9897)$	$(0.650,0.8750)$	$(5.7,1.0)$
A_3	$(2.9,1)$	$(0.44,0.9580)$	$(0.750,0.8750)$	$(3.0,1.0)$
A_4	$(3.8,1)$	$(0.38,0.9897)$	$(1.000,1.0000)$	$(6.2,1.0)$
A_5	$(2.5,1)$	$(0.41,0.9683)$	$(0.650,0.8750)$	$(2.8,1.0)$

表 5-6 市场未来状态为良(S_2)时 5 家公司的相关信息

公司	年产值 X_1/千万元	社会收益 X_2/千万元	环境污染程度 X_3	员工规模 X_4/千人
A_1	(3.0,1)	(0.31,0.9362)	(0.850,0.9232)	(5.0,1.0)
A_2	(3.1,1)	(0.34,0.9150)	(0.550,0.9232)	(4.2,1.0)
A_3	(2.8,1)	(0.33,0.9362)	(0.450,0.9232)	(3.9,1.0)
A_4	(3.0,1)	(0.30,0.9362)	(0.850,0.9232)	(4.8,1.0)
A_5	(2.4,1)	(0.32,0.9150)	(0.325,0.8846)	(2.4,1.0)

表 5-7 市场未来状态为差(S_3)时 5 家公司的相关信息

公司	年产值 X_1/千万元	社会收益 X_2/千万元	环境污染程度 X_3	员工规模 X_4/千人
A_1	(2.4,1)	(0.29,0.9865)	(0.450,0.9000)	(2.8,1.0)
A_2	(2.8,1)	(0.33,0.9725)	(0.175,0.8500)	(2.2,1.0)
A_3	(2.5,1)	(0.27,0.9725)	(0.100,1.0000)	(2.6,1.0)
A_4	(2.5,1)	(0.28,0.9865)	(0.450,0.9000)	(3.1,1.0)
A_5	(2.3,1)	(0.26,0.9865)	(0.000,1.0000)	(2.4,1.0)

银行依据投资经验判断员工规模(X_4)在不同市场未来状态下的最优值如下:

(1)当市场未来状态为优(S_1)时，员工规模(X_4)最优值为 5000 人。

(2)当市场未来状态为良(S_2)时，员工规模(X_4)最优值为 2600 人。

(3)当市场未来状态为差(S_3)时，员工规模(X_4)最优值为 2000 人。

不同市场未来状态下的参考点向量分别为

$$\boldsymbol{H}(S_1)=(3.0,0.36,0.6,5)$$
$$\boldsymbol{H}(S_2)=(2.5,0.32,0.45,2.6)$$
$$\boldsymbol{H}(S_3)=(2.0,0.24,0.25,2)$$

下面根据多状态确信结构多属性决策方法评价投资方案。

首先，将非效益非成本型属性的属性值转化为贴近度，同时合并属性值的不确定性和未来状态的不确定性，得到考虑未来状态不确定性的确信结构属性值，相关信息如表 5-8、表 5-9 和表 5-10 所示。

表 5-8 市场未来状态为优(S_1)时考虑未来状态不确定性的决策信息

公司	年产值 X_1/千万元	社会收益 X_2/千万元	环境污染程度 X_3	员工规模 X_4/千人
A_1	(3.5,0.3)	(0.37,0.2937)	(0.900,0.3000)	(0.80,0.3)
A_2	(3.3,0.3)	(0.35,0.2969)	(0.650,0.2625)	(0.84,0.3)
A_3	(3.0,0.3)	(0.44,0.2874)	(0.750,0.2625)	(0.60,0.3)
A_4	(3.8,0.3)	(0.38,0.2969)	(1.000,0.3000)	(0.76,0.3)
A_5	(2.5,0.3)	(0.41,0.2905)	(0.650,0.2625)	(0.56,0.3)

表 5-9　市场未来状态为良（S_2）时考虑未来状态不确定性的决策信息

公司	年产值 X_1/千万元	社会收益 X_2/千万元	环境污染程度 X_3	员工规模 X_4/千人
A_1	$(3.0,0.5)$	$(0.31,0.4681)$	$(0.850,0.4616)$	$(0.0769,0.5)$
A_2	$(3.1,0.5)$	$(0.34,0.4575)$	$(0.550,0.4616)$	$(0.3846,0.5)$
A_3	$(2.8,0.5)$	$(0.33,0.4681)$	$(0.450,0.4616)$	$(0.5000,0.5)$
A_4	$(3.0,0.5)$	$(0.30,0.4681)$	$(0.850,0.4616)$	$(0.1538,0.5)$
A_5	$(2.4,0.5)$	$(0.32,0.4575)$	$(0.325,0.4423)$	$(0.9230,0.5)$

表 5-10　市场未来状态为差（S_3）时考虑未来状态不确定性的决策信息

公司	年产值 X_1/千万元	社会收益 X_2/千万元	环境污染程度 X_3	员工规模 X_4/千人
A_1	$(2.4,0.2)$	$(0.29,0.1973)$	$(0.450,0.1800)$	$(0.60,0.2)$
A_2	$(2.8,0.2)$	$(0.33,0.1945)$	$(0.175,0.1700)$	$(0.90,0.2)$
A_3	$(2.5,0.2)$	$(0.27,0.1945)$	$(0.100,0.2000)$	$(0.70,0.2)$
A_4	$(2.5,0.2)$	$(0.28,0.1973)$	$(0.450,0.1800)$	$(0.45,0.2)$
A_5	$(2.3,0.2)$	$(0.26,0.1973)$	$(0.000,0.2000)$	$(0.80,0.2)$

转化后，不同市场未来状态下的参考点向量分别为

$$\boldsymbol{H}(S_1)=(3.0,0.36,0.6,1)$$
$$\boldsymbol{H}(S_2)=(2.5,0.32,0.45,1)$$
$$\boldsymbol{H}(S_3)=(2.0,0.24,0.25,1)$$

然后，根据多状态确信结构多属性决策方法的步骤 3~步骤 10，考虑中立型决策者，参照 Guo 和 Li(2012)给出的价值函数的参数 $\lambda^+=1$、$\lambda^-=2.25$、$\alpha^+=\alpha^-=1$ 以及 Prelec(1998)给出的权重函数的参数 $\delta^+=\delta^-=1$、$\sigma^-=\sigma^+=0.604$，得到各方案的合成前景值分别为

$$V(A_1)=0.4992$$
$$V(A_2)=0.8820$$
$$V(A_3)=0.8782$$
$$V(A_4)=0.5191$$
$$V(A_5)=0.7720$$

由合成前景值对方案进行排序得

$$A_2 \rhd A_3 \rhd A_5 \rhd A_4 \rhd A_1$$

根据方案的排序结果可以得到如下结论：当投资银行为中立型决策者时，公司 A_2 是最优投资对象。

为进一步说明决策者类型对决策结果的影响，下面从已有实证研究中针对不同类型决策者给出的价值函数、权重函数的参数，选出 6 种具有代表性的参数组合(表 5-11)，并根据这 6 种参数组合计算合成前景值。

表 5-11 6 种具有代表性的参数组合

编号	价值函数的参数	权重函数的参数
1	$\lambda^+=1,\lambda^-=2.25,\alpha^+=0.89,\alpha^-=0.92$	$\delta^+=\delta^-=0.938,\sigma^+=0.603,\sigma^-=0.605$
2	$\lambda^+=1,\lambda^-=2.25,\alpha^+=0.89,\alpha^-=0.92$	$\delta^+=\delta^-=1.083,\sigma^+=0.533,\sigma^-=0.535$
3	$\lambda^+=1,\lambda^-=1.51,\alpha^+=0.37,\alpha^-=0.59$	$\delta^+=\delta^-=0.938,\sigma^+=0.603,\sigma^-=0.605$
4	$\lambda^+=1,\lambda^-=1.51,\alpha^+=0.37,\alpha^-=0.59$	$\delta^+=\delta^-=1.083,\sigma^+=0.533,\sigma^-=0.535$
5	$\lambda^+=1,\lambda^-=2.25,\alpha^+=1.21,\alpha^-=1.02$	$\delta^+=\delta^-=0.938,\sigma^+=0.605,\sigma^-=0.603$
6	$\lambda^+=1,\lambda^-=2.25,\alpha^+=1.21,\alpha^-=1.02$	$\delta^+=\delta^-=1.083,\sigma^+=0.535,\sigma^-=0.533$

6 组参数组合的具体来源如下。价值函数参数$\lambda^+=1$，$\lambda^-=2.25,\alpha^+=0.89$，$\alpha^-=0.92$由 Tversky 和 Fox(1992)通过实验得到；价值函数参数$\lambda^+=1$，$\lambda^-=1.51$，$\alpha^+=0.37$，$\alpha^-=0.59$由 Xu 等(2011)通过实验得到；参数$\lambda^+=1$，$\lambda^-=2.25$，$\alpha^+=1.21$，$\alpha^-=1.02$由曾建敏(2007)通过实验得到。权重函数参数$\delta^+=\delta^-=0.938$，$\sigma^+=0.603$，$\sigma^-=0.605$，权重函数参数$\delta^+=\delta^-=1.083$，$\sigma^+=0.533$，$\sigma^-=0.535$，权重函数参数$\delta^+=\delta^-=0.938$，$\sigma^+=0.605$，$\sigma^-=0.603$，权重函数参数$\delta^+=\delta^-=1.083$，$\sigma^+=0.535$，$\sigma^-=0.533$均来源于 Prelec (1998)和 Bleichrodt(2000)的研究成果。

根据多状态确信结构多属性决策方法给出6种参数组合下方案的合成前景值和方案排序(表 5-12)。

为了更好地比较 6 种参数组合下方案的合成前景值，下面给出不同参数组合下方案的合成前景值示意图(图 5-1)。

表 5-12 6 种参数组合下方案的合成前景值和方案排序

编号	合成前景值	方案排序
1	$V(A_1)=0.5266,V(A_2)=0.9044,$ $V(A_3)=0.8932,V(A_4)=0.4459,V(A_5)=0.7644$	$A_2 \rhd A_3 \rhd A_5 \rhd A_1 \rhd A_4$
2	$V(A_1)=0.5282,V(A_2)=0.9055,$ $V(A_3)=0.8938,V(A_4)=0.4446,V(A_5)=0.7639$	$A_2 \rhd A_3 \rhd A_5 \rhd A_1 \rhd A_4$
3	$V(A_1)=0.4866,V(A_2)=0.8636,$ $V(A_3)=0.8718,V(A_4)=0.4371,V(A_5)=0.7377$	$A_3 \rhd A_2 \rhd A_5 \rhd A_1 \rhd A_4$
4	$V(A_1)=0.4878,V(A_2)=0.8652$ $V(A_3)=0.8732,V(A_4)=0.4371,V(A_5)=0.7366$	$A_3 \rhd A_2 \rhd A_5 \rhd A_1 \rhd A_4$

续表

编号	合成前景值	方案排序
5	$V(A_1)=0.5441, V(A_2)=0.9151,$ $V(A_3)=0.8973, V(A_4)=0.4496, V(A_5)=0.7756$	$A_2 \rhd A_3 \rhd A_5 \rhd A_1 \rhd A_4$
6	$V(A_1)=0.5465, V(A_2)=0.9163,$ $V(A_3)=0.8976, V(A_4)=0.4484, V(A_5)=0.7753$	$A_2 \rhd A_3 \rhd A_5 \rhd A_1 \rhd A_4$

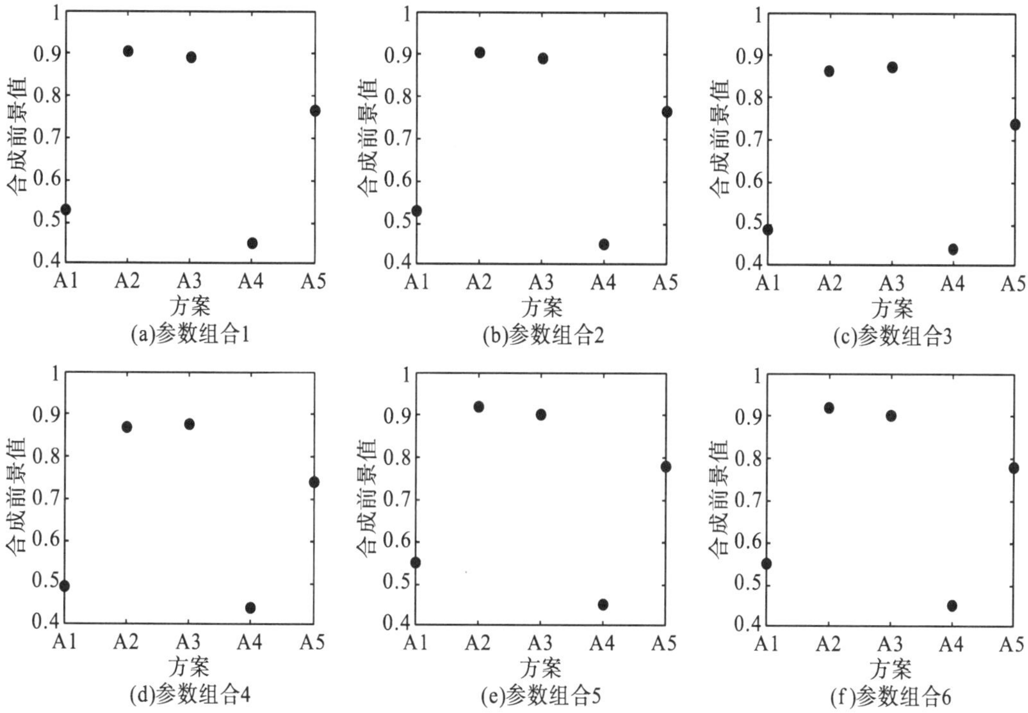

图 5-1　不同参数组合下方案的合成前景值示意图

根据表 5-12 和图 5-1 可得如下结论：根据多状态确信结构多属性决策方法得到的方案排序比较稳定，具有一定的参考价值。虽然，方案 A_2 和方案 A_3 的相对位置受参数的影响稍大，但不同类型的决策者仍能根据合成前景值选出最优方案。

考虑刘云志等(2014)将“员工规模”作为成本型属性，为进一步说明多状态确信结构多属性决策方法的可行性和有效性，根据多状态确信结构多属性决策方法将“员工规模”作为成本型属性后，所得方案排序结果与刘云志等(2014)以及 Liu 等(2014)所得结果一致。但是，将“员工规模”作为非效益非成本型属性更加合理。相比之下，多状态确信结构多属性决策方法的适用范围更广。区别于刘云志等(2014)和 Liu 等(2014)在融合价值函数和权重函数时所使用的加权和法，多状态确信结构多属性决策方法基于确信度证据推理融合不确定性决策信息，能够有效利用、处理信息的不确定性，并合理集结不确定性决策信息，帮助决策者选定决策方案。

5.4 本章小结

在第 3 章的基础上，考虑多属性决策问题往往具有不确定性，本章提出基于确信结构的不确定性多属性决策方法，该方法适用于解决不确定性决策信息可以由确信结构给出的不确定性多属性决策问题，也适用于解决需要考虑决策者类型或未来状态不确定的不确定性多属性决策问题。首先，针对决策属性的非线性变化规律特征，给出属性值规范化方法；然后，根据未来状态的不确定性，给出单状态确信结构多属性决策和多状态确信结构多属性决策；最后，给出单状态战术导弹评估和多状态投资决策两个案例的分析。通过与已有方法进行对比分析，说明基于确信结构的不确定性多属性决策方法具有可行性和优越性。

第6章　基于区间值确信结构的不确定性多属性决策

实际生活中的决策问题往往受到客观事实以及人类认知的复杂性、不确定性的影响，多属性决策问题成为复杂的不确定性多属性决策问题。在实际多属性决策问题中，属性值难以由精确数值给出，特别是通过征求专家意见获得的专家经验经常采用模糊数或语言变量刻画。因而，试图用数学模型精确地刻画这类复杂的不确定性多属性决策问题是不符合实际的。在同一不确定性多属性决策问题中，属性值可能包括多种类型，如何充分利用不同类型的决策信息，是决策理论研究必须解决的问题。虽然第5章提出了确信结构多属性决策方法，以标示值和确信度为数值的确信结构描述属性值的不确定性。但是决策者往往较难获得决策信息的精确数值，而获得决策信息及其确定程度的上限和下限则相对容易，且更符合人类认知。根据第5章关于将确信结构引入前景理论的合理性的分析，本章在第4章和第5章的基础上研究属性值为区间值确信结构且其标示事件为区间数的不确定性多属性决策问题的求解方法。

6.1　相关基础

6.1.1　区间属性值规范化方法

常见的区间属性值规范化方法包括极差变换法、线性变换法和向量变换法(胡明礼等，2013)，上述方法没有考虑属性的非线性变化规律，因此，本节在5.1.1节提出的数值型属性值规范化方法的基础上，根据边际效用递减原则，提出三种满足非线性变化规律的区间属性值规范化方法：极差-对数变换法，对数变换法和线性-对数变换法。

对于非效益非成本型属性，假设属性值为 $y=\left[y^L,y^U\right]$，最优值为 u，则属性值与最优值的贴进度为

$$f(y,u)=\left[f^L(y,u),f^U(y,u)\right]$$

$$f^L(y,u)=1-\min\left\{\max\left\{\frac{\left|y^L-u\right|}{u},\frac{\left|y^U-u\right|}{u}\right\},1\right\}$$

$$f^U(y,u)=1-\min\left\{\min\left\{\frac{|y^L-u|}{u},\frac{|y^U-u|}{u}\right\},1\right\}$$

由于非效益非成本型属性满足贴进度越大属性值越优，故非效益非成本型属性转化为由贴近度表示的效益型属性。

假设区间数 $y_t=\left[y_t^L,y_t^U\right](t=1,2,\cdots,T)$ 不全为 $[0,0]$， $z_t=\left[z_t^L,z_t^U\right]$ 是 $y_t=\left[y_t^L,y_t^U\right]$ 规范化后的属性值，则基于边际效用递减原则的区间数规范化方法如下：

1. 极差-对数变换法

(1)效益型。

$$z_t^L=\log_2\left(\frac{y_t^L-\min\{y^L\}}{\max\{y^U\}-\min\{y^L\}}+1\right)$$

$$z_t^U=\log_2\left(\frac{y_t^U-\min\{y^L\}}{\max\{y^U\}-\min\{y^L\}}+1\right)$$

(2)成本型。

$$z_t^L=\log_2\left(\frac{\max\{y^U\}-y_t^U}{\max\{y^U\}-\min\{y^L\}}+1\right)$$

$$z_t^U=\log_2\left(\frac{\max\{y^U\}-y_t^L}{\max\{y^U\}-\min\{y^L\}}+1\right)$$

其中， $\min\{y^L\}=\min\{y_1^L,y_2^L,\cdots,y_T^L\}$； $\max\{y^U\}=\max\{y_1^U,y_2^U,\cdots,y_T^U\}$。规范化后，各属性具有相同的度量空间，属性值包含于 $[0,1]$，且最优值为 $[1,1]$，最劣值为 $[0,0]$，满足边际效用递减原则；不适用于原属性值的最大值和最小值相同且最大值和最小值都是数值(退化的区间数)的属性。

2. 对数变换法

(1)效益型。

$$z_t^L=\frac{\ln\left(y_t^L/\min\{y^L\}\right)}{\ln\left(\max\{y^U\}/\min\{y^L\}\right)}$$

$$z_t^U=\frac{\ln\left(y_t^U/\min\{y^L\}\right)}{\ln\left(\max\{y^U\}/\min\{y^L\}\right)}$$

(2)成本型。

$$z_t^L=\frac{\ln\left(\max\{y^U\}/y_t^U\right)}{\ln\left(\max\{y^U\}/\min\{y^L\}\right)}$$

$$z_t^U = \frac{\ln\left(\max\left\{y^U\right\}/y_t^L\right)}{\ln\left(\max\left\{y^U\right\}/\min\left\{y^L\right\}\right)}$$

其中，$\min\left\{y^L\right\}=\min\left\{y_1^L,y_2^L,\cdots,y_T^L\right\}$；$\max\left\{y^U\right\}=\max\left\{y_1^U,y_2^U,\cdots,y_T^U\right\}$。规范化后，各属性具有相同的度量空间，属性值包含于$[0,1]$，且最优值为$[1,1]$，最劣值为$[0,0]$，满足边际效用递减原则；当属性值为$[0,0]$时，该属性值不参与取小$\left(\min\left\{y^L\right\}\right)$、取大$\left(\max\left\{y^U\right\}\right)$运算；当属性值的下限为 0 时，该属性值不参与取小$\left(\min\left\{y^L\right\}\right)$运算。

3. 线性-对数变换法(一)

(1) 效益型。

$$z_t^L = \log_2\left(\frac{y_t^L}{\max\left\{y^U\right\}}+1\right)$$

$$z_t^U = \log_2\left(\frac{y_t^U}{\max\left\{y^U\right\}}+1\right)$$

(2) 成本型。

$$z_t^L = \log_2\left(\frac{\min\left\{y^L\right\}}{y_t^U}+1\right)$$

$$z_t^U = \log_2\left(\frac{\min\left\{y^L\right\}}{y_t^L}+1\right)$$

其中，$\min\left\{y^L\right\}=\min\left\{y_1^L,y_2^L,\cdots,y_T^L\right\}$，$\max\left\{y^U\right\}=\max\left\{y_1^U,y_2^U,\cdots,y_T^U\right\}$，规范化后满足边际效用递减原则，最优值为$[1,1]$，最劣值不一定为$[0,0]$；成本型属性的属性值为$[0,0]$或满足属性值的下限为 0 时，该属性值不参与取小$\left(\min\left\{y^L\right\}\right)$运算。

4. 线性-对数变换法(二)

(1) 效益型。

$$z_t^L = \log_2\left(2-\frac{\min\left\{y^L\right\}}{y_t^L}\right)$$

$$z_t^U = \log_2\left(2-\frac{\min\left\{y^L\right\}}{y_t^U}\right)$$

(2) 成本型。

$$z_t^L = \log_2\left(2-\frac{y_t^U}{\max\left\{y^U\right\}}\right)$$

$$z_t^U = \log_2\left(2 - \frac{y_t^L}{\max\left\{y^U\right\}}\right)$$

其中，$\min\left\{y^L\right\} = \min\left\{y_1^L, y_2^L, \cdots, y_T^L\right\}$；$\max\left\{y^U\right\} = \max\left\{y_1^U, y_2^U, \cdots, y_T^U\right\}$。规范化后满足边际效用递减原则，最劣值为$[0,0]$，最优值不一定为$[1,1]$；效益型属性的属性值为$[0,0]$或属性值的下限为 0 时，该属性值不参与取小$\left(\min\left\{y^L\right\}\right)$运算。

6.1.2 区间权重规范化方法

针对权重为区间数的多属性决策方法，Wang 和 Elhag(2006)提出了区间权重的规范化方法，具体步骤如下。

令 $W = \left\{w_k \middle| w_k = \left[w_k^L, w_k^U\right], 0 \leqslant w_k^L \leqslant w_k^U, k = 1,2,\cdots,K\right\}$ 表示区间权重的集合；$\bar{w}_k = \left[\bar{w}_k^L, \bar{w}_k^U\right]$表示 $w_k = \left[w_k^L, w_k^U\right]$的规范区间权重，满足$\sum_{t=1}^{K}\bar{w}_t^L \leqslant 1$且$\sum_{t=1}^{K}\bar{w}_t^U \geqslant 1$。

步骤 1 判断区间权重是否已经规范化。如果对任意$k \in \{1,2,\cdots,K\}$，下列两式均成立，则说明区间权重已经规范化，即$\bar{w}_k = \left[\bar{w}_k^L, \bar{w}_k^U\right] = w_k = \left[w_k^L, w_k^U\right]$，否则根据步骤 2 进行判断。

$$\sum_{t=1}^{K} w_t^L + \max\left\{w_k^U - w_k^L\right\} \leqslant 1, \quad \sum_{t=1}^{K} w_t^U - \min\left\{w_k^U - w_k^L\right\} \geqslant 1$$

步骤 2 判断：①区间权重和的下限是否小于 1；②区间权重和的上限是否大于 1。若对任意$k \in \{1,2,\cdots,K\}$，下式至少有一个成立，则根据步骤 3 对区间权重进行规范化，否则根据步骤 4 对区间权重进行规范化。

$$\sum_{t=1}^{K} w_t^L > 1, \ \sum_{t=1}^{K} w_t^U < 1$$

步骤 3 区间权重规范化。区间权重$w_k = \left[w_k^L, w_k^U\right](k = 1,2,\cdots,K)$的规范区间权重为

$$\bar{w}_k = \left[\bar{w}_k^L, \bar{w}_k^U\right]$$

$$\bar{w}_k^L = \frac{w_k^L}{w_k^L + \sum_{\substack{t=1 \\ t \neq k}}^{K} w_t^U}, \quad \bar{w}_k^U = \frac{w_k^U}{w_k^U + \sum_{\substack{t=1 \\ t \neq k}}^{K} w_t^L}$$

步骤 4 区间权重规范化。区间权重$w_k = \left[w_k^L, w_k^U\right](k = 1,2,\cdots,K)$的规范区间权重为

$$\bar{w}_k = \left[\bar{w}_k^L, \ \bar{w}_k^U\right]$$

$$\bar{w}_k^L = \max\left\{w_k^L, 1 - \sum_{\substack{t=1 \\ t \neq k}}^{K} w_t^U\right\}, \quad \bar{w}_k^U = \min\left\{w_k^U, 1 - \sum_{\substack{t=1 \\ t \neq k}}^{K} w_t^L\right\}$$

6.2　区间值确信结构多属性决策

不确定性多属性决策的属性值可以是数值、模糊数、概率分布和不完全信息等多种数据类型。其中，模糊数反映事件本身的模糊性，概率分布反映事件发生的随机性，不完全信息反映由内因或外因引起的事件的不完全性。在现实生活中，模糊性存在更为广泛，特别是在主观认知领域模糊性更加重要(李为相，2010)。当属性值反映方案的模糊性时，数据类型可以是区间数、梯形模糊数、三角模糊数、直觉模糊数和语言变量等。由于在同一不确定性多属性决策问题中，不同类型的属性值无法进行数据融合、方案评价，因而需要将这些类型的属性值转换为能够保留属性值不确定性的统一的数据类型。依据 4.1.3 节中给出的区间值确信结构转化方法，将不同类型的不确定性信息转化为区间值确信结构，得到基于区间值确信结构的不确定性多属性决策问题。进一步考虑决策者的行为特征以及未来状态的不确定性，研究决策方法。

6.2.1　单状态区间值确信结构多属性决策

在 5.2.1 节的基础上，下面根据前景理论和区间值确信度证据推理，给出未来状态为单状态的区间值确信结构多属性决策方法，简称单状态区间值确信结构多属性决策。

步骤 1　给出单状态区间值确信结构多属性决策问题的描述。

定义 6.1 单状态区间值确信结构多属性决策问题可以描述为

$$\mathrm{SIMADM}=\left\langle A,X,\boldsymbol{W},\boldsymbol{D}_{\mathrm{SI}},\boldsymbol{G},\mathrm{DM}\right\rangle,$$

其中，$A=\left\{A_i \middle| i=1,2,\cdots,I\right\}$ 表示备选方案集，A_i 是第 i 个备选方案；$X=\left\{X_j \middle| j=1,2,\cdots,J\right\}$ 表示属性集，X_j 是第 j 个属性；$\boldsymbol{W}=\left(W_1,\cdots,W_j,\cdots,W_J\right)$ 表示属性权重向量，其中，W_j 是属性 X_j 的权重，满足 $0\leqslant W_j\leqslant 1$ 且 $\sum\limits_{j=1}^{J}W_j=1$。$\boldsymbol{D}_{\mathrm{SI}}=\left[X_{ij}\right]_{I\times J}=\left[\left(x_{ij},\mathrm{Icd}_{ij}\right)\right]_{I\times J}$ 表示决策矩阵，$X_{ij}=\left(x_{ij},\mathrm{Icd}_{ij}\right)$ 是第 i 个备选方案 A_i 的第 j 个属性 X_j 的区间值确信结构属性值，其中属性值 X_{ij} 的标示事件 x_{ij} 为区间数，即 $x_{ij}=\left[\left(x_{ij}\right)^L,\left(x_{ij}\right)^U\right]\in I_R$，表示第 i 个备选方案 A_i 在第 j 个属性 X_j 下的取值为 x_{ij}；标示值的区间值确信度为 $\mathrm{Icd}_{ij}=\left[\left(\mathrm{Icd}_{ij}\right)^L,\left(\mathrm{Icd}_{ij}\right)^U\right]\in I_{[0,1]}$，表示第 i 个备选方案 A_i 在第 j 个属性 X_j 下的取值为 x_{ij} 的确定程度。假设第 j 个属性 X_j 的目标值为 G_j，G_j 为数值且 $\boldsymbol{G}=\left(G_1,\cdots,G_j,\cdots,G_J\right)$，则以目标值为参考点。如果不存在目标值，则根据当前状态或最小需求得到参考点，记作 $\boldsymbol{G}=\left(G_1,\cdots,G_j,\cdots,G_J\right)$，其中，$G_j$ 为数值。DM 表示决策者类型，包括保守型决策者、中立型决策者和冒险型决策者。

在前景理论的基础上，下面给出基于区间值确信结构的区间数价值函数和区间值确信度权重函数，分别根据区间值确信结构属性值的区间数标示值及其区间值确信度计算区间数标示价值和区间值确信度权重。

步骤 2 根据决策者类型和标示值，给出区间数价值函数；计算各属性值的区间标示价值。

定义 6.2 单状态区间值确信结构多属性决策问题 $\text{SIMADM}=\langle A,X,\boldsymbol{W},\boldsymbol{D}_{\text{SI}},\boldsymbol{G},\text{DM}\rangle$ 的第 i 个 $(i=1,2,\cdots,I)$ 备选方案 A_i 在第 j 个 $(j=1,2,\cdots,J)$ 属性 X_j 下属性值 $(x_{ij},\text{Icd}_{ij})=\left(\left[(x_{ij})^L,(x_{ij})^U\right],\left[(\text{Icd}_{ij})^L,(\text{Icd}_{ij})^U\right]\right)$ 的区间标示价值如下：

(1) 当属性 X_j 为效益型属性时，如果 $(x_{ij})^U \geqslant G_j$，那么属性值为弱收益；如果 $(x_{ij})^U < G_j$，那么属性值为强损失。区间标示价值为

$$v(\Delta x_{ij})=\left[v^L(\Delta x_{ij}),v^U(\Delta x_{ij})\right]$$

$$v^L(\Delta x_{ij})=\begin{cases}\lambda^+\left[(x_{ij})^L-G_j\right]^{\alpha^+}, & (x_{ij})^L \geqslant G_j\\ \lambda^+\left(\min\left\{(x_{ij})^U-G_j,G_j-(x_{ij})^L\right\}\right)^{\alpha^+}, & (x_{ij})^U \geqslant G_j > (x_{ij})^L\\ -\lambda^-\left[G_j-(x_{ij})^L\right]^{\alpha^-}, & (x_{ij})^U < G_j\end{cases}$$

$$v^U(\Delta x_{ij})=\begin{cases}\lambda^+\left[(x_{ij})^U-G_j\right]^{\alpha^+}, & (x_{ij})^L \geqslant G_j\\ \lambda^+\left(\max\left\{(x_{ij})^U-G_j,G_j-(x_{ij})^L\right\}\right)^{\alpha^+}, & (x_{ij})^U \geqslant G_j > (x_{ij})^L\\ -\lambda^-\left[G_j-(x_{ij})^U\right]^{\alpha^-}, & (x_{ij})^U < G_j\end{cases}$$

(2) 当属性 X_j 为成本型属性时，如果 $(x_{ij})^L \leqslant G_j$，那么属性值为弱收益；如果 $(x_{ij})^L > G_j$，那么属性值为强损失。区间标示价值为

$$v(\Delta x_{ij})=\left[v^L(\Delta x_{ij}),v^U(\Delta x_{ij})\right]$$

$$v^L(\Delta x_{ij})=\begin{cases}\lambda^+\left[G_j-(x_{ij})^U\right]^{\alpha^+}, & (x_{ij})^U \leqslant G_j\\ \lambda^+\left(\min\left\{G_j-(x_{ij})^L,(x_{ij})^U-G_j\right\}\right)^{\alpha^+}, & (x_{ij})^L \leqslant G_j < (x_{ij})^U\\ -\lambda^-\left[(x_{ij})^U-G_j\right]^{\alpha^-}, & (x_{ij})^L > G_j\end{cases}$$

$$v^U(\Delta x_{ij})=\begin{cases}\lambda^+\left[G_j-(x_{ij})^L\right]^{\alpha^+}, & (x_{ij})^U\leqslant G_j\\ \lambda^+\left(\max\left\{G_j-(x_{ij})^L,(x_{ij})^U-G_j\right\}\right)^{\alpha^+}, & (x_{ij})^L\leqslant G_j<(x_{ij})^U\\ -\lambda^-\left[(x_{ij})^L-G_j\right]^{\alpha^-}, & (x_{ij})^L>G_j\end{cases}$$

其中，G_j 为参考点。Δx_{ij} 表示 x_{ij} 相对于参考点 G_j 的偏离值。λ^+、λ^- 表示决策者对弱收益或强损失的敏感性，若弱收益相对强损失更加敏感，则 $\lambda^+>1$ 且 $\lambda^-=1$；若强损失相对弱收益更加敏感，则 $\lambda^+=1$ 且 $\lambda^->1$。α^+、α^- 表示决策者的风险态度，若决策者是保守型决策者，则 $\alpha^+>1$ 且 $\alpha^->1$；若决策者是中立型决策者，则 $\alpha^+=\alpha^-=1$；若决策者是冒险型决策者，则 $\alpha^+<1$ 且 $\alpha^-<1$。

步骤 3　给出区间值确信度权重函数，计算各属性值的区间值确信度权重。

定义 6.3　单状态区间值确信结构多属性决策问题 $\text{SIMADM}=\langle A,X,\boldsymbol{W},\boldsymbol{D}_{\text{SI}},\boldsymbol{G},\text{DM}\rangle$ 的第 i 个 $(i=1,2,\cdots,I)$ 备选方案 A_i 在第 j 个 $(j=1,2,\cdots,J)$ 属性 X_j 下属性值 $(x_{ij},\text{Icd}_{ij})=\left(\left[(x_{ij})^L,(x_{ij})^U\right],\left[(\text{Icd}_{ij})^L,(\text{Icd}_{ij})^U\right]\right)$ 的区间值确信度权重如下：

(1) 当 $\text{Icd}_{ij}^L=0$ 时，$w^L(\text{Icd}_{ij})=0$；当 $\text{Icd}_{ij}^U=0$ 时，$w^U(\text{Icd}_{ij})=0$。

(2) 当 $\text{Icd}_{ij}^L>0$ 且属性 X_j 为效益型属性时，如果 $(x_{ij})^U\geqslant G_j$，那么属性值为弱收益；如果 $(x_{ij})^U<G_j$，那么属性值为强损失。区间值确信度权重为

$$w(\text{Icd}_{ij})=\left[w^L(\text{Icd}_{ij}),w^U(\text{Icd}_{ij})\right]$$

$$w^L(\text{Icd}_{ij})=\begin{cases}\exp\left(-\delta^+\left\{-\ln\left[(\text{Icd}_{ij})^L\right]\right\}^{\sigma+}\right), & (x_{ij})^U\geqslant G_j\\ \exp\left(-\delta^-\left\{-\ln\left[(\text{Icd}_{ij})^L\right]\right\}^{\sigma^-}\right), & (x_{ij})^U<G_j\end{cases}$$

$$w^U(\text{Icd}_{ij})=\begin{cases}\exp\left(-\delta^+\left\{-\ln\left[(\text{Icd}_{ij})^U\right]\right\}^{\sigma+}\right), & (x_{ij})^U\geqslant G_j\\ \exp\left(-\delta^-\left\{-\ln\left[(\text{Icd}_{ij})^U\right]\right\}^{\sigma^-}\right), & (x_{ij})^U<G_j\end{cases}$$

(3) 当 $\text{Icd}_{ij}^L>0$ 且属性 X_j 为成本型属性时，如果 $(x_{ij})^L\leqslant G_j$，那么属性值为弱收益；如果 $(x_{ij})^L>G_j$，那么属性值为强损失。区间值确信度权重为

$$w(\text{Icd}_{ij})=\left[w^L(\text{Icd}_{ij}),w^U(\text{Icd}_{ij})\right]$$

$$w^L(\text{Icd}_{ij})=\begin{cases}\exp\left(-\delta^+\left\{-\ln\left[(\text{Icd}_{ij})^L\right]\right\}^{\sigma^+}\right), & (x_{ij})^L\leqslant G_j\\ \exp\left(-\delta^-\left\{-\ln\left[(\text{Icd}_{ij})^L\right]\right\}^{\sigma-}\right), & (x_{ij})^L>G_j\end{cases}$$

$$w^U\left(\mathrm{Icd}_{ij}\right)=\begin{cases}\exp\left(-\delta^+\left\{-\ln\left[(\mathrm{Icd}_{ij})^U\right]\right\}^{\sigma^+}\right), & \left(x_{ij}\right)^L\leqslant G_j\\ \exp\left(-\delta^-\left\{-\ln\left[(\mathrm{Icd}_{ij})^U\right]\right\}^{\sigma^-}\right), & \left(x_{ij}\right)^L> G_j\end{cases}$$

其中，$\delta^+,\delta^->0$ 刻画了决策者的过度反应，如果决策者是保守型决策者，那么 $0<\sigma^-<\sigma^+<1$；如果决策者是中立型决策者，那么 $0<\sigma^+=\sigma^-<1$；如果决策者是冒险型决策者，那么 $0<\sigma^+<\sigma^-<1$。

步骤 4　根据区间标示价值和区间值确信度权重计算各方案在各属性下的区间前景值。

定义 6.4　假设单状态区间值确信结构多属性决策问题 $\mathrm{SIMADM}=\langle A,X,\boldsymbol{W},\boldsymbol{D}_{\mathrm{SI}},\boldsymbol{G},\mathrm{DM}\rangle$ 的第 i 个 $(i=1,2,\cdots,I)$ 备选方案 A_i 在第 j 个 $(j=1,2,\cdots,J)$ 属性 X_j 下的属性值为 $\left(x_{ij},\mathrm{Icd}_{ij}\right)=\left(\left[\left(x_{ij}\right)^L,\left(x_{ij}\right)^U\right],\left[\left(\mathrm{Icd}_{ij}\right)^L,\left(\mathrm{Icd}_{ij}\right)^U\right]\right)$，区间标示价值为 $v\left(\Delta x_{ij}\right)=\left[v^L\left(\Delta x_{ij}\right),v^U\left(\Delta x_{ij}\right)\right]$，区间值确信度权重为 $w\left(\mathrm{Icd}_{ij}\right)=\left[w^L\left(\mathrm{Icd}_{ij}\right),w^U\left(\mathrm{Icd}_{ij}\right)\right]$，则属性值 $\left(x_{ij},\mathrm{Icd}_{ij}\right)$ 的区间前景值为

$$V_{ij}=\left[\left(V_{ij}\right)^L,\left(V_{ij}\right)^U\right]$$

$$\left(V_{ij}\right)^L=v^L\left(\Delta x_{ij}\right)w^L\left(\mathrm{Icd}_{ij}\right)$$

$$\left(V_{ij}\right)^U=v^U\left(\Delta x_{ij}\right)w^U\left(\mathrm{Icd}_{ij}\right)$$

步骤 5　根据区间属性值规范化方法对属性值的区间前景值进行规范化，得到规范区间前景值。

根据具体问题选择一种 6.1.1 节中给出的区间属性值规范化方法，对区间前景值 $V_{ij}=\left[\left(V_{ij}\right)^L,\left(V_{ij}\right)^U\right]$ 进行规范化，得到规范区间前景值 $\bar{V}_{ij}=\left[\left(\bar{V}_{ij}\right)^L,\left(\bar{V}_{ij}\right)^U\right]$。

步骤 6　根据区间值确信度证据推理合成规范区间前景值，得到每个方案的合成区间前景值。

1) 说明根据区间值确信度证据推理合成规范区间前景值具有合理性和可行性

在单状态区间值确信结构多属性决策问题 $\mathrm{SIMADM}=\langle A,X,\boldsymbol{W},\boldsymbol{D}_{\mathrm{SI}},\boldsymbol{G},\mathrm{DM}\rangle$ 中，对任意 $i\in\{1,2,\cdots,I\}$，$j\in\{1,2,\cdots,J\}$ 满足：

(1) $\left\{\left(x_{i1},\mathrm{Icd}_{i1}\right),\cdots,\left(x_{ij},\mathrm{Icd}_{ij}\right),\cdots,\left(x_{iJ},\mathrm{Icd}_{iJ}\right)\right\}$ 为证据集，备选方案 A_i 构成识别框架 $\Theta_i=\{A_i\}$，Θ_i 的幂集为 $2^{\Theta_i}=\{\varnothing,\{A_i\}\}$。

(2) 证据 $\left(x_{i1},\mathrm{Icd}_{i1}\right),\cdots,\left(x_{ij},\mathrm{Icd}_{ij}\right),\cdots,\left(x_{iJ},\mathrm{Icd}_{iJ}\right)$ 相互独立。

(3) 规范区间前景值 $\bar{V}_{ij}$ 表示证据 $\left(x_{ij},\mathrm{Icd}_{ij}\right)$ 对方案 A_i 的支持度，满足 $0\leqslant\left(\bar{V}_{ij}\right)^L\leqslant\left(\bar{V}_{ij}\right)^U\leqslant1$，规范区间前景值的合成值越大，方案 A_i 越好。

(4) 属性 X_j 的权重 W_j 反映了证据 $\left(x_{ij},\mathrm{Icd}_{ij}\right)$ 对方案 A_i 的重要程度，因而 W_j 是证据的权重。

2) 根据区间值确信度证据推理计算合成区间前景值

定义 6.5　假设单状态区间值确信结构多属性决策问题 $\mathrm{SIMADM}=\langle A,X,\boldsymbol{W},\boldsymbol{D}_{\mathrm{SI}},\boldsymbol{G},\mathrm{DM}\rangle$ 第 i 个 $(i=1,2,\cdots,I)$ 备选方案 A_i 在第 j 个 $(j=1,2,\cdots,J)$ 属性 X_j 下属性值 $\left(x_{ij},\mathrm{Icd}_{ij}\right)$ 的规范区间前景值 $\bar{V}_{ij}=\left[\left(\bar{V}_{ij}\right)^L,\left(\bar{V}_{ij}\right)^U\right]$，属性权重 $\boldsymbol{W}=\left(W_1,\cdots,W_j,\cdots,W_J\right)$，则由证据 $\left(x_{ij},\mathrm{Icd}_{ij}\right)$ 引起的分配给方案 A_i 的基本区间值前景指派 $m_{\Theta_i}\left(\left(x_{ij},\mathrm{Icd}_{ij}\right)\right)$，未分配的基本区间值前景指派 $m_{2^{\Theta_i}}\left(\left(x_{ij},\mathrm{Icd}_{ij}\right)\right)$，以及由证据 $\left(x_{ij},\mathrm{Icd}_{ij}\right)$ 的权重 W_j 引起的未分配的基本区间值前景指派 $\bar{m}_{2^{\Theta_i}}\left(\left(x_{ij},\mathrm{Icd}_{ij}\right)\right)$ 分别为

$$m_{\Theta_i}\left(\left(x_{ij},\mathrm{Icd}_{ij}\right)\right)=\left[m_{\Theta_i}^L\left(\left(x_{ij},\mathrm{Icd}_{ij}\right)\right),m_{\Theta_i}^U\left(\left(x_{ij},\mathrm{Icd}_{ij}\right)\right)\right]$$

$$m_{\Theta_i}^L\left(\left(x_{ij},\mathrm{Icd}_{ij}\right)\right)=W_j\left(\bar{V}_{ij}\right)^L$$

$$m_{\Theta_i}^U\left(\left(x_{ij},\mathrm{Icd}_{ij}\right)\right)=W_j\left(\bar{V}_{ij}\right)^U$$

$$m_{2^{\Theta_i}}\left(\left(x_{ij},\mathrm{Icd}_{ij}\right)\right)=\left[m_{2^{\Theta_i}}^L\left(\left(x_{ij},\mathrm{Icd}_{ij}\right)\right),m_{2^{\Theta_i}}^U\left(\left(x_{ij},\mathrm{Icd}_{ij}\right)\right)\right]$$

$$m_{2^{\Theta_i}}^L\left(\left(x_{ij},\mathrm{Icd}_{ij}\right)\right)=1-W_j\left(\bar{V}_{ij}\right)^U$$

$$m_{2^{\Theta_i}}^U\left(\left(x_{ij},\mathrm{Icd}_{ij}\right)\right)=1-W_j\left(\bar{V}_{ij}\right)^L$$

$$\bar{m}_{2^{\Theta_i}}\left(\left(x_{ij},\mathrm{Icd}_{ij}\right)\right)=1-W_j$$

令 $O(t)(t=1,2,\cdots,J)$ 表示前 t 个证据，记 $m_{\Theta_i}\left(O(t)\right)$ 是根据区间值确信度证据推理合成前 t 个证据得到分配给方案 A_i 的基本区间值前景指派；$m_{2^{\Theta_i}}\left(O(t)\right)$ 表示由前 t 个证据引起的未分配给方案 A_i 的基本区间值前景指派；$\bar{m}_{2^{\Theta_i}}\left(O(t)\right)$ 表示由前 t 个证据的权重引起的未分配给方案 A_i 的基本区间值前景指派。

当 $t=1$ 时，

$$m_{\Theta_i}\left(O(1)\right)=\left[m_{\Theta_i}^L\left(O(1)\right),m_{\Theta_i}^U\left(O(1)\right)\right]=m_{\Theta_i}\left(\left(x_{i1},\mathrm{Icd}_{i1}\right)\right)$$

$$m_{\Theta_i}^L\left(O(1)\right)=W_1\left(\bar{V}_{i1}\right)^L$$

$$m_{\Theta_i}^U\left(O(1)\right)=W_1\left(\bar{V}_{i1}\right)^U$$

$$m_{2^{\Theta_i}}\left(O(1)\right)=\left[m_{2^{\Theta_i}}^L\left(O(1)\right),m_{2^{\Theta_i}}^U\left(O(1)\right)\right]=m_{2^{\Theta_i}}\left(\left(x_{i1},\mathrm{Icd}_{i1}\right)\right)$$

$$m_{2^{\Theta_i}}^L\left(O(1)\right)=1-W_1\left(\bar{V}_{i1}\right)^U$$

$$m_{2^{\Theta_i}}^U\left(O(1)\right)=1-W_1\left(\bar{V}_{i1}\right)^L$$

$$\bar{m}_{2^{\Theta_i}}\left(O(t)\right)=\bar{m}_{2^{\Theta_i}}\left(\left(x_{i1},\mathrm{Icd}_{i1}\right)\right)=1-W_1$$

由合成前t个$(t=2,3,\cdots,J-1)$证据得

(1) $m_{\Theta_i}(O(t))$。

$$\text{Max / Min}\ m_{\Theta_i}(O(t))=m_{\Theta_i}^{*}(O(t-1))m_{\Theta_i}^{*}((x_{it},\text{Icd}_{it}))+m_{\Theta_i}^{*}(O(t-1))m_{2^{\Theta_i}}^{*}((x_{it},\text{Icd}_{it}))+m_{2^{\Theta_i}}^{*}(O(t-1))m_{\Theta_i}^{*}((x_{it},\text{Icd}_{it}))$$

$$\text{S.t.}\ m_{\Theta_i}^{*}(O(t-1))m_{\Theta_i}^{*}((x_{it},\text{Icd}_{it}))+m_{2^{\Theta_i}}^{*}(O(t-1))m_{2^{\Theta_i}}^{*}((x_{it},\text{Icd}_{it}))+m_{\Theta_i}^{*}(O(t-1))m_{2^{\Theta_i}}^{*}((x_{it},\text{Icd}_{it}))+m_{2^{\Theta_i}}^{*}(O(t-1))m_{\Theta_i}^{*}((x_{it},\text{Icd}_{it}))=1$$

$$m_{\Theta_i}^{*}(O(t-1))+m_{2^{\Theta_i}}^{*}(O(t-1))=1$$

$$m_{\Theta_i}^{*}((x_{it},\text{Icd}_{it}))+m_{2^{\Theta_i}}^{*}((x_{it},\text{Icd}_{it}))=1$$

$$m_{\Theta_i}^{L}(O(t-1))\leqslant m_{\Theta_i}^{*}(O(t-1))\leqslant m_{\Theta_i}^{U}(O(t-1))$$

$$m_{\Theta_i}^{L}((x_{it},\text{Icd}_{it}))\leqslant m_{\Theta_i}^{*}((x_{it},\text{Icd}_{it}))\leqslant m_{\Theta_i}^{U}((x_{it},\text{Icd}_{it}))$$

$$m_{2^{\Theta_i}}^{L}(O(t-1))\leqslant m_{2^{\Theta_i}}^{*}(O(t-1))\leqslant m_{2^{\Theta_i}}^{U}(O(t-1))$$

$$m_{2^{\Theta_i}}^{L}((x_{it},\text{Icd}_{it}))\leqslant m_{2^{\Theta_i}}^{*}((x_{it},\text{Icd}_{it}))\leqslant m_{2^{\Theta_i}}^{U}((x_{it},\text{Icd}_{it}))$$

上式是非线性规划问题，下面将非线性规划问题转化为更一般的表示形式。

因为

$$m_{\Theta_i}^{*}(O(t-1))+m_{2^{\Theta_i}}^{*}(O(t-1))=1$$

$$m_{\Theta_i}^{*}((x_{it},\text{Icd}_{it}))+m_{2^{\Theta_i}}^{*}((x_{it},\text{Icd}_{it}))=1$$

所以，

$$m_{2^{\Theta_i}}^{*}(O(t-1))=1-m_{\Theta_i}^{*}(O(t-1))$$

$$m_{2^{\Theta_i}}^{*}((x_{it},\text{Icd}_{it}))=1-m_{\Theta_i}^{*}((x_{it},\text{Icd}_{it}))$$

则

$m_{\Theta_i}^{*}(O(t-1))m_{\Theta_i}^{*}((x_{it},\text{Icd}_{it}))+m_{2^{\Theta_i}}^{*}(O(t-1))m_{2^{\Theta_i}}^{*}((x_{it},\text{Icd}_{it}))+m_{\Theta_i}^{*}(O(t-1))m_{2^{\Theta_i}}^{*}((x_{it},\text{Icd}_{it}))+m_{2^{\Theta_i}}^{*}(O(t-1))m_{\Theta_i}^{*}((x_{it},\text{Icd}_{it}))=1$恒成立。

又因为根据定义 6.5，有 $m_{2^{\Theta_i}}^{L}((x_{it},\text{Icd}_{it}))=1-m_{\Theta_i}^{U}((x_{it},\text{Icd}_{it}))$，$m_{2^{\Theta_i}}^{U}((x_{it},\text{Icd}_{it}))=1-m_{\Theta_i}^{L}((x_{it},\text{Icd}_{it}))$且$m_{2^{\Theta_i}}^{L}(O(t-1))=1-m_{\Theta_i}^{U}(O(t-1))$，$m_{2^{\Theta_i}}^{U}(O(t-1))=1-m_{\Theta_i}^{L}(O(t-1))$成立，所以非线性规划问题转化为下列形式：

$$\text{Max / Min}\ m_{\Theta_i}(O(t))=m_{\Theta_i}^{*}(O(t-1))m_{\Theta_i}^{*}((x_{it},\text{Icd}_{it}))+m_{\Theta_i}^{*}(O(t-1))(1-m_{\Theta_i}^{*}((x_{it},\text{Icd}_{it})))+(1-m_{\Theta_i}^{*}(O(t-1)))m_{\Theta_i}^{*}((x_{it},\text{Icd}_{it}))$$

$$\text{S.t.}\ m_{\Theta_i}^{L}(O(t-1))\leqslant m_{\Theta_i}^{*}(O(t-1))\leqslant m_{\Theta_i}^{U}(O(t-1))$$

$$m_{\Theta_i}^{L}((x_{it},\text{Icd}_{it}))\leqslant m_{\Theta_i}^{*}((x_{it},\text{Icd}_{it}))\leqslant m_{\Theta_i}^{U}((x_{it},\text{Icd}_{it}))$$

其中，$m_{\Theta_i}^{L}(O(t-1))$、$m_{\Theta_i}^{U}(O(t-1))$、$m_{\Theta_i}^{L}((x_{it},\text{Icd}_{it}))$和$m_{\Theta_i}^{U}((x_{it},\text{Icd}_{it}))$已知且$0\leqslant m_{\Theta_i}^{L}(O(t-1))\leqslant m_{\Theta_i}^{U}(O(t-1))\leqslant 1$、$0\leqslant m_{\Theta_i}^{L}((x_{it},\text{Icd}_{it}))\leqslant m_{\Theta_i}^{U}((x_{it},\text{Icd}_{it}))\leqslant 1$，求解上式得

$$m_{\Theta_i}\left(O(t)\right)=\left[m_{\Theta_i}^L\left(O(t)\right),m_{\Theta_i}^U\left(O(t)\right)\right]$$

$$m_{\Theta_i}^L\left(O(t)\right)=\text{Min } m_{\Theta_i}\left(O(t)\right)=m_{\Theta_i}^L\left(O(t-1)\right)m_{\Theta_i}^L\left(\left(x_{it},\text{Icd}_{it}\right)\right)$$
$$+m_{\Theta_i}^L\left(O(t-1)\right)m_{2^{\Theta_i}}^U\left(\left(x_{it},\text{Icd}_{it}\right)\right)+m_{2^{\Theta_i}}^U\left(O(t-1)\right)m_{\Theta_i}^L\left(\left(x_{it},\text{Icd}_{it}\right)\right)$$

$$m_{\Theta_i}^U\left(O(t)\right)=\text{Max } m_{\Theta_i}\left(O(t)\right)=m_{\Theta_i}^U\left(O(t-1)\right)m_{\Theta_i}^U\left(\left(x_{it},\text{Icd}_{it}\right)\right)$$
$$+m_{\Theta_i}^U\left(O(t-1)\right)m_{2^{\Theta_i}}^L\left(\left(x_{it},\text{Icd}_{it}\right)\right)+m_{2^{\Theta_i}}^L\left(O(t-1)\right)m_{\Theta_i}^U\left(\left(x_{it},\text{Icd}_{it}\right)\right)$$

(2) $m_{2^{\Theta_i}}\left(O(t)\right)$。

$$\text{Max / Min } m_{2^{\Theta_i}}\left(O(t)\right)=m_{2^{\Theta_i}}^*\left(O(t-1)\right)m_{2^{\Theta_i}}^*\left(\left(x_{it},\text{Icd}_{it}\right)\right)$$

$$\text{S.t. } m_{\Theta_i}^*\left(O(t-1)\right)m_{\Theta_i}^*\left(\left(x_{it},\text{Icd}_{it}\right)\right)+m_{2^{\Theta_i}}^*\left(O(t-1)\right)m_{2^{\Theta_i}}^*\left(\left(x_{it},\text{Icd}_{it}\right)\right)$$
$$+m_{\Theta_i}^*\left(O(t-1)\right)m_{2^{\Theta_i}}^*\left(\left(x_{it},\text{Icd}_{it}\right)\right)+m_{2^{\Theta_i}}^*\left(O(t-1)\right)m_{\Theta_i}^*\left(\left(x_{it},\text{Icd}_{it}\right)\right)=1$$
$$m_{\Theta_i}^*\left(O(t-1)\right)+m_{2^{\Theta_i}}^*\left(O(t-1)\right)=1$$
$$m_{\Theta_i}^*\left(\left(x_{it},\text{Icd}_{it}\right)\right)+m_{2^{\Theta_i}}^*\left(\left(x_{it},\text{Icd}_{it}\right)\right)=1$$
$$m_{\Theta_i}^L\left(O(t-1)\right)\leqslant m_{\Theta_i}^*\left(O(t-1)\right)\leqslant m_{\Theta_i}^U\left(O(t-1)\right)$$
$$m_{\Theta_i}^L\left(\left(x_{it},\text{Icd}_{it}\right)\right)\leqslant m_{\Theta_i}^*\left(\left(x_{it},\text{Icd}_{it}\right)\right)\leqslant m_{\Theta_i}^U\left(\left(x_{it},\text{Icd}_{it}\right)\right)$$
$$m_{2^{\Theta_i}}^L\left(O(t-1)\right)\leqslant m_{2^{\Theta_i}}^*\left(O(t-1)\right)\leqslant m_{2^{\Theta_i}}^U\left(O(t-1)\right)$$
$$m_{2^{\Theta_i}}^L\left(\left(x_{it},\text{Icd}_{it}\right)\right)\leqslant m_{2^{\Theta_i}}^*\left(\left(x_{it},\text{Icd}_{it}\right)\right)\leqslant m_{2^{\Theta_i}}^U\left(\left(x_{it},\text{Icd}_{it}\right)\right)$$

上式是非线性规划问题，下面将非线性规划问题转化为更一般的表示形式。

与非线性规划问题的化简过程相同，非线性规划问题转化为下列形式：

$$\text{Max / Min } m_{2^{\Theta_i}}\left(O(t)\right)=m_{2^{\Theta_i}}^*\left(O(t-1)\right)m_{2^{\Theta_i}}^*\left(\left(x_{it},\text{Icd}_{it}\right)\right)$$
$$\text{S.t. } m_{2^{\Theta_i}}^L\left(O(t-1)\right)\leqslant m_{2^{\Theta_i}}^*\left(O(t-1)\right)\leqslant m_{2^{\Theta_i}}^U\left(O(t-1)\right)$$
$$m_{2^{\Theta_i}}^L\left(\left(x_{it},\text{Icd}_{it}\right)\right)\leqslant m_{2^{\Theta_i}}^*\left(\left(x_{it},\text{Icd}_{it}\right)\right)\leqslant m_{2^{\Theta_i}}^U\left(\left(x_{it},\text{Icd}_{it}\right)\right)$$

其中，$m_{2^{\Theta_i}}^L\left(O(t-1)\right)$、$m_{2^{\Theta_i}}^U\left(O(t-1)\right)$、$m_{2^{\Theta_i}}^L\left(\left(x_{it},\text{Icd}_{it}\right)\right)$ 和 $m_{2^{\Theta_i}}^U\left(\left(x_{it},\text{Icd}_{it}\right)\right)$ 已知且 $0\leqslant m_{2^{\Theta_i}}^L\left(O(t-1)\right)\leqslant m_{2^{\Theta_i}}^U\left(O(t-1)\right)\leqslant 1$、$0\leqslant m_{2^{\Theta_i}}^L\left(\left(x_{it},\text{Icd}_{it}\right)\right)\leqslant m_{2^{\Theta_i}}^U\left(\left(x_{it},\text{Icd}_{it}\right)\right)\leqslant 1$，求解上式得

$$m_{2^{\Theta_i}}\left(O(t)\right)=\left[m_{2^{\Theta_i}}^L\left(O(t)\right),m_{2^{\Theta_i}}^U\left(O(t)\right)\right]$$
$$m_{2^{\Theta_i}}^L\left(O(t)\right)=\text{Min } m_{2^{\Theta_i}}\left(O(t)\right)=m_{2^{\Theta_i}}^L\left(O(t-1)\right)m_{2^{\Theta_i}}^L\left(\left(x_{it},\text{Icd}_{it}\right)\right)$$
$$m_{2^{\Theta_i}}^U\left(O(t)\right)=\text{Min } m_{2^{\Theta_i}}\left(O(t)\right)=m_{2^{\Theta_i}}^U\left(O(t-1)\right)m_{2^{\Theta_i}}^U\left(\left(x_{it},\text{Icd}_{it}\right)\right)$$

(3) $\bar{m}_{2^{\Theta_i}}\left(O(t)\right)$。

$$\bar{m}_{2^{\Theta_i}}\left(O(t)\right)=\bar{m}_{2^{\Theta_i}}\left(O(t-1)\right)\bar{m}_{2^{\Theta_i}}\left(\left(x_{it},\text{Icd}_{it}\right)\right)$$

合成所有 J 个证据后，得到方案 A_i 的合成区间前景值为

$$V\left(A_i\right)=\left[V^L\left(A_i\right),V^U\left(A_i\right)\right]$$

$$V^L(A_i)=\frac{m_{\Theta_i}^L(O(J))}{1-\bar{m}_{2^{\Theta_i}}(O(J))}=\frac{1-\prod_{\tau=1}^{J}\left[1-W_\tau\left(\bar{V}_{i\tau}\right)^L\right]}{1-\prod_{\tau=1}^{J}(1-W_\tau)}$$

$$V^U(A_i)=\frac{m_{\Theta_i}^U(O(J))}{1-\bar{m}_{2^{\Theta_i}}(O(J))}=\frac{1-\prod_{\tau=1}^{J}\left[1-W_\tau\left(\bar{V}_{i\tau}\right)^U\right]}{1-\prod_{\tau=1}^{J}(1-W_\tau)}$$

步骤 7 根据基于逼近理想解法的区间值排序方法对合成区间前景值进行排序，合成区间前景值最大的方案为最优方案。

6.2.2 多状态区间值确信结构多属性决策

下面根据区间值确信度证据推理和第三代前景理论，给出未来状态为多状态的区间值确信结构多属性决策方法，简称多状态区间值确信结构多属性决策。

步骤 1 给出多状态区间值确信结构多属性决策问题的描述。

定义 6.6 多状态区间值确信结构多属性决策问题可以描述为

$$\text{MIMADM}=\left\langle A,X,S,\boldsymbol{P},\boldsymbol{W},\boldsymbol{D}_{\text{MI}},\boldsymbol{H},\text{DM}\right\rangle$$

其中，$A=\{A_i|i=1,2,\cdots,I\}$表示备选方案集，A_i是第i个备选方案；$X=\{X_j|j=1,2,\cdots,J\}$表示属性集，X_j是第j个属性；$S=\{S_n|n=1,2,\cdots,N\}$表示相互独立的未来状态的集合，S_n是第n个状态；$\boldsymbol{P}=(P_1,\cdots,P_n,\cdots,P_N)$表示未来状态发生的不确定性，其中，$P_n=\left[(P_n)^L,(P_n)^U\right]$是状态$S_n$发生的概率，满足$0\leqslant(P_n)^L\leqslant(P_n)^U\leqslant 1$且$\sum_{n=1}^{N}(P_n)^U\leqslant 1$；$\boldsymbol{W}=(W_1,\cdots,W_j,\cdots,W_J)$表示属性权重向量，$W_j$是属性$X_j$的权重，满足$0\leqslant W_j\leqslant 1$且$\sum_{j=1}^{J}W_j=1$；$\boldsymbol{D}_{\text{MI}}=\left[X_{ij}\right]_{I\times J}=\left[\left(x_{ij},\left(\text{Icd}_{ij}\right)'\right)\right]_{I\times J}$表示决策矩阵，$\left(x_{ij},\left(\text{Icd}_{ij}\right)'\right)=\left(\left(x_{ij}^1,\left(\text{Icd}_{ij}^1\right)'\right),\cdots,\left(x_{ij}^n,\left(\text{Icd}_{ij}^n\right)'\right),\cdots,\left(x_{ij}^N,\left(\text{Icd}_{ij}^N\right)'\right)\right)$是第$i$个备选方案$A_i$的第$j$个属性$X_j$的属性值；其中$x_{ij}^n=\left[\left(x_{ij}^n\right)^L,\left(x_{ij}^n\right)^U\right]\in I_R$为第$n$个状态$S_n$下第$i$个备选方案$A_i$的第$j$个属性$X_j$的属性值的标示事件，表示第$n$个状态$S_n$下第$i$个备选方案$A_i$的第$j$个属性$X_j$的取值为$x_{ij}^n$；$\left(\text{Icd}_{ij}^n\right)'=\left[\left(\left(\text{Icd}_{ij}^n\right)^L\right)',\left(\left(\text{Icd}_{ij}^n\right)^U\right)'\right]$为$x_{ij}^n$的区间值确信度，表示第$i$个备选方案$A_i$在第$j$个属性$X_j$下的取值为$x_{ij}^n$的确定程度。假设第$n$个状态$S_n$下属性值的参考点向量为$\boldsymbol{H}(S_n)=(h_1(S_n),\cdots,h_j(S_n),\cdots,h_J(S_n))$，其中，$h_j(S_n)$表示第$n$个状态$S_n$下属性$X_j$的参考点且

$\boldsymbol{H}=\left(\boldsymbol{H}\left(S_1\right),\cdots,\boldsymbol{H}\left(S_n\right),\cdots,\boldsymbol{H}\left(S_N\right)\right)$；DM 表示决策者类型，包括保守型决策者、中立型决策者和冒险型决策者。

步骤 2　合并属性值的不确定性和未来状态的不确定性，得到考虑未来状态不确定性的区间值确信结构属性值。

定义 6.7　多状态区间值确信结构多属性决策问题 $\text{MIMADM}=\langle A,X,S,\boldsymbol{P},\boldsymbol{W},\boldsymbol{D}_{\text{MI}},\boldsymbol{H},\text{DM}\rangle$ 中，未来状态发生的概率为 $\boldsymbol{P}=\left(P_1,\cdots,P_n,\cdots,P_N\right)$，$P_n=\left[\left(P_n\right)^L,\left(P_n\right)^U\right]$ 且 $0\leqslant\left(P_n\right)^L\leqslant\left(P_n\right)^U\leqslant 1$，$\sum\limits_{n=1}^{N}\left(P_n\right)^U\leqslant 1$；第 i 个 $\left(i=1,2,\cdots,I\right)$ 备选方案 A_i 在第 j 个 $\left(j=1,2,\cdots,J\right)$ 属性 X_j 下属性值为

$$\left(x_{ij},\left(\text{Icd}_{ij}\right)'\right)=\left(\left(x_{ij}^1,\left(\text{Icd}_{ij}^1\right)'\right),\cdots,\left(x_{ij}^n,\left(\text{Icd}_{ij}^n\right)'\right),\cdots,\left(x_{ij}^N,\left(\text{Icd}_{ij}^N\right)'\right)\right)$$

考虑未来状态不确定性的第 i 个备选方案 A_i 在第 j 个属性 X_j 下属性值为

$$\left(x_{ij},\text{Icd}_{ij}\right)=\left(\left(x_{ij}^1,\text{Icd}_{ij}^1\right),\cdots,\left(x_{ij}^n,\text{Icd}_{ij}^n\right),\cdots,\left(x_{ij}^N,\text{Icd}_{ij}^N\right)\right)$$

其中，$\text{Icd}_{ij}^n=\left(\text{Icd}_{ij}^n\right)'\times P_n$，即 $\left(\text{Icd}_{ij}^n\right)^L=\left(\left(\text{Icd}_{ij}^n\right)^L\right)'\times\left(P_n\right)^L$，$\left(\text{Icd}_{ij}^n\right)^U=\left(\left(\text{Icd}_{ij}^n\right)^U\right)'\times\left(P_n\right)^U$。因为 $0\leqslant\left(\left(\text{Icd}_{ij}^n\right)^L\right)'\leqslant\left(\left(\text{Icd}_{ij}^n\right)^U\right)'\leqslant 1$，$0\leqslant\left(P_n\right)^L\leqslant\left(P_n\right)^U\leqslant 1$ 且 $\sum\limits_{n=1}^{N}\left(P_n\right)^U\leqslant 1$，所以 $0\leqslant\left(\text{Icd}_{ij}^n\right)^L\leqslant\left(\text{Icd}_{ij}^n\right)^U\leqslant 1$ 且 $\sum\limits_{n=1}^{N}\left(\text{Icd}_{ij}^n\right)^U\leqslant 1$。

在第三代前景理论的基础上，下面给出各状态下基于区间值确信结构的区间数价值函数和区间值确信度权重函数，分别根据区间值确信结构属性值的区间数标示值及其区间值确信度计算区间数标示价值和区间值确信度权重。

步骤 3　根据决策者类型和属性值的区间数标示事件，给出价值函数；计算属性值在各状态下的分量区间标示价值。

定义 6.8　多状态区间值确信结构多属性决策问题 $\text{MIMADM}=\langle A,X,S,\boldsymbol{P},\boldsymbol{W},\boldsymbol{D}_{\text{MI}},\boldsymbol{H},\text{DM}\rangle$ 在第 n 个 $\left(n=1,2,\cdots,N\right)$ 状态 S_n 下，第 i 个 $\left(i=1,2,\cdots,I\right)$ 备选方案 A_i 的第 j 个 $\left(j=1,2,\cdots,J\right)$ 属性 X_j 的属性值 $\left(x_{ij},\text{Icd}_{ij}\right)=\left(\left(x_{ij}^1,\text{Icd}_{ij}^1\right),\cdots,\left(x_{ij}^n,\text{Icd}_{ij}^n\right),\cdots,\left(x_{ij}^N,\text{Icd}_{ij}^N\right)\right)$ 的分量区间标示价值如下：

(1) 当属性 X_j 为效益型属性时，如果 $\left(x_{ij}^n\right)^U\geqslant h_j\left(S_n\right)$，那么属性值为弱收益；如果 $\left(x_{ij}^n\right)^U<h_j\left(S_n\right)$，那么属性值为强损失。分量区间标示价值为

$$v\left(\Delta x_{ij}^n\right)=\left[v^L\left(\Delta x_{ij}^n\right),v^U\left(\Delta x_{ij}^n\right)\right]$$

$$v^L\left(\Delta x_{ij}^n\right)=\begin{cases}\lambda^+\left[\left(x_{ij}^n\right)^L-h_j\left(S_n\right)\right]^{\alpha^+}, & \left(x_{ij}\right)^L\geqslant h_j\left(S_n\right)\\ \lambda^+\left(\min\left\{\left(x_{ij}^n\right)^U-h_j\left(S_n\right),h_j\left(S_n\right)-\left(x_{ij}^n\right)^L\right\}\right)^{\alpha^+}, & \left(x_{ij}^n\right)^U\geqslant h_j\left(S_n\right)>\left(x_{ij}^n\right)^L\\ -\lambda^-\left[h_j\left(S_n\right)-\left(x_{ij}^n\right)^L\right]^{\alpha^-}, & \left(x_{ij}^n\right)^U<h_j\left(S_n\right)\end{cases}$$

$$v^U\left(\Delta x_{ij}^n\right)=\begin{cases}\lambda^+\left[\left(x_{ij}^n\right)^U-h_j\left(S_n\right)\right]^{\alpha^+}, & \left(x_{ij}^n\right)^L\geqslant h_j\left(S_n\right)\\ \lambda^+\left(\max\left\{\left(x_{ij}^n\right)^U-h_j\left(S_n\right),h_j\left(S_n\right)-\left(x_{ij}^n\right)^L\right\}\right)^{\alpha^+}, & \left(x_{ij}^n\right)^U\geqslant h_j\left(S_n\right)>\left(x_{ij}^n\right)^L\\ -\lambda^-\left[h_j\left(S_n\right)-\left(x_{ij}^n\right)^U\right]^{\alpha^-}, & \left(x_{ij}^n\right)^U<h_j\left(S_n\right)\end{cases}$$

(2) 当属性 X_j 为成本型属性时，如果 $\left(x_{ij}^n\right)^L\leqslant h_j\left(S_n\right)$，那么属性值为弱收益；如果 $\left(x_{ij}^n\right)^L>h_j\left(S_n\right)$，那么属性值为强损失。分量区间标示价值为

$$v\left(\Delta x_{ij}^n\right)=\left[v^L\left(\Delta x_{ij}^n\right),v^U\left(\Delta x_{ij}^n\right)\right]$$

$$v^L\left(\Delta x_{ij}^n\right)=\begin{cases}\lambda^+\left[h_j\left(S_n\right)-\left(x_{ij}^n\right)^U\right]^{\alpha^+}, & \left(x_{ij}^n\right)^U\leqslant h_j\left(S_n\right)\\ \lambda^+\left(\min\left\{h_j\left(S_n\right)-\left(x_{ij}^n\right)^L,\left(x_{ij}^n\right)^U-h_j\left(S_n\right)\right\}\right)^{\alpha^+}, & \left(x_{ij}^n\right)^L\leqslant h_j\left(S_n\right)<\left(x_{ij}^n\right)^U\\ -\lambda^-\left[\left(x_{ij}^n\right)^U-h_j\left(S_n\right)\right]^{\alpha^-}, & \left(x_{ij}^n\right)^L>h_j\left(S_n\right)\end{cases}$$

$$v^U\left(\Delta x_{ij}^n\right)=\begin{cases}\lambda^+\left[h_j\left(S_n\right)-\left(x_{ij}^n\right)^L\right]^{\alpha^+}, & \left(x_{ij}^n\right)^U\leqslant h_j\left(S_n\right)\\ \lambda^+\left(\max\left\{h_j\left(S_n\right)-\left(x_{ij}^n\right)^L,\left(x_{ij}^n\right)^U-h_j\left(S_n\right)\right\}\right)^{\alpha^+}, & \left(x_{ij}^n\right)^L\leqslant h_j\left(S_n\right)<\left(x_{ij}^n\right)^U\\ -\lambda^-\left[\left(x_{ij}^n\right)^L-h_j\left(S_n\right)\right]^{\alpha^-}, & \left(x_{ij}^n\right)^L>h_j\left(S_n\right)\end{cases}$$

其中，$h_j\left(S_n\right)$ 为参考点。Δx_{ij}^n 表示 x_{ij}^n 相对于参考点 $h_j\left(S_n\right)$ 的偏离值。λ^+ 和 λ^- 表示决策者对收益和损失的敏感性，若收益相对损失更加敏感，则 $\lambda^+>1$ 且 $\lambda^-=1$；若损失相对收益更加敏感，则 $\lambda^+=1$ 且 $\lambda^->1$。α^+、α^- 表示决策者的风险态度，若决策者是保守型决策者，则 $\alpha^+>1$ 且 $\alpha^->1$；若决策者是中立型决策者，则 $\alpha^+=\alpha^-=1$；若决策者是冒险型决策者，则 $0\leqslant\alpha^+<1$ 且 $0\leqslant\alpha^-<1$。

步骤 4 规范化各方案在各属性下的分量区间标示价值。

该步骤的目的是：将分量区间标示价值规范化到 $[0,1]$ 上，使得规范化后的分量区间标示价值可以根据区间值确信度证据推理进行合成。

假设多状态区间值确信结构多属性决策问题 $\text{MIMADM}=\left\langle A,X,S,\boldsymbol{P},\boldsymbol{W},\boldsymbol{D}_{\text{MI}},\boldsymbol{H},\ \text{DM}\right\rangle$ 的第 i 个 $(i=1,2,\cdots,I)$ 备选方案 A_i 的第 j 个 $(j=1,2,\cdots,J)$ 属性 X_j 的属性值在第 n 个

$(n=1,2,\cdots,N)$ 状态下的分量区间标示价值 $v\left(\Delta x_{ij}^n\right)=\left[v^L\left(\Delta x_{ij}^n\right),v^U\left(\Delta x_{ij}^n\right)\right]$。根据 6.1.1 节给出的区间属性值规范化方法对分量区间标示价值进行规范化，得到规范分量区间标示价值为 $\overline{v}\left(\Delta x_{ij}^n\right)=\left[\overline{v}^L\left(\Delta x_{ij}^n\right),\overline{v}^U\left(\Delta x_{ij}^n\right)\right]$，且 $0\leqslant\overline{v}^L\left(\Delta x_{ij}^n\right)\leqslant\overline{v}^U\left(\Delta x_{ij}^n\right)\leqslant 1$。

步骤 5　根据规范分量区间标示价值对状态进行排序。

多状态区间值确信结构多属性决策问题 $\mathrm{MIMADM}=\langle A,X,S,\boldsymbol{P},\boldsymbol{W},\boldsymbol{D}_{\mathrm{MI}},\boldsymbol{H},\mathrm{DM}\rangle$ 中，针对第 i 个 $(i\in\{1,2,\cdots,I\})$ 方案 A_i 的第 j 个 $(j\in\{1,2,\cdots,J\})$ 属性 X_j，根据基于逼近理想解法的区间值排序方法对各状态 $S_n(n=1,2,\cdots,N)$ 下的规范分量区间标示价值 $\overline{v}\left(\Delta x_{ij}^n\right)=\left[\overline{v}^L\left(\Delta x_{ij}^n\right),\overline{v}^U\left(\Delta x_{ij}^n\right)\right]$ 进行排序，进而得到状态的排序，使得排序后的结果满足下列条件：

(1) 对任意状态 $S_r,S_t\in S$ 且 $r\neq t$，如果 $\overline{v}\left(\Delta x_{ij}^r\right)>\overline{v}\left(\Delta x_{ij}^t\right)$，则 $r>t$。

(2) 对于效益型属性 X_j，当 $\left(x_{ij}^n\right)^U<h_j\left(S_n\right)$ 时状态 S_n 为强损失状态，记 S^- 表示强损失状态的个数；当 $\left(x_{ij}^n\right)^U\geqslant h_j\left(S_n\right)$ 时状态 S_n 为弱收益状态，记 S^+ 表示弱收益状态的个数，且 $S^+=N-S^-$。

(3) 对于成本型属性 X_j，当 $\left(x_{ij}^n\right)^L>h_j\left(S_n\right)$ 时状态 S_n 为强损失状态，记 S^- 表示强损失状态的个数；当 $\left(x_{ij}^n\right)^L\leqslant h_j\left(S_n\right)$ 时状态 S_n 为弱收益状态，记 S^+ 表示弱收益状态的个数，且 $S^+=N-S^-$。

第 i 个备选方案 A_i 在第 j 个属性 X_j 下的规范分量区间标示价值及与其对应的区间值确信度排序后的结果记为

$$\left(v_{ij},c_{ij}\right)=\left(\left(\overline{V}_{ij}^1,c_{ij}^1\right),\cdots,\left(\overline{V}_{ij}^n,c_{ij}^n\right),\cdots,\left(\overline{V}_{ij}^N,c_{ij}^N\right)\right)$$

其中，$\overline{V}_{ij}^n=\left[\left(\overline{V}_{ij}^n\right)^L,\left(\overline{V}_{ij}^n\right)^U\right]$ 表示排序后第 n 个状态的规范分量区间标示价值；$c_{ij}^n=\left[\left(c_{ij}^n\right)^L,\left(c_{ij}^n\right)^U\right]$ 表示与 $\overline{V}_{ij}^n$ 对应的区间值确信度。

步骤 6　根据排序后的规范分量区间标示价值以及与其对应的区间值确信度，给出区间值确信度权重函数，计算各状态下的区间值确信度权重。

定义 6.9 多状态区间值确信结构多属性决策问题 $\mathrm{MIMADM}=\langle A,X,S,\boldsymbol{P},\boldsymbol{W},\boldsymbol{D}_{\mathrm{MI}},\boldsymbol{H},\mathrm{DM}\rangle$ 的第 i 个 $(i=1,2,\cdots,I)$ 备选方案 A_i 的第 j 个 $(j=1,2,\cdots,J)$ 属性 X_j 的属性值在排序后的第 n 个 $(n=1,2,\cdots,N)$ 状态的区间值确信度权重如下：

(1) 当 $S^-=0$ 时，所有状态均为弱收益状态，区间值确信度权重为

$$\pi\left(c_{ij}^n\right)=\left[\pi^L\left(c_{ij}^n\right),\pi^U\left(c_{ij}^n\right)\right]$$

$$\pi^L\left(c_{ij}^n\right)=\begin{cases}w^+\left[\left(c_{ij}^n\right)^L\right], & n=1\text{或}n=N\\ \max\left\{w^+\left[\sum\limits_{t\geqslant n}\left(c_{ij}^t\right)^L\right]-w^+\left[\sum\limits_{t>n}\left(c_{ij}^t\right)^U\right],0\right\}, & 1<n<N\end{cases}$$

$$\pi^U\left(c_{ij}^n\right)=\begin{cases} w^+\left[\left(c_{ij}^n\right)^U\right], & n=1\text{或}n=N \\ w^+\left[\sum_{t\geq n}\left(c_{ij}^t\right)^U\right]-w^+\left[\sum_{t>n}\left(c_{ij}^t\right)^L\right], & 1<n<N \end{cases}$$

(2) 当 $S^-=N$ 时，所有状态均为强损失状态，区间值确信度权重为

$$\pi\left(c_{ij}^n\right)=\left[\pi^L\left(c_{ij}^n\right),\pi^U\left(c_{ij}^n\right)\right]$$

$$\pi^L\left(c_{ij}^n\right)=\begin{cases} w^-\left[\left(c_{ij}^n\right)^L\right], & n=1\text{或}n=N \\ \max\left\{w^-\left[\sum_{t\leqslant n}\left(c_{ij}^t\right)^L\right]-w^-\left[\sum_{t<n}\left(c_{ij}^t\right)^U\right],0\right\}, & 1<n<N \end{cases}$$

$$\pi^U\left(c_{ij}^n\right)=\begin{cases} w^-\left[\left(c_{ij}^n\right)^U\right], & n=1\quad\text{或}\quad n=N \\ w^-\left[\sum_{t\leqslant n}\left(c_{ij}^t\right)^U\right]-w^-\left[\sum_{t<n}\left(c_{ij}^t\right)^L\right], & 1<n<N \end{cases}$$

(3) 当 $0<S^-<N$ 时，既有弱收益状态又有强损失状态，区间值确信度权重为

$$\pi\left(c_{ij}^n\right)=\left[\pi^L\left(c_{ij}^n\right),\pi^U\left(c_{ij}^n\right)\right]$$

$$\pi^L\left(c_{ij}^n\right)=\begin{cases} w^+\left[\left(c_{ij}^n\right)^L\right], & n=N \\ \max\left\{w^+\left[\sum_{t\geqslant n}\left(c_{ij}^t\right)^L\right]-w^+\left[\sum_{t>n}\left(c_{ij}^t\right)^U\right],0\right\}, & S^-+1\leqslant n<N \\ \max\left\{w^-\left[\sum_{t\leqslant n}\left(c_{ij}^t\right)^L\right]-w^-\left[\sum_{t<n}\left(c_{ij}^t\right)^U\right],0\right\}, & 1<n\leqslant S^- \\ w^-\left[\left(c_{ij}^n\right)^L\right], & n=1 \end{cases}$$

$$\pi^U\left(c_{ij}^n\right)=\begin{cases} w^+\left[\left(c_{ij}^n\right)^U\right], & n=N \\ w^+\left[\sum_{t\geqslant n}\left(c_{ij}^t\right)^U\right]-w^+\left[\sum_{t>n}\left(c_{ij}^t\right)^L\right], & S^-+1\leqslant n<N \\ w^-\left[\sum_{t\leqslant n}\left(c_{ij}^t\right)^U\right]-w^-\left[\sum_{t<n}\left(c_{ij}^t\right)^L\right], & 1<n\leqslant S^- \\ w^-\left[\left(c_{ij}^n\right)^U\right], & n=1 \end{cases}$$

其中，

$$w^+(c)=\begin{cases} 0, & c=0 \\ \exp\left\{-\delta^+\left[-\ln(c)\right]^{\sigma^+}\right\}, & c\neq 0 \end{cases}$$

$$w^-(c)=\begin{cases} 0, & c=0 \\ \exp\left\{-\delta^-\left[-\ln(c)\right]^{\sigma^-}\right\}, & c\neq 0 \end{cases}$$

$\delta^+,\delta^->0$ 刻画了决策者的过度反应，如果决策者是保守型决策者，那么 $0<\sigma^-<\sigma^+<1$；如果决策者是中立型决策者，那么 $0<\sigma^+=\sigma^-<1$；如果决策者是冒险型

决策者，那么$0<\sigma^+<\sigma^-<1$。

步骤 7　规范化各方案在各属性下的区间值确信度权重。

该步骤的目的是：将区间值确信度权重规范化到$[0,1]$上，且满足规范化后的区间值确信度权重之和的下限小于 1、上限大于 1 (Wang and Elhag，2006；Wang et al.，2007)，表示规范分量区间标示价值的重要程度。

根据 6.1.2 节介绍的 Wang and Elhag (2006) 提出的区间权重规范化方法，对区间值确信度权重$\pi\left(c_{ij}^n\right)$进行规范化得到规范区间值确信度权重$\bar{W}_{ij}^n=\left[\left(\bar{W}_{ij}^n\right)^L,\left(\bar{W}_{ij}^n\right)^U\right]$。

步骤 8　根据区间值确信度证据推理，计算各方案在各属性下的区间前景值。

首先说明根据区间值确信度证据推理计算各方案在各属性下的区间前景值具有合理性和可行性。

在多状态区间值确信结构多属性决策问题$\text{MIMADM}=\langle A,X,S,\boldsymbol{P},\boldsymbol{W},\boldsymbol{D}_{\text{MI}},\boldsymbol{H},\text{DM}\rangle$中，对任意$i\in\{1,2,\cdots,I\}$和$j\in\{1,2,\cdots,J\}$满足：

(1) 第i个备选方案A_i在第j个属性X_j下的评价结果A_{ij}构成识别框架$\Theta_{ij}=\{A_{ij}\}$，Θ_{ij}的幂集为$2^{\Theta_{ij}}=\{\varnothing,\{A_{ij}\}\}$，$\left\{\left(\bar{V}_{ij}^1,c_{ij}^1\right),\cdots,\left(\bar{V}_{ij}^n,c_{ij}^n\right),\cdots,\left(\bar{V}_{ij}^N,c_{ij}^N\right)\right\}$为证据集。

(2) 证据$\left(\bar{V}_{ij}^1,c_{ij}^1\right),\cdots,\left(\bar{V}_{ij}^n,c_{ij}^n\right),\cdots,\left(\bar{V}_{ij}^N,c_{ij}^N\right)$相互独立。

(3) 规范分量区间标示价值$\bar{V}_{ij}^n=\left[\left(\bar{V}_{ij}^n\right)^L,\left(\bar{V}_{ij}^n\right)^U\right](n=1,2,\cdots,N)$表示证据$\left(\bar{V}_{ij}^n,c_{ij}^n\right)$对评价结果$A_{ij}$的支持度，满足：$0\leqslant\left(\bar{V}_{ij}^n\right)^L\leqslant\left(\bar{V}_{ij}^n\right)^U\leqslant1$，规范分量区间标示价值的合成 (区间前景值) 越大，评价结果A_{ij}越好。

(4) 规范区间值确信度权重$\bar{W}_{ij}^n$反映了证据$\left(\bar{V}_{ij}^n,c_{ij}^n\right)$对评价结果$A_{ij}$的重要程度，因而$\bar{W}_{ij}^n$是证据的权重。

定义 6.10　假设多状态区间值确信结构多属性决策问题$\text{MIMADM}=\langle A,X,S,\boldsymbol{P},\boldsymbol{W},\boldsymbol{D}_{\text{MI}},\mathbf{H},\text{DM}\rangle$的第$i$个$(i=1,2,\cdots,I)$方案$A_i$的第$j$个$(j=1,2,\cdots,J)$属性$X_j$在第$n$个$(n=1,2,\cdots,N)$状态$S_n$下的规范分量区间标示价值为$\bar{V}_{ij}^n=\left[\left(\bar{V}_{ij}^n\right)^L,\left(\bar{V}_{ij}^n\right)^U\right]$，规范区间值确信度权重为$\bar{W}_{ij}^n=\left[\left(\bar{W}_{ij}^n\right)^L,\left(\bar{W}_{ij}^n\right)^U\right]$，则由证据$\left(\bar{V}_{ij}^n,c_{ij}^n\right)$引起的分配给评价结果$A_{ij}$的基本分量区间值前景指派$m_{\Theta_{ij}}\left(\left(\bar{V}_{ij}^n,c_{ij}^n\right)\right)$、未分配的基本分量区间值前景指派$m_{2^{\Theta_{ij}}}\left(\left(\bar{V}_{ij}^n,c_{ij}^n\right)\right)$以及由规范区间值确信度权重引起的未分配的基本分量区间值前景指派$\bar{m}_{2^{\Theta_{ij}}}\left(\left(\bar{V}_{ij}^n,c_{ij}^n\right)\right)$分别为

$$m_{\Theta_{ij}}\left(\left(\bar{V}_{ij}^n,c_{ij}^n\right)\right)=\left[m_{\Theta_{ij}}^L\left(\left(\bar{V}_{ij}^n,c_{ij}^n\right)\right),m_{\Theta_{ij}}^U\left(\left(\bar{V}_{ij}^n,c_{ij}^n\right)\right)\right]$$

$$m_{\Theta_{ij}}^L\left(\left(\bar{V}_{ij}^n,c_{ij}^n\right)\right)=\left(\bar{W}_{ij}^n\right)^L\left(\bar{V}_{ij}^n\right)^L$$

$$m_{\Theta_{ij}}^U\left(\left(\bar{V}_{ij}^n,c_{ij}^n\right)\right)=\left(\bar{W}_{ij}^n\right)^U\left(\bar{V}_{ij}^n\right)^U$$

$$m_{2^{\Theta_{ij}}}\left(\left(\bar{V}_{ij}^n,c_{ij}^n\right)\right)=\left[m_{2^{\Theta_{ij}}}^L\left(\left(\bar{V}_{ij}^n,c_{ij}^n\right)\right),m_{2^{\Theta_{ij}}}^U\left(\left(\bar{V}_{ij}^n,c_{ij}^n\right)\right)\right]$$

$$m_{2^{\Theta_{ij}}}^{L}\left(\left(\bar{V}_{ij}^{n},c_{ij}^{n}\right)\right)=1-\left(\bar{W}_{ij}^{n}\right)^{U}\left(\bar{V}_{ij}^{n}\right)^{U}$$

$$m_{2^{\Theta_{ij}}}^{U}\left(\left(\bar{V}_{ij}^{n},c_{ij}^{n}\right)\right)=1-\left(\bar{W}_{ij}^{n}\right)^{L}\left(\bar{V}_{ij}^{n}\right)^{L}$$

$$\bar{m}_{2^{\Theta_{ij}}}\left(\left(\bar{V}_{ij}^{n},c_{ij}^{n}\right)\right)=\left[\bar{m}_{2^{\Theta_{ij}}}^{L}\left(\left(\bar{V}_{ij}^{n},c_{ij}^{n}\right)\right),\bar{m}_{2^{\Theta_{ij}}}^{U}\left(\left(\bar{V}_{ij}^{n},c_{ij}^{n}\right)\right)\right]$$

$$\bar{m}_{2^{\Theta_{ij}}}^{L}\left(\left(\bar{V}_{ij}^{n},c_{ij}^{n}\right)\right)=1-\left(\bar{W}_{ij}^{n}\right)^{U}$$

$$\bar{m}_{2^{\Theta_{ij}}}^{U}\left(\left(\bar{V}_{ij}^{n},c_{ij}^{n}\right)\right)=1-\left(\bar{W}_{ij}^{n}\right)^{L}$$

令 $O(t)(t=1,2,\cdots,N)$ 表示前 t 个证据，记 $m_{\Theta_{ij}}\left(O(t)\right)$ 表示根据区间值确信度证据推理合成前 t 个证据得到的基本分量区间值前景指派；$m_{2^{\Theta_{ij}}}\left(O(t)\right)$ 表示前 t 个证据未分配的基本分量区间值前景指派；$\bar{m}_{2^{\Theta_{ij}}}\left(O(t)\right)$ 表示由前 t 个证据的权重引起的未分配的基本分量区间值前景指派。当 $t=1$ 时，

$$m_{\Theta_{ij}}\left(O(1)\right)=m_{\Theta_{ij}}\left(\left(\bar{V}_{ij}^{1},c_{ij}^{1}\right)\right)=\left[m_{\Theta_{ij}}^{L}\left(O(1)\right),m_{\Theta_{ij}}^{U}\left(O(1)\right)\right]$$

$$m_{\Theta_{ij}}^{L}\left(O(1)\right)=\left(\bar{W}_{ij}^{1}\right)^{L}\left(\bar{V}_{ij}^{1}\right)^{L}$$

$$m_{\Theta_{ij}}^{U}\left(O(1)\right)=\left(\bar{W}_{ij}^{1}\right)^{U}\left(\bar{V}_{ij}^{1}\right)^{U}$$

$$m_{2^{\Theta_{ij}}}\left(O(1)\right)=m_{2^{\Theta_{ij}}}\left(\left(\bar{V}_{ij}^{1},c_{ij}^{1}\right)\right)=\left[m_{2^{\Theta_{ij}}}^{L}\left(O(1)\right),m_{2^{\Theta_{ij}}}^{U}\left(O(1)\right)\right]$$

$$m_{2^{\Theta_{ij}}}^{L}\left(O(1)\right)=1-\left(\bar{W}_{ij}^{1}\right)^{U}\left(\bar{V}_{ij}^{1}\right)^{U}$$

$$m_{2^{\Theta_{ij}}}^{U}\left(O(1)\right)=1-\left(\bar{W}_{ij}^{1}\right)^{L}\left(\bar{V}_{ij}^{1}\right)^{L}$$

$$\bar{m}_{2^{\Theta_{ij}}}\left(O(1)\right)=\bar{m}_{2^{\Theta_{ij}}}\left(\left(\bar{V}_{ij}^{1},c_{ij}^{1}\right)\right)=\left[\bar{m}_{2^{\Theta_{ij}}}^{L}\left(O(1)\right),\bar{m}_{2^{\Theta_{ij}}}^{U}\left(O(1)\right)\right]$$

$$\bar{m}_{2^{\Theta_{ij}}}^{L}\left(O(1)\right)=1-\left(\bar{W}_{ij}^{1}\right)^{U}$$

$$\bar{m}_{2^{\Theta_{ij}}}^{U}\left(O(1)\right)=1-\left(\bar{W}_{ij}^{1}\right)^{L}$$

合成前 t 个 $(t=2,3,\cdots,N-1)$ 证据得

$$m_{\Theta_{ij}}\left(O(t)\right)=\left[m_{\Theta_{ij}}^{L}\left(O(t)\right),m_{\Theta_{ij}}^{U}\left(O(t)\right)\right]$$

$$\begin{aligned}m_{\Theta_{ij}}^{L}\left(O(t)\right)=&\,m_{\Theta_{ij}}^{L}\left(O(t-1)\right)m_{\Theta_{ij}}^{L}\left(\left(\bar{V}_{ij}^{t},c_{ij}^{t}\right)\right)+m_{\Theta_{ij}}^{L}\left(O(t-1)\right)m_{2^{\Theta_{ij}}}^{U}\left(\left(\bar{V}_{ij}^{t},c_{ij}^{t}\right)\right)\\&+m_{2^{\Theta_{ij}}}^{U}\left(O(t-1)\right)m_{\Theta_{ij}}^{L}\left(\left(\bar{V}_{ij}^{t},c_{ij}^{t}\right)\right)\end{aligned}$$

$$\begin{aligned}m_{\Theta_{ij}}^{U}\left(O(t)\right)=&\,m_{\Theta_{ij}}^{U}\left(O(t-1)\right)m_{\Theta_{ij}}^{U}\left(\left(\bar{V}_{ij}^{t},c_{ij}^{t}\right)\right)+m_{\Theta_{ij}}^{U}\left(O(t-1)\right)m_{2^{\Theta_{ij}}}^{L}\left(\left(\bar{V}_{ij}^{t},c_{ij}^{t}\right)\right)\\&+m_{2^{\Theta_{ij}}}^{L}\left(O(t-1)\right)m_{\Theta_{ij}}^{U}\left(\left(\bar{V}_{ij}^{t},c_{ij}^{t}\right)\right)\end{aligned}$$

$$m_{2^{\Theta_{ij}}}\left(O(t)\right)=\left[m_{2^{\Theta_{ij}}}^{L}\left(O(t)\right),m_{2^{\Theta_{ij}}}^{U}\left(O(t)\right)\right]$$

$$m_{2^{\Theta_{ij}}}^{L}\left(O(t)\right)=m_{2^{\Theta_{ij}}}^{L}\left(O(t-1)\right)m_{2^{\Theta_{ij}}}^{L}\left(\left(\bar{V}_{ij}^{t},c_{ij}^{t}\right)\right)$$

$$m_{2^{\Theta_{ij}}}^{U}\left(O(t)\right)=m_{2^{\Theta_{ij}}}^{U}\left(O(t-1)\right)m_{2^{\Theta_{ij}}}^{U}\left(\left(\bar{V}_{ij}^{t},c_{ij}^{t}\right)\right)$$

$$\bar{m}_{2^{\Theta_{ij}}}\left(O(t)\right)=\left[\bar{m}^{L}_{2^{\Theta_{ij}}}\left(O(t)\right),\bar{m}^{U}_{2^{\Theta_{ij}}}\left(O(t)\right)\right]$$

$$\bar{m}^{L}_{2^{\Theta_{ij}}}\left(O(t)\right)=\bar{m}^{L}_{2^{\Theta_{ij}}}\left(O(t-1)\right)\bar{m}^{L}_{2^{\Theta_{ij}}}\left(\left(\bar{V}^{t}_{ij},c^{t}_{ij}\right)\right)$$

$$\bar{m}^{U}_{2^{\Theta_{ij}}}\left(O(t)\right)=\bar{m}^{U}_{2^{\Theta_{ij}}}\left(O(t-1)\right)\bar{m}^{U}_{2^{\Theta_{ij}}}\left(\left(\bar{V}^{t}_{ij},c^{t}_{ij}\right)\right)$$

合成所有 N 个证据后，得到评价结果 A_{ij} 的区间前景值为

$$V_{ij}=\left[V^{L}_{ij},V^{U}_{ij}\right]$$

$$V^{L}_{ij}=\frac{m^{L}_{\Theta_{ij}}\left(O(N)\right)}{1-\bar{m}^{L}_{2^{\Theta_{ij}}}\left(O(N)\right)}=\frac{1-\prod_{\tau=1}^{N}\left[1-\left(\bar{W}^{\tau}_{ij}\right)^{L}\left(\bar{V}^{\tau}_{ij}\right)^{L}\right]}{1-\prod_{\tau=1}^{N}\left[1-\left(\bar{W}^{\tau}_{ij}\right)^{U}\right]}$$

$$V^{U}_{ij}=\frac{m^{U}_{\Theta_{ij}}\left(O(N)\right)}{1-\bar{m}^{U}_{2^{\Theta_{ij}}}\left(O(N)\right)}=\frac{1-\prod_{\tau=1}^{N}\left[1-\left(\bar{W}^{\tau}_{ij}\right)^{U}\left(\bar{V}^{\tau}_{ij}\right)^{U}\right]}{1-\prod_{\tau=1}^{N}\left[1-\left(\bar{W}^{\tau}_{ij}\right)^{L}\right]}$$

步骤 9　根据区间属性值规范化方法对区间前景值进行规范化，得到规范区间前景值。

根据具体问题选择一种 6.1.1 节中给出的区间属性值规范化方法，对属性值 $\left(x_{ij},\mathrm{Icd}_{ij}\right)$ 的区间前景值 $V_{ij}=\left[V^{L}_{ij},V^{U}_{ij}\right]$ 进行规范化，得到规范区间前景值 $\bar{V}_{ij}=\left[\bar{V}^{L}_{ij},\bar{V}^{U}_{ij}\right]$。

步骤 10　根据区间值确信度证据推理合成规范区间前景值，得到每个方案的合成区间前景值。

与 6.2.1 节单状态区间值确信结构多属性决策的步骤 6 相同，首先，根据定义 6.5 得到第 i 个 $(i=1,2,\cdots,I)$ 备选方案 A_i 在第 j 个 $(j=1,2,\cdots,J)$ 属性 X_j 下基本区间值前景指派 $m_{\Theta_i}\left(\left(x_{ij},\mathrm{Icd}_{ij}\right)\right)$、$m_{2^{\Theta_i}}\left(\left(x_{ij},\mathrm{Icd}_{ij}\right)\right)$ 和 $\bar{m}_{2^{\Theta_i}}\left(\left(x_{ij},\mathrm{Icd}_{ij}\right)\right)$；然后，令 $O(t)\,(t=1,2,\cdots,J)$ 表示前 t 个证据，得到合成基本前景指派 $m_{\Theta_i}\left(O(t)\right)$、$m_{2^{\Theta_i}}\left(O(t)\right)$ 和 $\bar{m}_{2^{\Theta_i}}\left(O(t)\right)$；最后，合成 J 个证据 $\left\{\left(x_{i1},\mathrm{Icd}_{i1}\right),\cdots,\left(x_{ij},\mathrm{Icd}_{ij}\right),\cdots,\left(x_{iJ},\mathrm{Icd}_{iJ}\right)\right\}$，得到方案 A_i 的合成区间前景值：

$$V(A_i)=\left[V^{L}(A_i),V^{U}(A_i)\right]$$

$$V^{L}(A_i)=\frac{m^{L}_{\Theta_i}\left(O(J)\right)}{1-\bar{m}_{2^{\Theta_i}}\left(O(J)\right)}=\frac{1-\prod_{\tau=1}^{J}\left(1-W_{\tau}\left(\bar{V}_{i\tau}\right)^{L}\right)}{1-\prod_{\tau=1}^{J}\left(1-W_{\tau}\right)}$$

$$V^{U}(A_i)=\frac{m^{U}_{\Theta_i}O(J)}{1-\bar{m}_{\Theta_i}O(J)}=\frac{1-\prod_{\tau=1}^{J}\left(1-W_{\tau}\left(\bar{V}_{i\tau}\right)^{U}\right)}{1-\prod_{\tau=1}^{J}\left(1-W_{\tau}\right)}$$

步骤 11　根据基于逼近理想解法的区间值排序方法对合成区间前景值进行排序，合成区间前景值最大的方案为最优方案。

6.3 案例分析

6.3.1 应急物流方案选取

本节参考和媛媛(2009)给出的应急物流方案选取问题，根据单状态区间值确信结构多属性决策选出最优方案。假设某地发生严重自然灾害，急需物资救援。灾害救助指挥部门制订了4个应急物流方案：A_1，A_2，A_3，A_4，需要根据5个评价指标选择一个方案对灾区进行援助。5个评价指标包括：物流成本(X_1，单位：千万元)、运输时间(X_2，单位：24小时)、核心竞争力(X_3)、柔性(X_4)，质量(X_5)。其中，物流成本(X_1)和运输时间(X_2)是成本型属性，其他属性为效益型属性；属性权重$\boldsymbol{W}=(0.2026,0.1283,0.3376,0.0615,0.2700)$；各属性的参考点$\boldsymbol{G}=(0.5925,0.5450,0.5475,0.5975,0.4950)$。灾害救助指挥部门对4个应急物流方案的评价信息如表6-1所示。

表6-1 4个应急物流方案的评估信息

	物流成本 X_1 /千万元)	运输时间 X_2 /24h	核心竞争力 X_3
A_1	$([0.25,0.80],[0.73,0.90])$	$([0.54,0.58],[1.00,1.00])$	$([0.27,0.47],[0.78,0.89])$
A_2	$([0.79,0.82],[0.95,0.98])$	$([0.68,0.75],[0.94,0.98])$	$([0.02,0.35],[0.97,1.00])$
A_3	$([0.45,0.53],[0.96,0.98])$	$([0.25,0.75],[0.95,0.98])$	$([0.55,0.73],[0.93,0.98])$
A_4	$([0.65,0.84],[0.85,0.90])$	$([0.65,0.67],[0.96,0.98])$	$([0.82,0.90],[0.95,0.98])$

	柔性 X_4	质量 X_5
A_1	$([0.53,0.70],[0.85,0.92])$	$([0.13,0.18],[0.85,0.92])$
A_2	$([0.43,0.85],[0.87,0.95])$	$([0.53,0.75],[0.95,0.99])$
A_3	$([0.50,0.63],[0.94,0.98])$	$([0.71,0.80],[0.97,0.99])$
A_4	$([0.55,0.85],[0.94,0.97])$	$([0.58,0.95],[0.90,0.94])$

假设决策者为中立型决策者，则参考Tversky和Fox(1992)以及Prelec(1998)等的研究成果得到价值函数$v(\Delta x_{ij})$和权重函数$w(\mathrm{Icd}_{ij})$ $(i=1,2,\cdots,5;j=1,2,\cdots,6)$如下：

(1) 当属性$X_j(j=1,2,\cdots,6)$为效益型属性时，

$$v(\Delta x_{ij})=\left[v^L(\Delta x_{ij}),v^U(\Delta x_{ij})\right]$$

$$v^L\left(\Delta x_{ij}\right)=\begin{cases}\left(x_{ij}\right)^L-G_j, & \left(x_{ij}\right)^L\geqslant G_j\\ \min\left\{\left(x_{ij}\right)^U-G_j,G_j-\left(x_{ij}\right)^L\right\}, & \left(x_{ij}\right)^U\geqslant G_j>\left(x_{ij}\right)^L\\ -2.25\left[G_j-\left(x_{ij}\right)^L\right], & \left(x_{ij}\right)^U<G_j\end{cases}$$

$$v^U\left(\Delta x_{ij}\right)=\begin{cases}\left(x_{ij}\right)^U-G_j, & \left(x_{ij}\right)^L\geqslant G_j\\ \max\left\{\left(x_{ij}\right)^U-G_j,G_j-\left(x_{ij}\right)^L\right\}, & \left(x_{ij}\right)^U\geqslant G_j>\left(x_{ij}\right)^L\\ -2.25\left[G_j-\left(x_{ij}\right)^U\right], & \left(x_{ij}\right)^U<G_j\end{cases}$$

$$w\left(\mathrm{Icd}_{ij}\right)=\left[w^L\left(\mathrm{Icd}_{ij}\right),w^U\left(\mathrm{Icd}_{ij}\right)\right]$$

$$w^L\left(\mathrm{Icd}_{ij}\right)=\exp\left(-\left\{-\ln\left[\left(\mathrm{Icd}_{ij}\right)^L\right]\right\}^{0.604}\right)$$

$$w^U\left(\mathrm{Icd}_{ij}\right)=\exp\left(-\left\{-\ln\left[\left(\mathrm{Icd}_{ij}\right)^U\right]\right\}^{0.604}\right)$$

(2) 当属性 $X_j\left(j=1,2,\cdots,6\right)$ 为成本型属性时，

$$v\left(\Delta x_{ij}\right)=\left[v^L\left(\Delta x_{ij}\right),v^U\left(\Delta x_{ij}\right)\right]$$

$$v^L\left(\Delta x_{ij}\right)=\begin{cases}G_j-\left(x_{ij}\right)^U, & \left(x_{ij}\right)^U\leqslant G_j\\ \min\left[G_j-\left(x_{ij}\right)^L,\left(x_{ij}\right)^U-G_j\right], & \left(x_{ij}\right)^L\leqslant G_j<\left(x_{ij}\right)^U\\ -2.25\left[\left(x_{ij}\right)^U-G_j\right], & \left(x_{ij}\right)^L>G_j\end{cases}$$

$$v^U\left(\Delta x_{ij}\right)=\begin{cases}G_j-\left(x_{ij}\right)^L, & \left(x_{ij}\right)^U\leqslant G_j\\ \max\left(G_j-\left(x_{ij}\right)^L,\left(x_{ij}\right)^U-G_j\right), & \left(x_{ij}\right)^L\leqslant G_j<\left(x_{ij}\right)^U\\ -2.25\left[\left(x_{ij}\right)^L-G_j\right], & \left(x_{ij}\right)^L>G_j\end{cases}$$

$$w\left(\mathrm{Icd}_{ij}\right)=\left[w^L\left(\mathrm{Icd}_{ij}\right),w^U\left(\mathrm{Icd}_{ij}\right)\right]$$

$$w^L\left(\mathrm{Icd}_{ij}\right)=\exp\left(-\left\{-\ln\left[\left(\mathrm{Icd}_{ij}\right)^L\right]\right\}^{0.604}\right)$$

$$w^U\left(\mathrm{Icd}_{ij}\right)=\exp\left(-\left\{-\ln\left[\left(\mathrm{Icd}_{ij}\right)^U\right]\right\}^{0.604}\right)$$

根据价值函数 $v\left(\Delta x_{ij}\right)$ 和权重函数 $w\left(\mathrm{Icd}_{ij}\right)$ 计算得到方案在各属性下的区间标示价值和区间值确信度权重如表 6-2 和表 6-3 所示。

表 6-2 4 个应急物流方案在各属性下的区间标示价值

	物流成本 X_1 /千万元	运输时间 X_2 /24h	核心竞争力 X_3	柔性 X_4	质量 X_5
A_1	$[0.2075,0.3425]$	$[0.0050,0.0350]$	$[-0.6244,-0.1744]$	$[0.0675,0.1025]$	$[-0.8213,-0.7087]$
A_2	$[-0.5119,-0.4444]$	$[-0.4612,-0.3038]$	$[-1.1869,-0.4444]$	$[0.1675,0.2525]$	$[0.0350,0.2550]$
A_3	$[0.0625,0.1425]$	$[0.2050,0.2950]$	$[0.0025,0.1825]$	$[0.0325,0.0975]$	$[0.2150,0.3050]$
A_4	$[-0.5569,-0.1294]$	$[-0.2813,-0.2362]$	$[0.2725,0.3525]$	$[0.0475,0.2525]$	$[0.0850,0.4550]$

表 6-3 4 个应急物流方案在各属性下的区间值确信度权重

	物流成本 X_1 /千万元	运输时间 X_2 /24h	核心竞争力 X_3	柔性 X_4	质量 X_5
A_1	$[0.6081,0.7735]$	$[1.0000,1.0000]$	$[0.6497,0.7611]$	$[0.7163,0.8001]$	$[0.7163,0.8001]$
A_2	$[0.8468,0.9096]$	$[0.8301,0.9096]$	$[0.8857,1.0000]$	$[0.7379,0.8468]$	$[0.8468,0.9398]$
A_3	$[0.8651,0.9096]$	$[0.8468,0.9096]$	$[0.8146,0.9096]$	$[0.8301,0.9096]$	$[0.8857,0.9398]$
A_4	$[0.7163,0.7735]$	$[0.8651,0.9096]$	$[0.8468,0.9096]$	$[0.8301,0.8857]$	$[0.7735,0.8301]$

然后，根据区间标示价值和区间值确信度权重计算各方案在各属性下的区间前景值，根据 6.1.1 节中给出的极差-对数变换法对区间前景值进行规范化，得到规范区间前景值 $\bar{V}_{ij}\left(i=1,2,\cdots,5;j=1,2,\cdots,6\right)$，如表 6-4 所示。

表 6-4 4 个应急物流方案在各属性下的规范区间前景值

	$\bar{V}_{i1}$	$\bar{V}_{i2}$	$\bar{V}_{i3}$	$\bar{V}_{i4}$	$\bar{V}_{i5}$
A_1	$[0.8491,1.0000]$	$[0.6741,0.7152]$	$[0.5564,0.7394]$	$[0.1488,0.3560]$	$[0.0000,0.0312]$
A_2	$[0.0000,0.0592]$	$[0.0000,0.2187]$	$[0.0000,0.5284]$	$[0.5765,0.9635]$	$[0.7134,0.8930]$
A_3	$[0.7639,0.8530]$	$[0.8910,1.0000]$	$[0.8219,0.9163]$	$[0.0000,0.3937]$	$[0.8529,0.9303]$
A_4	$[0.0697,0.5630]$	$[0.2801,0.3311]$	$[0.9519,1.0000]$	$[0.0886,1.0000]$	$[0.7459,1.0000]$

最后，根据区间值确信度证据推理合成规范区间前景值，得到每个方案的合成区间前景值分别为

$$V\left(A_1\right)=\left[0.5716,0.6909\right],\quad V\left(A_2\right)=\left[0.3232,0.6380\right]$$
$$V\left(A_3\right)=\left[0.8526,0.9293\right],\quad V\left(A_4\right)=\left[0.7125,0.8984\right]$$

根据合成区间前景值对方案进行排序得

$$A_3 \rhd A_4 \rhd A_1 \rhd A_2$$

其中，“$\rhd$”表示“优于”。根据方案的排序结果可以得到如下结论：当灾害救助指挥部

门为中立型决策者时，应急物流方案 A_3 应当被采用。

针对这个案例，单状态区间值确信结构多属性决策方法以区间值确信结构描述不确定性决策信息，对决策信息的不确定性的表述更加准确。同时，单状态区间值确信结构多属性决策方法得到的方案排序结果与和媛媛(2009)以及 Wang 等(2015)所提方法得到的方案排序结果一致，显示了单状态区间值确信结构多属性决策方法具有可行性和有效性。与和媛媛(2009)所提决策方法相比，由于单状态区间值确信结构多属性决策方法根据前景理论描述决策者行为的不确定性，因而该方法能够充分考虑决策者行为对决策结果的影响。与 Wang 等(2015)所提决策方法相比，单状态区间值确信结构多属性决策方法以区间值确信度权重函数反映决策信息对总前景值的影响，充分考虑了属性值的不确定性，基于区间值确信度证据推理融合决策信息的不确定性，能够更加全面地反映决策信息对决策结果的影响。

6.3.2　智能电网投资决策

本节针对智能电网的不同输电系统在不同环境下的风险评估结果，根据多状态区间值确信结构多属性决策选出最优输电系统，并与已有方法进行对比说明多状态区间值确信结构多属性决策的优越性。

某电网公司准备投资一个智能电网项目，研发部门给出三个输电系统方案：A_1，A_2，A_3，专家组研究制订 6 个评价属性(Yu et al.，2010)：额定功率(X_1，单位：兆瓦)、故障率(X_2，单位：次每年)、充电时间(X_3，单位：秒)、调节速率(X_4)、等效发电机的角动量(X_5，单位：秒)、主伺服时间常数(X_6，单位：秒)、其权重分别为：0.2，0.15，0.15，0.2，0.1，0.2。其中，前三个属性为成本型属性，第四个和第五个属性为效益型属性，第六个属性为非效益非成本型属性。6 个属性的属性值类型依次为：正态分布随机变量，三角模糊数、直觉模糊数、语言变量、不完全信息和区间数。近年来，电力系统受到外部运行环境及市场环境的影响越来越严重。为全面考虑不同运行环境对输电系统造成的风险，将输电系统面临的三种可能的外部运行环境(未来状态)分为优(S_1)、良(S_2)和差(S_3)，三种外部运行环境发生的概率分别为$\left[0.2,0.25\right]$，$\left[0.35,0.4\right]$，$\left[0.3,0.35\right]$。三种外部运行环境下各属性的参考点分别为$\boldsymbol{H}\left(S_1\right)=\left(15.3,5.12,0.66,0.3,0.075,1.5\right)$，$\boldsymbol{H}\left(S_2\right)=\left(24.1,6.145,0.66,0.3,0.065,1.0\right)$，$\boldsymbol{H}\left(S_3\right)=\left(57.9,7.025,1.0,0.0,0.06,0.75\right)$。研发部门对各运行环境下输电系统给出的评估信息如表 6-5，表 6-6，表 6-7 所示。

表 6-5　外部运行环境为优(S_1)时三个输电系统的评估信息

	X_1 / MW	X_2 / 次年$^{-1}$	X_3 / s	X_4	X_5 / s	X_6 / s
A_1	$\mathrm{N}\left(12.5,0.2^2\right)$	$(2.5,3.0,3.3)$	$\langle 0.64,0.97,0.01\rangle$	VH	ω_1	$[1.70,1.85]$
A_2	$\mathrm{N}\left(14.1,0.3^2\right)$	$(4.8,5.1,5.5)$	$\langle 0.58,0.95,0.03\rangle$	ML	ω_2	$[1.40,1.45]$
A_3	$\mathrm{N}\left(15.0,0.1^2\right)$	$(4.3,5.0,5.2)$	$\langle 0.47,0.97,0.01\rangle$	H	ω_1	$[0.77,0.83]$

表 6-6 外部运行环境为良（S_2）时三个输电系统的评估信息

	X_1 / MW	X_2 / 次年$^{-1}$	X_3 / s	X_4	X_5 / s	X_6 / s
A_1	$N(20.0,0.4^2)$	$(4.0,4.5,4.8)$	$\langle 0.64,0.97,0.01\rangle$	H	ω_3	$[0.76,0.82]$
A_2	$N(23.5,0.2^2)$	$(5.5,6.1,7.0)$	$\langle 0.64,0.97,0.01\rangle$	ML	ω_4	$[1.20,1.32]$
A_3	$N(17.5,0.3^2)$	$(5.0,5.8,6.0)$	$\langle 0.58,0.95,0.03\rangle$	M	ω_5	$[0.70,0.77]$

表 6-7 外部运行环境为差（S_3）时三个输电系统的评估信息

	X_1 / MW	X_2 / 次年$^{-1}$	X_3 / s	X_4	X_5 / s	X_6 / s
A_1	$N(57.0,0.3^2)$	$(5.0,5.5,6.0)$	$\langle 0.96,0.98,0.00\rangle$	L	ω_6	$[0.76,0.84]$
A_2	$N(40.0,0.4^2)$	$(5.5,7.0,7.5)$	$\langle 1.00,1.00,0.00\rangle$	VL	ω_6	$[0.75,0.84]$
A_3	$N(42.5,0.5^2)$	$(5.8,6.1,6.5)$	$\langle 0.64,0.97,0.01\rangle$	ML	ω_6	$[0.65,0.68]$

其中，属性 X_4 的语言变量型属性值取自语言短语集：

$$V=\{V_1,V_2,V_3,V_4,V_5,V_6,V_7\}$$
$$=\{\text{VL}(\text{非常低}),\text{L}(\text{低}),\text{ML}(\text{较低}),\text{M}(\text{中}),\text{MH}(\text{较高}),\text{H}(\text{高}),\text{VH}(\text{非常高})\},$$

式中，“VL”对应区间值“$[0,0.2]$”；“L”对应区间值“$[0.2,0.3]$”；“ML”对应区间值“$[0.3,0.4]$”；“M”对应区间值“$[0.4,0.6]$”；“MH”对应区间值“$[0.6,0.7]$”；“H”对应区间值“$[0.7,0.8]$”；“VH”对应区间值“$[0.8,1.0]$”。属性 X_5 的取值 ω_1，ω_2，ω_3，ω_4，ω_5，ω_6 满足下列不等式：

(1) $0.2\geqslant\omega_1\geqslant 2\omega_3$。

(2) $0.0605\geqslant\omega_6\geqslant 0.06$。

(3) $\omega_4-\omega_5\geqslant 0.006$。

(4) $\omega_1-\omega_2\geqslant 0.075$。

(5) $\omega_2-\omega_3\geqslant 0.03$。

(6) $\omega_3-\omega_6\geqslant 0.015$。

(7) $\omega_3-\omega_4\geqslant\omega_5-\omega_6\geqslant 0.005$。

在表 6-5，表 6-6，表 6-7 的基础上，将非效益非成本型属性转化为由贴近度表示的效益型属性，根据 4.1.3 节给出的区间值确信结构转化方法结合外部运行环境发生的不确定性，得到不同外部运行环境下的区间值确信度评价矩阵如表 6-8，表 6-9，表 6-10 所示，三种外部运行环境下各属性的参考点分别为 $\boldsymbol{H}(S_1)=(15.3,5.12,0.66,0.3,0.075,1)$，$\boldsymbol{H}(S_2)=(24.1,6.145,0.66,0.3,0.065,1)$，$\boldsymbol{H}(S_3)=(57.9,7.025,1.0,0.0,0.06,1)$。

区间值确信结构转化过程中的相关参数设置如下：

(1) 对于正态分布随机变量型属性 X_1，取 x 属于 $[\mu-3\sigma,\mu+3\sigma]$ 的概率为 0.9974 。

(2) 对于三角模糊数型属性 X_2，隶属度 $\lambda=0.95$ 。

表 6-8　外部运行环境为优（S_1）时的区间值确信度评价矩阵

	X_1 / MW	X_2 / 次年$^{-1}$	X_3 / s
A_1	([11.9,13.1],[0.1995,0.2494])	([2.975,3.015],[0.19,0.2375])	([0.64,0.64],[0.1940,0.2475])
A_2	([13.2,15.0],[0.1995,0.2494])	([5.085,5.120],[0.19,0.2375])	([0.58,0.58],[0.1900,0.2425])
A_3	([14.7,15.3],[0.1995,0.2494])	([4.965,5.010],[0.19,0.2375])	([0.47,0.47],[0.1940,0.2475])

	X_4	X_5 / s	X_6 / s
A_1	([0.8,1.0],[0.20,0.25])	([0.180,0.200],[0.20,0.25])	([0.7667,0.8333],[0.20,0.25])
A_2	([0.3,0.4],[0.20,0.25])	([0.105,0.125],[0.20,0.25])	([0.9667,0.9667],[0.20,0.25])
A_3	([0.7,0.8],[0.20,0.25])	([0.075,0.095],[0.20,0.25])	([0.5133,0.5533],[0.20,0.25])

表 6-9　外部运行环境为良（S_2）时的区间值确信度评价矩阵

	X_1 / MW	X_2 / 次年$^{-1}$	X_3 / s
A_1	([18.8,21.2],[0.3491,0.3990])	([4.475,4.515],[0.3325,0.3800])	([0.64,0.64],[0.3395,0.3960])
A_2	([22.9,24.1],[0.3491,0.3990])	([6.070,6.145],[0.3325,0.3800])	([0.64,0.64],[0.3395,0.3960])
A_3	([16.6,18.4],[0.3491,0.3990])	([5.760,5.810],[0.3325,0.3800])	([0.58,0.58],[0.3325,0.3880])

	X_4	X_5 / s	X_6 / s
A_1	([0.7,0.8],[0.35,0.40])	([0.075,0.095],[0.35,0.40])	([0.7600,0.8200],[0.35,0.40])
A_2	([0.3,0.4],[0.35,0.40])	([0.071,0.071],[0.35,0.40])	([0.6800,0.8000],[0.35,0.40])
A_3	([0.4,0.6],[0.35,0.40])	([0.065,0.065],[0.35,0.40])	([0.7000,0.7700],[0.35,0.40])

表 6-10　外部运行环境为差（S_3）时的区间值确信度评价矩阵

	X_1 / MW	X_2 / 次年$^{-1}$	X_3 / s
A_1	([56.1,57.9],[0.2992,0.3491])	([5.475,5.525],[0.2850,0.3325])	([0.96,0.96],[0.2940,0.3500])
A_2	([38.8,41.2],[0.2992,0.3491])	([6.925,7.025],[0.2850,0.3325])	([1.00,1.00],[0.3000,0.3500])
A_3	([40.5,43.5],[0.2992,0.3491])	([6.085,6.120],[0.2850,0.3325])	([0.64,0.64],[0.2910,0.3465])

续表

	X_4	X_5 / s	X_6 / s
A_1	$([0.2,0.3],[0.30,0.35])$	$([0.060,0.060],[0.30,0.35])$	$([0.8800,0.9867],[0.30,0.35])$
A_2	$([0.0,0.2],[0.30,0.35])$	$([0.060,0.060],[0.30,0.35])$	$([0.8800,1.0000],[0.30,0.35])$
A_3	$([0.3,0.4],[0.30,0.35])$	$([0.060,0.060],[0.30,0.35])$	$([0.8667,0.9066],[0.30,0.35])$

结合表 5-11 给出的 6 种具有代表性的参数组合，得到 6 种参数组合下方案的合成区间前景值和方案排序，如表 6-11 所示。

表 6-11 6 种参数组合下方案的合成区间值前景值和方案排序

编号	合成区间值前景值	方案排序
1	$V(A_1)=[0.3809,0.8625],V(A_2)=[0.2226,0.7393],V(A_3)=[0.3812,0.8676]$	$A_3 \rhd A_1 \rhd A_2$
2	$V(A_1)=[0.2805,0.8746],V(A_2)=[0.1492,0.7517],V(A_3)=[0.2760,0.8792]$	$A_1 \rhd A_3 \rhd A_2$
3	$V(A_1)=[0.4143,0.9256],V(A_2)=[0.1937,0.8758],V(A_3)=[0.3984,0.8915]$	$A_1 \rhd A_3 \rhd A_2$
4	$V(A_1)=[0.3104,0.9370],V(A_2)=[0.1286,0.8905],V(A_3)=[0.2934,0.9019]$	$A_1 \rhd A_3 \rhd A_2$
5	$V(A_1)=[0.3714,0.8323],V(A_2)=[0.2333,0.6864],V(A_3)=[0.3654,0.8473]$	$A_3 \rhd A_1 \rhd A_2$
6	$V(A_1)=[0.2709,0.8411],V(A_2)=[0.1582,0.6947],V(A_3)=[0.2637,0.8588]$	$A_3 \rhd A_1 \rhd A_2$

从表 6-11 可以看出，在已有实证研究的基础上，基于区间值确信度证据推理和第三代前景理论的多状态区间值确信结构多属性决策方法可以根据决策者类型(参数组合)帮助决策者选择合适的输电系统投资方案。

不同于已有的混合型多属性决策方法(Liu 等，2011；Guo 等，2012)或基于离散型随机变量的多属性决策方法(姜广田，2014)主要处理模糊不确定性决策信息，多状态区间值确信结构多属性决策方法以标示事件为区间数的区间值确信结构表示决策信息，以区间值确信度描述决策信息的不确定性，能够对随机不确定性信息(包括连续型随机变量和离散型随机变量)、模糊不确定性信息、不完全信息进行描述、建模、融合，从而充分反映决策信息的不确定性对决策结果的影响，适用范围更广。多状态区间值确信结构多属性决策方法基于第三代前景理论以及相关实证研究的成果描述决策者如何做决策，基于区间值确信度证据推理融合不确定性信息，能够有效地描述决策者的行为信息和集聚不确定性决策信息，规范决策过程。根据 Wang(2015)基于前景理论的价值函数将区间属性值相对于参考点的偏离值转化为数值效用，并采用加权和法根据属性权重合并数值效用评价方案的多状态决策方法，多状态区间值确信结构多属性决策方法基于第三代前景理论得到参考点依赖的决策权重，更加符合决策者行为有限理性的特点。

6.4 本章小结

在第 4 章和第 5 章的基础上，考虑区间型决策信息更能描述决策问题的不确定性。在区间值确信结构、区间值确信度证据推理和区间值确信规则库推理的基础上，本章提出基于区间值确信结构的不确定性多属性决策方法。除了适用于基于确信结构的不确定性多属性决策方法所能解决的问题(由于基于区间值确信结构的不确定性多属性决策方法较基于确信结构的不确定性多属性决策方法相对复杂，因而基于确信结构的不确定性多属性决策方法能够解决的问题不建议使用基于区间值确信结构的不确定性多属性决策方法求解)，基于区间值确信结构的不确定性多属性决策方法更适用于解决需要考虑决策者类型或未来状态不确定的、包含多种类型不确定性决策信息的不确定性多属性决策问题。

本章首先针对属性值量纲差异和属性值的非线性变化规律，给出新的区间属性值规范化方法；其次，研究基于区间数的前景理论；再次，结合区间值确信度证据推理和基于区间数的前景理论，考虑未来状态的不确定性，给出单状态区间值确信结构多属性决策和多状态区间值确信结构多属性决策；最后，给出单状态应急物流方案选取和多状态智能电网投资决策两个案例分析，并通过与已有算法的对比说明基于区间值确信结构的不确定性多属性决策方法具有可行性和优越性。

第7章　不确定性多属性决策方法的应用

为了辅助无线电管理者更快速、更准确地定位干扰源、找到干扰原因，本章将前面所提出的区间值确信规则库知识表示、区间值确信规则库推理和基于区间值确信结构的不确定性多属性决策方法应用于构建航空无线电干扰查处智能决策支持系统。

无线电专用频率的安全使用是航空飞行安全的基本前提，关系到人民的生命财产安全、国家发展和稳定大局。随着社会的发展，各类无线电设备被广泛使用，航空无线电专用频率受到干扰的概率随之增加，对人民的生命财产安全构成威胁。保护航空无线电专用频率不受干扰，快速查找、定位、处理干扰源，保障飞行安全，是无线电管理部门的重要职责。长期以来，无线电干扰查处都以人工方式进行，对无线电干扰查处的相关研究主要集中在对干扰信号的识别和定位技术或者监测硬件改良(Guo et al.，2015)。然而，在实际无线电干扰查处的工作中，干扰查处的效率更多受无线电管理者的专业能力和经验限制。无线电管理者需要依靠大量的干扰查处经验才能快速、准确地选择监测方案、定位干扰源并确定干扰原因，进一步给出处理方案、排除干扰。在实际航空无线电干扰查处过程中，无线电管理者的经验知识并不一定能够满足干扰查处工作的需要。为了保障人民的生命财产安全，更好、更快地排除干扰，必须充分利用航空无线电干扰查处专家的经验知识。

20 世纪 70 年代以来，计算机及数据信息对决策的支持作用受到越来越多的重视，依据计算机以及数据信息支持决策的研究与应用进入崭新阶段。特别是进入 21 世纪，管理中的数据信息迅速增长，对决策制定者的决策效率和效果提出了更高的要求。同时，决策制定者认识到决策经验知识在管理中的积极作用必须得到发挥。在这种背景下，智能决策支持系统得以迅速发展(Turban and Aronson，2010)。

智能决策支持系统能够通过定量和定性相结合的方式辅助决策，将数据、信息和知识以某种结构存储在计算机中，通过人机交互充分利用专家经验知识，根据推理和决策方法解决半结构化决策问题。遵循“实践→理论→实践”的研究策略，为解决航空无线电干扰查处工作中遇到的实际问题，本章在知识工程、知识管理和智能决策支持系统相关理论的基础上，运用第 4 章提出的区间值确信结构转化方法、区间值确信规则库知识表示和区间值确信规则库推理模型以及第 6 章提出的区间值确信结构多属性决策方法，设计并构建了航空无线电干扰查处智能决策支持系统，帮助干扰查处工作人员排除干扰，提高干扰查处的效率和效果，这具有重要的实践意义。

7.1 无线电干扰查处相关基础知识

构建航空无线电干扰查处智能决策支持系统之前，需要获取无线电干扰查处专家的专业经验知识。这项工作需要由知识工程师和领域专家配合完成，整个过程中最困难的工作就是帮助专家完成知识的转换，将专家知识和不确定性推理结合到整个系统中。知识获取是知识库构造的“瓶颈”，没有完整、有效的知识库，智能决策支持系统所选定的决策方案是没有实用价值的。为了更准确地获取知识并将知识转换为统一的、有效的、计算机可识别的知识表示形式，知识工程师必须了解无线电干扰查处的相关基础知识(朱庆厚，2005；周鸿顺，2006；徐明远等，2008；翁木云，2009；李剑雄，2011；张睿等，2012)。

7.1.1 无线电干扰分类

无线电干扰是指在无线电通信过程中发生的，导致有用信号接收质量下降、损害或阻碍的状态及事实。从无线电干扰查处的角度出发，无线电干扰分为带内接收干扰、带外接收干扰、虚假干扰、地面干扰、空中干扰、同频干扰、邻道干扰、互调干扰等(马方立，2004)。下面分别介绍各类无线电干扰。

当受干扰电台的指配接收带宽内存在足够强度的、非该电台业务所需的外来电波能量时，将产生带内接收干扰。带内接收干扰主要包括其他无线电台站的基波与本机杂散信号互调，非无线电设备的无线电波辐射、电磁脉冲、自然噪声等。

当受干扰电台的指配接收带宽外存在足够强度的外来电波能量，且更换高性能接收系统或采取技术措施后干扰消失，则为带外接收干扰。带外接收干扰主要包括接收机选择性限制造成的邻道干扰、在接收机及接收端外置射频放大器和有源接收天线中形成的接收机互调干扰、交调干扰、杂散干扰、阻塞干扰等。

虚假干扰一般为通信系统或监测系统自身的干扰，包括系统内电磁辐射和系统产生的虚假信号等。地面干扰是指航空无线电通信系统地面电台或固定无线电监测网能够接收到的干扰或不明信号。空中干扰是指航空无线电通信系统地面电台或固定无线电监测网接收不到的、飞机在空中受到的干扰或不明信号。同频干扰是由干扰源发射出的、与有用信号频率相同并以相同方式进入接收机中频带宽的干扰。邻道干扰是在接收机射频带宽内或带宽附近的信号，落入中频带宽内所造成的干扰。互调干扰是由两个或两个以上频谱分量在非线性电路上相互作用产生的新频率引起的干扰(翁木云，2009)。

7.1.2 无线电干扰识别和查找设备

无线电干扰识别和查找设备能够帮助无线电管理者识别和定位干扰源。无线电干扰识别和查找设备主要包括监测接收设备、监测用天馈线及天馈线测试设备，射频滤波及辅助调谐设备、射频放大及衰减设备、检测设备和辅助工具等(马方立，2004)。下面介绍常用的无线电干扰识别和查找设备的主要功能。

监测接收设备是指监测接收机[图 7-1(a)]和频谱分析仪[图 7-1(b)]。其中，监测接收机功能单一，主要用于信号监听，从天线接收所有无线电信号并提取所需信号，在输出端输出无线电信号所传达的信息；频谱分析仪是信号监测的基本工具，是一个已校准的具有频率选择性、峰值响应、显示正弦波均方根值功能的，在频域内分析无线电信号参数的电压表（李剑雄，2011）。

监测用天馈线主要用于代替受干扰设备的天馈线或转接头，包括高增益无源方向性天线、低损耗射频电缆、各类转接头等。如果将受干扰设备的天馈线更换为监测用天馈线后干扰消失，则说明干扰由天馈线引起。但在实际查处过程中，监测用天馈线携带不方便且并不总是能够与受干扰设备匹配，因此需要使用天馈线测试设备。天馈线测试设备是指天馈线分析仪[图 7-1(c)]，主要实现对天馈线进行驻波比、回波损耗、电缆损耗、功率及故障定位等测试（张睿等，2012）。

射频滤波及辅助调谐设备主要是指滤波器[图 7-1(d)]和滤波器调谐设备。滤波器是提取射频信号和抑制干扰信号的仪器，主要包括带通滤波器、模拟滤波器、声表面滤波器、陶瓷滤波器、机械滤波器等。射频放大及衰减设备主要包括低噪声放大器[图 7-1(e)]和可调衰减器[图 7-1(f)]或衰减量为 1~5dB 的射频电缆。检测设备主要包括综合测试仪、耦合器、假负载、射频信号源等。辅助工具主要包括罗盘、量角器、望远镜、地图等（张睿等，2012）。

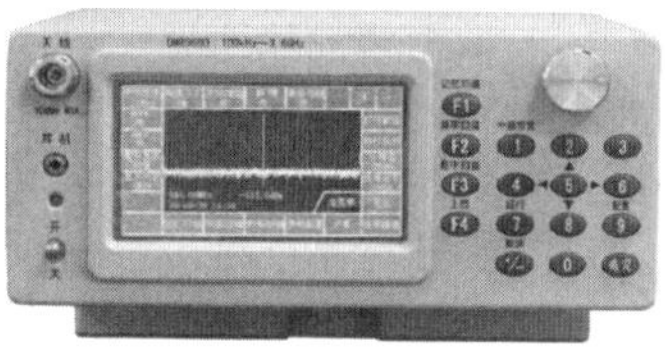

(a) 监测接收机

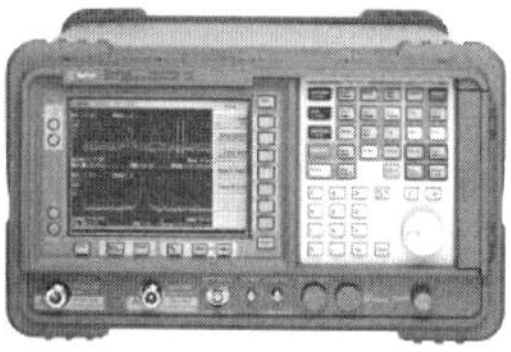

(b) 频谱分析仪

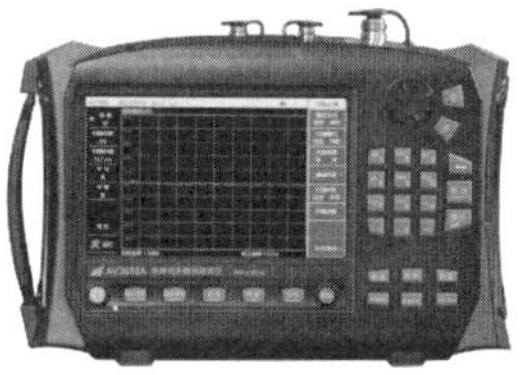

(c) 天馈线分析仪

(d) 滤波器

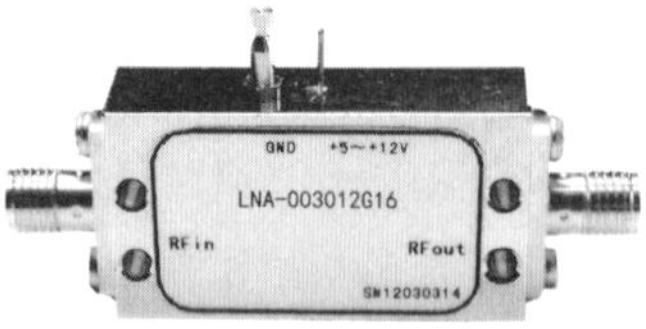

(e) 低噪声放大器

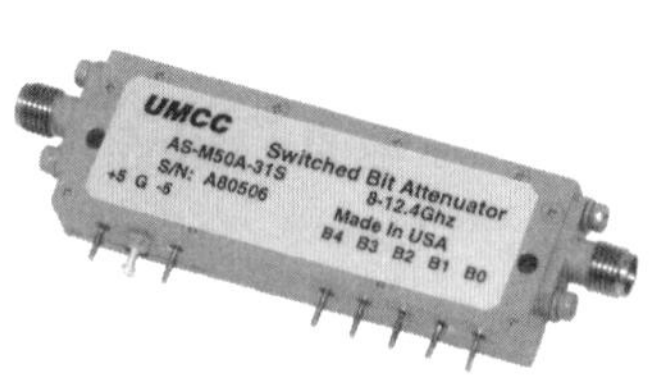

(f) 可调衰减器

图 7-1 主要无线电干扰识别和查找设备

7.1.3 无线电干扰查处步骤

无线电干扰查处的一般步骤如下：①受理；②询问和查询；③识别，排除自身问题；④查找；⑤验证；⑥处理；⑦监督执行。

“受理”是指受干扰单位将干扰情况上报至无线电管理部门后，无线电管理部门接受办理该无线电干扰申诉。上报内容主要包括干扰发生时间、干扰发生地点、受干扰频率、受干扰设备、干扰特征、干扰内容、接收天线位置等。

“询问和查询”是指无线电管理者与受干扰单位进行沟通，进一步获取干扰发生时间、干扰发生地点、受干扰频率、受干扰设备、干扰特征、干扰内容、接收天线位置等相关干扰表征的详细信息。

“识别，排除自身问题”是指无线电管理者首先依据干扰查处工作经验初步识别可能的干扰原因，排除通信设备自身干扰；然后依据“受理”以及“询问和查询”所获得的干扰表征结合干扰查处工作经验制定监测方案，利用无线电干扰识别和查找设备，“查找”干扰源和干扰原因；最后，“验证”找到的干扰源是否为受干扰单位上报的干扰源。

如果证实无线电管理者所找到的干扰源为受干扰单位上报的干扰源，那么根据干扰原因结合干扰查处工作经验制定处理方案，“处理”并“监督执行”排除干扰。如果证实无线电管理者所找到的干扰源不是受干扰单位上报的干扰源，那么再次进行“查找”，直至定位真正的干扰源、找到干扰原因。

7.2　知识获取和知识表示

在无线电干扰查处的步骤以及无线电干扰查处的影响因素和结果因素的基础上，考虑无线电干扰表征和无线电干扰查处过程的不确定性，航空无线电干扰查处智能决策支持系统以区间值确信规则描述专家经验知识，构建区间值确信规则，形成无线电干扰查处区间值确信规则库。下面介绍航空无线电干扰查处专家经验知识的获取和预处理过程。

知识获取就是将专家经验知识转换为计算机能够识别、存储和处理的知识表示形式。航空无线电干扰查处专家经验知识的获取过程主要包括以下几个阶段：

1.识别阶段

识别阶段是在知识工程师对航空无线电干扰查处有了一定的了解之后，与专家一起明确以下问题的答案：需要获取哪些知识？有哪些数据可以利用？有哪些重要影响因素？各因素之间存在哪些联系？

通过搜集和阅读大量航空无线电干扰查处资料和案例，以及与干扰查处专家的反复沟通，得到的如下答案：

(1) 需要获取的知识。包括①如何根据干扰表征初步识别干扰；②针对不同的干扰原因，制定监测方案；③针对不同的监测结果，制定下一步监测方案；④针对干扰源和干扰原因，制定处理方案。

(2) 相关数据主要是干扰表征、监测方案、监测结果、干扰原因和处理方案的确定程度。

(3) 影响因素包括 10 个无线电干扰查处的影响因素(前提属性)和两个无线电干扰查处的结果因素(结论属性)如表 7-1 所示。

表 7-1　无线电干扰查处的影响因素和结果因素

10 个影响因素	①干扰发生时间；②受干扰频率；③干扰特征；④接收天线位置；⑤监测结果；⑥干扰发生地点；⑦受干扰设备；⑧干扰内容；⑨监测方案；⑩干扰原因
两个结果因素	①监测方案或处理方案；②干扰原因

(4)因素之间的联系主要体现在：①根据干扰表征(干扰发生时间、干扰发生地点、受干扰频率、受干扰设备、干扰特征、干扰内容和接收天线位置)初步确定干扰原因，给出监测方案；②根据监测方案进行监测，得到监测结果；③根据监测结果给出下一步监测方案，直至定位干扰源、找到干扰原因；④根据干扰原因给出处理方案，排除干扰。

2. 概念化阶段

概念化阶段需要根据文献资料和专家经验，总结每个前提属性和结论属性的属性值。知识工程师需要整理出尽可能完整的干扰表征，以及可行的监测方案和针对不同干扰原因的处理方案。

3. 形式化阶段

形式化阶段需要在前两个阶段的基础上，将专家经验知识转化为计算机能够处理的知识表示形式，形成航空无线电干扰查处区间值确信规则库。知识工程师和专家一起，将专家经验转化为区间值确信规则，主要包括前提属性的权重、前提属性的标示值及其区间值确信度、结论属性的标示值及其区间值确信度、规则的区间值确信度、规则的权重。

航空无线电干扰查处区间值确信规则库属于知识管理子系统，是航空无线电干扰查处智能决策支持系统的重要组成部分。依据无线电干扰查处的影响因素和结果因素以及第 4 章给出的区间值确信规则库知识表示方法(即定义 4.6)，得到包含 K（K 随着知识库中知识的积累进行更新)条规则的航空无线电干扰查处区间值确信规则库 $\mathrm{IR}_{\mathrm{RM}}$ 如下：

$$\mathrm{IR}_{\mathrm{RM}}=\left\langle (X,A),(Y,C),\mathrm{ICD},\Omega,W,F\right\rangle$$

其中，$X=\left\{X_i \middle| i=1,2,\cdots,10\right\}$ 是前提属性集合(即影响因素集合)，X_i 表示第 i 个前提属性，X_1 是“干扰发生时间”，X_2 是“干扰发生地点”，X_3 是“受干扰频率”，X_4 是“受干扰设备”，X_5 是“干扰特征”，X_6 是“干扰内容”，X_7 是“接收天线位置”，X_8 是“监测方案”，X_9 是“监测结果”，X_{10} 是“干扰原因”；$A=\left\{A(X_i)\middle| i=1,2,\cdots,10\right\}$ 表示前提属性的属性值集合，$A(X_i)=\left\{A_{i,I_i}\middle| I_i=1,2,\cdots,L_i^A\right\}$ 是前提属性 X_i 的属性值集合，L_i^A 是前提属性的属性值的个数，L_i^A 随着知识库中知识的积累进行更新；$Y=\left\{Y_j\middle| j=1,2\right\}$ 是结论属性集合（即结果因素集合），Y_1 是“监测方案或处理方案”，Y_2 是“干扰原因”；$C(Y_j)=\left\{C_{j,J_j}\middle| J_j=1,2,\cdots,L_j^C\right\}$ 是结论属性 Y_j 的属性值集合，$C=\left\{C(Y_j)\middle| j=1,2\right\}$ 表示结论属性的属性值集合，是前提属性的属性值的个数，L_j^C 随着知识库中知识的积累进行更新；$\mathrm{ICD}=\left\{\mathrm{Icd}(\Psi)\middle|\mathrm{Icd}(\Psi)\in I_{[0,1]}\right\}$ 是区间值确信度集合，事件 Ψ 可以是前提、结论或者规则，

$\mathrm{Icd}(\Psi)$ 表示事件 Ψ 的区间值确信度，$(\Psi,\mathrm{Icd}(\Psi))$ 表示事件 Ψ 的区间值确信结构；$\Omega=\{\omega^1,\cdots,\omega^k,\cdots,\omega^K\}$ 是规则权重集合，$0\leqslant\omega^k\leqslant1$ 表示第 k 条规则的相对重要程度；$W=\{w_1,\cdots,w_i,\cdots,w_{10}\}$ 是前提属性的权重集合(根据专家经验得到)，w_i 表示第 i 个前提属性的权重，$w_1=0.05$，$w_2=0.05$，$w_3=0.15$，$w_4=0.1$，$w_5=0.1$，$w_6=0.15$，$w_7=0.15$，$w_8=0.05$，$w_9=0.1$，$w_{10}=0.1$ 且 $\sum_{t=1}^{10}w_t=1$；F 是一个逻辑函数，反映前提与结论之间的关系。

根据定义 4.7，得到航空无线电干扰查处区间值确信规则库 $\mathrm{IR}_{\mathrm{RM}}$ 中第 k 条 $(k\in\{1,2,\cdots,K\})$ 规则 R_{RM}^k：

$$\text{If }\left(X_1=A_1^k,\mathrm{Icd}^k\left(X_1=A_1^k\right)\right)\wedge\cdots\wedge\left(X_{10}=A_{10}^k,\mathrm{Icd}^k\left(X_{10}=A_I^k\right)\right)$$

$$\text{then }\left(Y_1=C_1^k,\mathrm{Icd}^k\left(Y_1=C_1^k\right)\right)\wedge\left(Y_2=C_2^k,\mathrm{Icd}^k\left(Y_2=C_2^k\right)\right)$$

$$\text{with }\mathrm{Icd}^k\left(R^k\right),\ \omega^k,\ \{0.05,0.05,0.15,0.1,0.1,0.15,0.15,0.05,0.1,0.1\}$$

例 7.1　下面给出航空无线电干扰查处区间值确信规则库中的第 2 条规则 R_{RM}^2：

If (干扰发生时间=null，[0,0]) ∧ (干扰发生地点=null，[0,0]) ∧ (受干扰频率=null，[0,0]) ∧ (受干扰设备=null，[0,0]) ∧ (干扰特征=固定监测网不能接收干扰，[0.8,0.9]) ∧ (干扰内容=null，[0,0]) ∧ (接收天线位置=null，[0,0]) ∧ (监测方案=null，[0,0]) ∧ (监测结果=null，[0,0]) ∧ (干扰原因=null，[0,0])

then (监测方案或处理方案=监测机构应驱监测测向车，并携带干扰识别设备前往，在距受干扰地点一定距离（如超短波频段可考虑在 60km 以内）或沿测定方向，开启车载监测测向系统，以便沿途监测，[0.7,0.75]) ∧ (干扰原因=null，[0,0])

with $\mathrm{Icd}\left(R_{RM}^2\right)=[0.8,1]$，$\omega_1=0.8$，$\{0.05,0.05,0.15,0.1,0.1,0.15,0.15,0.05,0.1,0.1\}$

7.3　系统实现和方法应用

航空无线电干扰查处智能决策支持系统的数据库和知识库的存储和维护通过 SQLite 数据库实现。知识推理机(区间值确信规则库推理模型)和模型库中的决策模型(单状态区间值确信结构多属性决策方法及多状态区间值确信结构多属性决策方法)通过 Matlab 语言编程实现。航空无线电干扰查处智能决策支持系统的可视化和功能集成通过 C#高级程序设计语言、Microsoft .NET Framework 4.0 平台和 Microsoft Visual Studio 开发工具实现。

航空无线电干扰查处智能决策支持系统的逻辑结构分为三层：数据层，中间层和应用层，具体框架如图 7-2 所示。

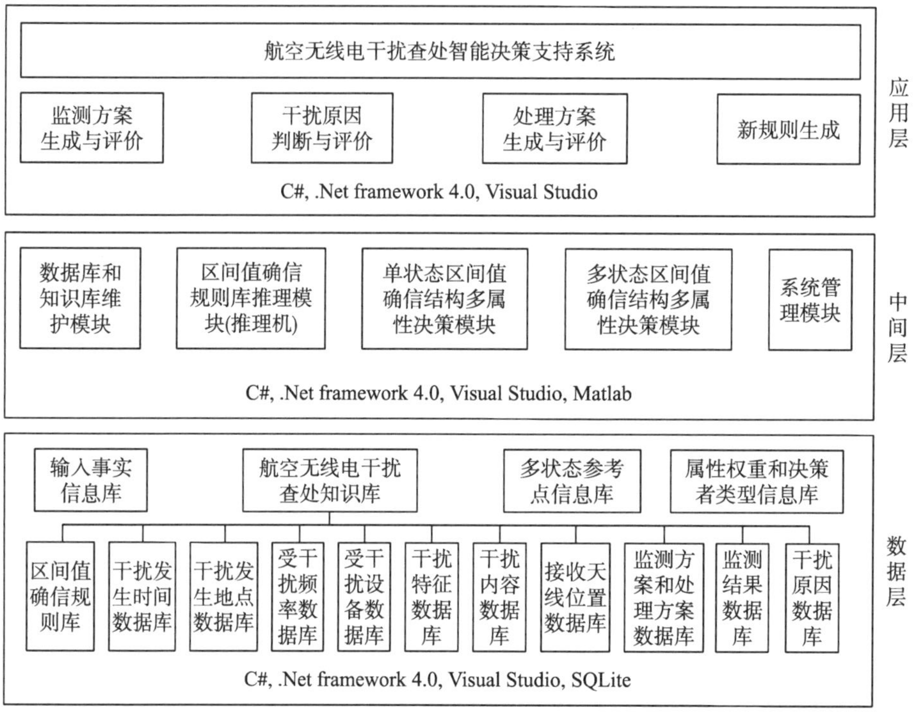

图 7-2 航空无线电干扰查处智能决策支持系统的逻辑结构框架

1. 数据层

数据层是智能决策支持系统的基础层，为中间层和应用层提供数据支持和数据中转。数据层中的数据库、知识库和信息库由 SQLite 数据库管理系统保存和管理。数据层包括输入事实信息库、多状态参考点信息库、属性权重和决策者类型信息库以及航空无线电干扰查处知识库。其中，输入事实数据库、多状态参考点信息库、属性权重和决策者类型信息库与决策者输入信息相关；航空无线电干扰查处知识库存储航空无线电干扰查处区间值确信规则。航空无线电干扰查处区间值确信规则主要由航空无线电干扰查处专家和知识工程师共同提取转化，部分规则根据新增干扰查处案例获得。

2. 中间层

中间层的功能是实现用户的操作要求，为知识推理和信息决策提供相应的模型模块。中间层的模型模块包括数据库和知识库维护模块、区间值确信规则库推理模块（推理机）、单状态区间值确信结构多属性决策模块、多状态区间值确信结构多属性决策模块以及系统管理模块。这些模块可以通过数据接口访问数据层数据、信息和知识，基于专家经验知识和输入事实进行推理和决策，满足决策者要求，支持应用层各功能的实现。

3. 应用层

应用层的功能是将中间层得到的决策结果通过系统界面提供给系统使用者。

航空无线电干扰查处智能决策支持系统的工作流程如图 7-3 所示。

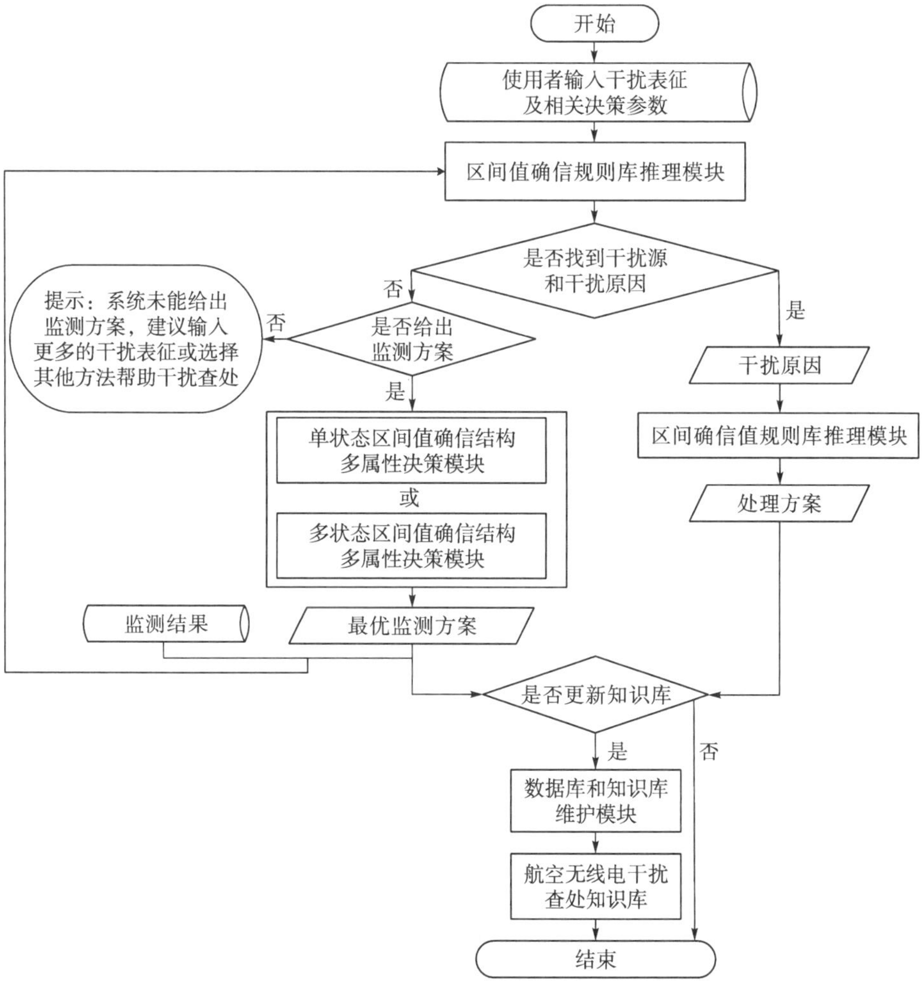

图 7-3　航空无线电干扰查处智能决策支持系统的工作流程图

下面介绍航空无线电干扰查处智能决策支持系统的具体使用方法。

航空无线电干扰查处智能决策支持系统的用户界面主要包括三个部分：主界面、知识库维护界面、智能决策支持系统界面。其中，知识库维护界面包括规则库、干扰发生时间、干扰发生地点、受干扰频率、受干扰设备、干扰特征、干扰内容、接收天线位置、监测方案和处理方案、监测结果、干扰原因等 11 个子界面，如图 7-4 所示。

考虑到大多数干扰查处案例中，针对相同的干扰表征，决策者可选的监测方案、可能的干扰原因并不唯一的实际情况；在专家建议的基础上，航空无线电干扰查处智能决策支持系统选定“时间成本”“人工成本”“费用成本”“确定程度”4 个属性作为评价监测方案的决策属性，其中，“时间成本”“人工成本”“费用成本”为成本型属性；“确定程度”为效益型属性；另外，干扰原因根据区间值确信度进行排序。

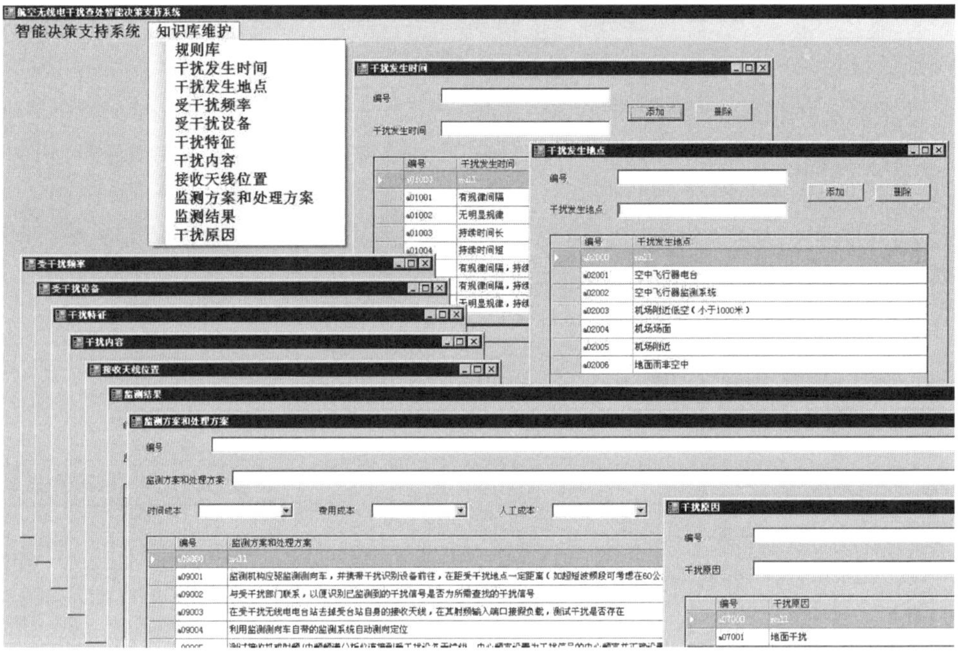

图 7-4　知识库维护界面

考虑未来状态的不确定性，智能决策支持系统界面设置有“单状态”和“多状态”两个选项，如图 7-5 所示，即单状态区间值确信结构多属性决策模块和多状态区间值确信结构多属性决策模块。默认选项为“单状态”，即默认根据单状态区间值确信结构多属性决策方法提供决策支持。单击“参数设置”区域的“未来状态”子区域中“多状态”选项，切换至多状态区间值确信结构多属性决策模块。

无线电管理者将受干扰单位提供的信息，通过询问和查询所获得的信息(即干扰表征及其区间值确信度)以及属性权重、决策者类型、参考点等信息输入“航空无线电干扰查处智能决策支持系统”。

“输入事实”以及相关决策参数设置完成后，点击“决策支持”按键。区间值确信规则库推理模块首先根据“输入事实”推理得到监测方案；然后根据推理所得的监测方案结合相关决策参数给出监测方案排序，决策者根据最优监测方案进行监测，并将监测结果输入航空无线电干扰查处智能决策支持系统；最后，点击“清除”按键可以清除上一次查询时系统提供的监测方案和干扰原因。循环使用“决策支持”功能，直至定位干扰源、找到干扰原因为止。

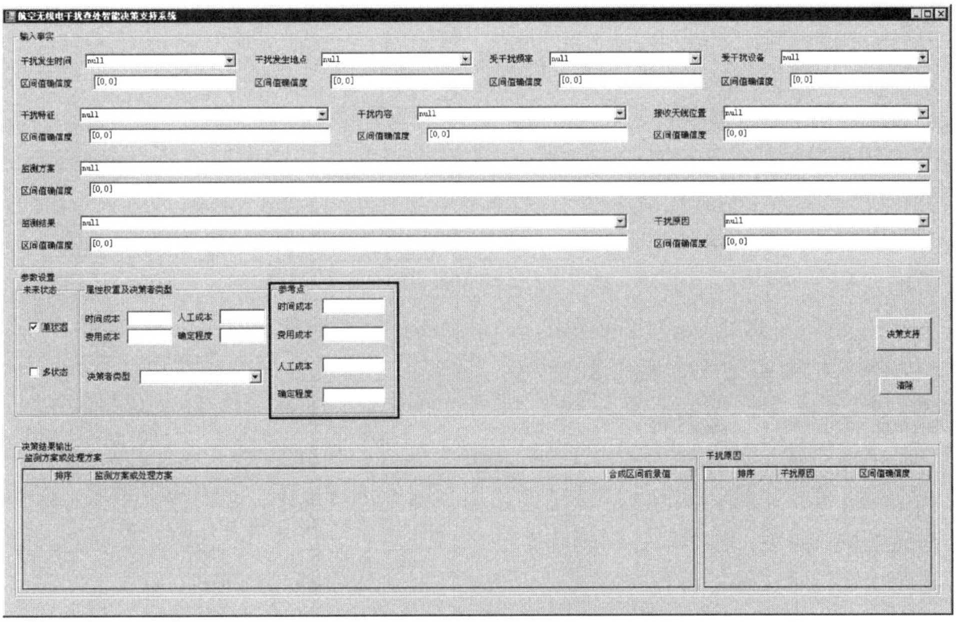

(a)单状态区间值确信结构多属性决策模块

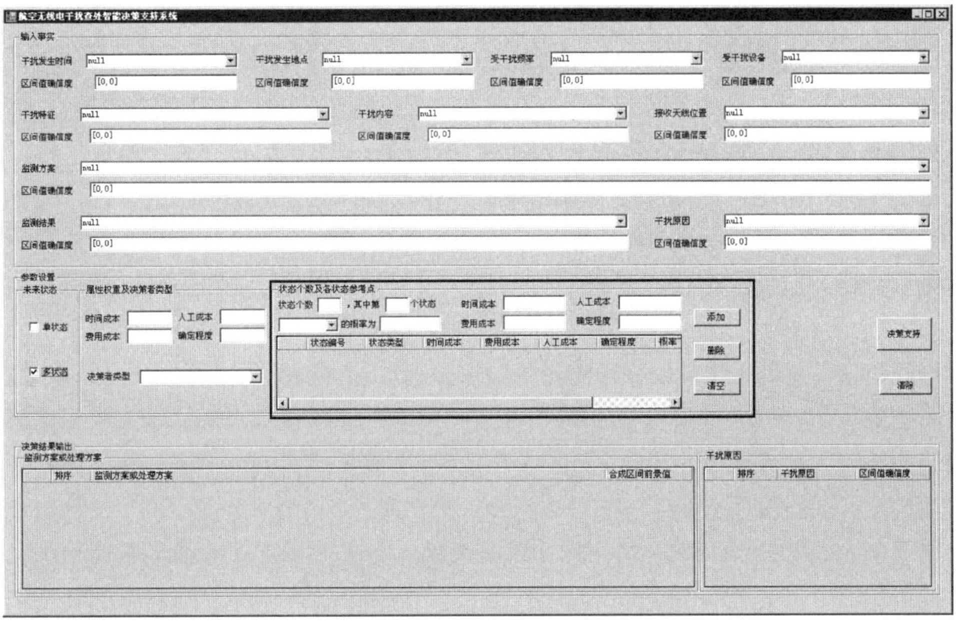

(b)多状态区间值确信结构多属性决策模块

图 7-5　智能决策支持系统界面

如果系统未能提供监测方案，也没有找到干扰原因，那么航空无线电干扰查处智能决策支持系统将给出提示“系统未能给出监测方案，建议输入更多的干扰表征或选择其他方法帮助干扰查处！”。如果已经定位干扰源，找到干扰原因，那么再次调用区间值确信规则库推理模块(点击“决策支持”按键)给出处理方案。干扰查处过程中由航空无线电干扰查处智能决策支持系统给出的干扰原因表示可能的干扰原因，主要用于支持下一步的监测方案的制定。因此，“输入事实”部分输入的“干扰原因”为前一次航空无线电干扰查处智能决策支持系统给出的排序为“1”的干扰原因或者“null”。

干扰查处工作完成后，无线电管理者可以根据本次或多次干扰查处工作的实施过程，选择更新(包括添加、删除和修改)航空无线电干扰查处知识库。从而，为航空无线电干扰查处智能决策支持系统提供更多的智力支持，使得航空无线电干扰查处智能决策支持系统与时俱进、适用范围更广，更快、更准地帮助无线电管理者完成航空无线电干扰查处工作。

下面说明区间值确信规则库推理模型、单状态区间值确信结构多属性决策方法和多状态区间值确信结构多属性决策方法在“航空无线电干扰查处智能决策支持系统”中的具体应用情况。

“航空无线电干扰查处智能决策支持系统”的核心部件是中间层的运算模块：区间值确信规则库推理模块、单状态区间值确信结构多属性决策模块、多状态区间值确信结构多属性决策模块。其中，区间值确信规则库推理模块是知识管理子系统的运算部件，其主要功能由第 4 章提出的基于证据推理的区间值确信规则库推理模型实现；单状态区间值确信结构多属性决策模块和多状态区间值确信结构多属性决策模块是模型管理子系统的运算部件，其主要功能由第 6 章提出的基于区间值确信结构的不确定性多属性决策方法实现。在各模块中，本书所提方法的具体应用情况如下。

区间值确信规则库推理模块首先读取无线电管理者输入的无线电干扰信息(点击“决策支持”按键后，无线电干扰信息作为临时数据存入数据管理子系统的数据库)；然后，将读取到的无线电干扰信息作为输入事实(如例 7.2)

$$\mathrm{Input}()=\left\{\left(a_1,\alpha_1\right),\cdots,\left(a_i,\alpha_i\right),\cdots,\left(a_{10},\alpha_{10}\right)\right\}$$

与知识管理子系统中的航空无线电干扰查处区间值确信规则库 $\mathrm{IR}_{\mathrm{RM}}$ 进行匹配，匹配成功的规则(假设共有 T 条规则匹配成功，则根据 4.4 节给出的表示方法，即匹配成功的规则 $\mathrm{IR}_{\mathrm{RM}}^{t}\left(t=1,2,\cdots,T\right)$)作为临时数据存入数据管理子系统的数据库；最后，根据基于证据推理的区间值确信规则库推理模型中给出的顺序传播算法、平行传播算法和演绎传播算法，结合输入事实 Input() 和匹配成功的规则 $\mathrm{IR}_{\mathrm{RM}}^{t}\left(t=1,2,\cdots,T\right)$，推理得到已知无线电干扰信息下可行的监测方案或处理方案和可能的干扰原因，并将推理得到的监测方案或处理方案和干扰原因及其区间值确信度作为临时数据存入数据库。

例 7.2 无线电管理者将无线电干扰信息输入“航空无线电干扰查处智能决策支持系统”，得到如下输入事实

Input()={(干扰发生时间=起飞后或降落前，[0.85,0.95])，(干扰发生地点=null，[0,0])，(受干扰频率=null，[0,0])，(受干扰设备=地面通信设备，[0.85,0.95])，(干扰特征=固定监测网不能接收干扰，[0.8,0.9])，(干扰内容=null，[0,0])，(接收天线位置=null，[0,0])，(监测方案=null，[0,0])，(监测结果=null，[0,0])，(干扰原因=null，[0,0])}

当推理得出一个可行的监测方案、处理方案或一个可能的干扰原因时，“航空无线电干扰查处智能决策支持系统”会直接输出这个监测方案、处理方案或和可能的干扰原因。多数情况下，为了准确查处干扰无线电，管理者会尽可能多的获取干扰信息，因而通过推

理得到的监测方案或处理方案和干扰原因一般不止一个。考虑无法同时查找多个疑似干扰原因这一实际情况，无线电管理者需要借助决策模块选择一种方案执行无线电干扰查处工作。

当存在多个可能的干扰原因时，因为干扰原因的排序仅受确定程度的影响，所以决策模块(包括单状态区间值确信结构多属性决策模块和多状态区间值确信结构多属性决策模块)可根据 4.1.1 节介绍的基于逼近理想解法的排序方法(Chen and Fu，2008)和 Euclidean 距离(Park，2011)对干扰原因的区间值进行排序，从而给出干扰原因的排序结果。

当推理得出多个可行的监测方案或处理方案时，由于监测方案或处理方案的选取受执行监测方案或处理方案所需“时间成本”“人工成本”“费用成本”“确定程度”因素以及无线电管理者类型的影响，因而需要根据区间值确信结构多属性决策方法对“监测方案或处理方案”进行排序。在“航空无线电干扰查处智能决策支持系统”中，监测方案和处理方案对应的“时间成本”“人工成本”“费用成本”均由专家根据七元语言短语集给出，存储于“监测方案和处理方案数据库”。下面根据第 6 章的研究内容具体给出“监测方案或处理方案”的决策过程。

当无线电管理者判断无线电干扰查处的未来状态为单状态(如无线电干扰查处当天天气状况良好、查处设备齐全、无线电干扰信息充分时，无线电管理者认为未来状态为单状态：好)时，选择“单状态”选项[图 7.5(a)]，系统调用模型管理子系统中的单状态区间值确信结构多属性决策模块。单状态区间值确信结构多属性决策模块根据无线电管理者提供的属性权重、决策者类型、参考点等信息，对“监测方案或处理方案”进行排序。

根据定义 6.1，“监测方案或处理方案”的单状态区间值确信结构多属性决策问题可以描述为

$$\mathrm{SIMADM_{MP}} = \left\langle A, X, \boldsymbol{W}, \boldsymbol{D}, \boldsymbol{G}, \mathrm{DM} \right\rangle$$

其中，$A=\left\{A_i \middle| i=1,2,\cdots,I\right\}$ 表示“监测方案或处理方案”的备选方案集，A_i 表示第 i 个备选方案；$X=\left\{X_j \middle| j=1,2,\cdots,4\right\}$ 表示属性集，X_1 是“时间成本”属性，X_2 是“人工成本”属性，X_3 是“费用成本”属性，X_4 是“确定程度”属性；$\boldsymbol{W}=\left(W_1,W_2,W_3,W_4\right)$ 表示由无线电管理者给出的属性权重向量，W_1 是“时间成本”属性的权重，W_2 是“人工成本”属性的权重，W_3 是“费用成本”属性的权重，W_4 是“确定程度”属性的权重，满足 $0 \leqslant W_1,W_2,W_3,W_4 \leqslant 1$ 且 $\sum_{j=1}^{4} W_j = 1$；例如，当无线电管理者认为查处时间紧迫而人工和费用相对充足时，可以赋予“时间成本”和“确定程度”较大权重：$\boldsymbol{W}=\left(0.35,0.15,0.2,0.3\right)$；$\boldsymbol{D}=\left[X_{ij}\right]_{I\times 4}=\left[\left(x_{ij},\mathrm{Icd}_{ij}\right)\right]_{I\times 4}$ 表示决策矩阵，$X_{ij}=\left(x_{ij},\mathrm{Icd}_{ij}\right)$ 是第 i 个备选方案 A_i 的第 j 个属性 X_j 的区间值确信结构属性值；根据 4.1.3 节提出的语言变量的区间值确信结构转化方法得到“时间成本”“人工成本”“费用成本”属性的区间值确信结构属性值，“确定程度”属性的标示事件 x_{i4} 为区间值确信规则库推理模块给出的“监测方案或处理方案”的确定度，标示值的区间值确信度 $\mathrm{Icd}_{i4}=\left[1,1\right]$；$\boldsymbol{G}=\left(G_1,G_2,G_3,G_4\right)$ 表示由无线电管理者给出的属性的目标值向量，G_1 是“时间成本”属性的目标值，G_2 是“人工成本”属性的目标

值，G_3 是“费用成本”属性的目标值，G_4 是“确定程度”属性的目标值；DM 表示决策者类型，包括保守型决策者、中立型决策者和冒险型决策者。

单状态区间值确信结构多属性决策模块根据存储在数据库中的上述无线电管理者输入信息和区间值确信规则库推理模块推理所得信息，运用 6.2.1 节给出的单状态区间值确信结构多属性决策方法给出方案排序以及各方案对应的合成区间前景值。

当无线电管理者无法明确判断无线电干扰查处的未来状态时，选择“多状态”选项［图 7.5(b)］，系统调用模型管理子系统中的多状态区间值确信结构多属性决策模块。根据定义 6.6，“监测方案或处理方案”的多状态区间值确信结构多属性决策问题可以描述为

$$\text{MIMADM}_{\text{MP}}=\langle A,X,S,\boldsymbol{P},\boldsymbol{W},\boldsymbol{D},\boldsymbol{H},\text{DM}\rangle$$

其中，$A=\{A_i|i=1,2,\cdots,I\}$ 表示“监测方案或处理方案”的备选方案集，A_i 表示第 i 个备选方案；$X=\{X_j|j=1,2,\cdots,4\}$ 表示属性集，X_1 是“时间成本”属性，X_2 是“人工成本”属性，X_3 是“费用成本”属性，X_4 是“确定程度”属性；$S=\{S_n|n=1,2,\cdots,N\}$ 表示由无线电管理者给出的包含 N 个相互独立的未来状态的集合，S_n 是第 n 个状态；$\boldsymbol{P}=(P_1,\cdots,P_n,\cdots,P_N)$ 表示未来状态发生的不确定性，其中，$P_n=\left[(P_n)^L,(P_n)^U\right]$ 是由无线电管理者给出的状态 S_n 发生的概率，满足 $0\leqslant(P_n)^L\leqslant(P_n)^U\leqslant1$ 且 $\sum_{n=1}^{N}(P_n)^U\leqslant1$；$\boldsymbol{W}=(W_1,W_2,W_3,W_4)$ 表示由无线电管理者给出的属性权重向量，W_1 是“时间成本”属性的权重，W_2 是“人工成本”属性的权重，W_3 是“费用成本”属性的权重，W_4 是“确定程度”属性的权重，满足 $0\leqslant W_1,W_2,W_3,W_4\leqslant1$ 且 $\sum_{j=1}^{4}W_j=1$；$\boldsymbol{D}=\left[X_{ij}\right]_{I\times4}=\left[\left(x_{ij},(\text{Icd}_{ij})'\right)\right]_{I\times4}$ 表示决策矩阵，$\left(x_{ij},(\text{Icd}_{ij})'\right)=\left(\left(x_{ij}^1,(\text{Icd}_{ij}^1)'\right),\cdots,\left(x_{ij}^n,(\text{Icd}_{ij}^n)'\right),\cdots,\left(x_{ij}^N,(\text{Icd}_{ij}^N)'\right)\right)$ 是第 i 个备选方案 A_i 的第 j 个属性 X_j 的属性值；与单状态区间值确信结构多属性决策模块相同，根据 4.1.3 节提出的语言变量的区间值确信结构转化方法得到“时间成本”“人工成本”“费用成本”属性的区间值确信结构属性值，“确定程度”属性的标示事件 x_{i4} 为区间值确信规则库推理模块给出的“监测方案或处理方案”的确定度，标示值的区间值确信度为 $\text{Icd}_{i4}=[1,1]$；第 n 个状态 S_n 下属性值的参考点向量 $\boldsymbol{H}(S_n)=(h_1(S_n),h_2(S_n),h_3(S_n),h_4(S_n))$，其中，$h_j(S_n)(j=1,2,3,4)$ 表示由无线电管理者给出的第 n 个状态 S_n 下属性 X_j 的参考点，且 $\boldsymbol{H}=(\boldsymbol{H}(S_1),\cdots,\boldsymbol{H}(S_n),\cdots,\boldsymbol{H}(S_N))$；DM 表示决策者类型，包括保守型决策者、中立型决策者和冒险型决策者。

与单状态区间值确信结构多属性决策模块类似，多状态区间值确信结构多属性决策模块运用 6.2.2 节给出的多状态区间值确信结构多属性决策方法求解多状态区间值确信结构多属性决策问题 $\text{MIMADM}_{\text{MP}}=\langle A,X,S,\boldsymbol{P},\boldsymbol{W},\boldsymbol{D},\boldsymbol{H},\text{DM}\rangle$，给出方案排序以及各方案对应的合成区间前景值。

7.4 案例分析

某机场向无线电管理部门申诉：飞机在起飞和降落时，受到嘈杂干扰，对飞行安全造成严重威胁。无线电管理部门当即受理该申诉，在与飞行员进行沟通后，无线电管理者将干扰表征输入“航空无线电干扰查处智能决策支持系统”，干扰表征如表 7-2 所示。

表 7-2　无线电干扰的干扰表征

影响因素	干扰表征	确定程度
干扰发生时间	起飞后或降落前	[0.85,0.95]
干扰发生地点	机场场面	[0.85,0.95]
受干扰频率	航空遇险频率	[0.95,1.00]
受干扰设备	地面通信设备	[0.85,0.95]
干扰特征	不明信号	[0.78,0.85]
干扰内容	噪音杂音	[0.75,0.80]
接收天线位置	低空近场	[0.90,0.95]
监测方案	监测机构应驱监测测向车，并携带干扰识别设备前往，在距受干扰地点一定距离（如超短波频段可考虑在 60km 以内）或沿测定方向，开启车载监测测向系统，以便沿途监测	[0.80,0.90]
监测结果	测得可疑信号	[0.80,0.90]
干扰原因	地面干扰	[0.70,0.85]

在这起干扰事件中，干扰产生的后果比较严重，对干扰查处的时间和准确度要求较高，人员配置和经费需求相对宽松。因此，决策属性“时间成本”和 “确定程度”的权重大于“人工成本”和“费用成本”的权重，决策者类型为“保守型决策者”。另外，决策者认为：在查出干扰源之前，本次干扰查处工作的未来状态总是“好”。决策者认为参考点应当满足：①“时间成本”的参考点应小于“人工成本”和“费用成本”的参考点；②“确定程度”的参考点应大于 0.5。

根据上述分析，输入表 7-2 给出的“输入事实”和“参数设置”并点击“决策支持”后，“航空无线电干扰查处智能决策支持系统”给出排序后的监测方案或处理方案及其合成区间前景值和干扰原因及其区间值确信度，如图 7-6 所示。

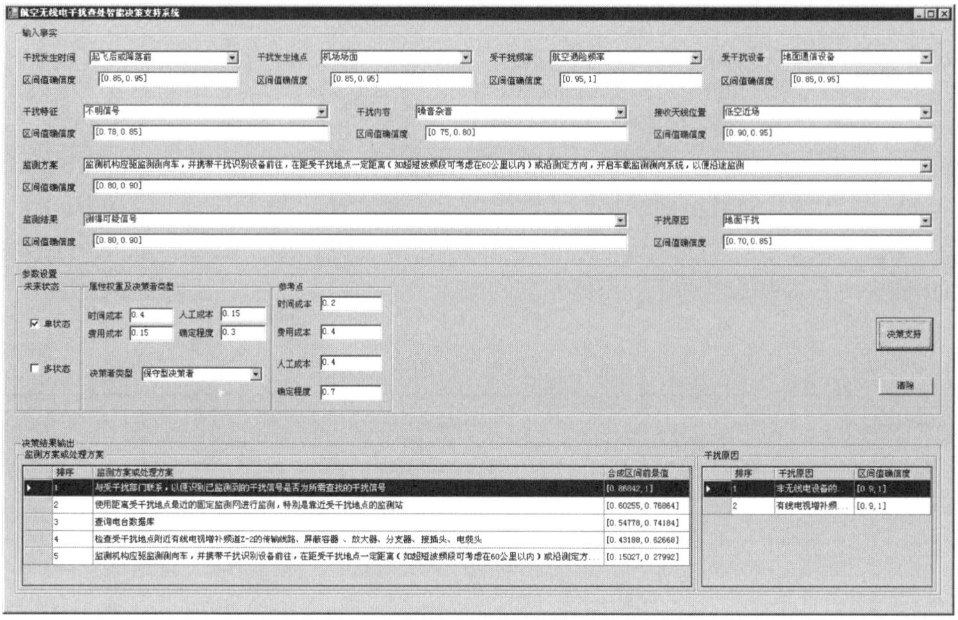

图 7-6　单状态多属性决策模型的决策结果

假设干扰查处工作的未来状态包括“好”、“中等”和“差”三种，发生概率分别为$[0.60,0.70]$、$[0.10,0.20]$和$[0.05,0.10]$。输入“输入事实”、“属性权重及决策者类型”和“状态个数及各状态参考点”参数设置并点击“决策支持”后，得到监测方案和干扰原因，如图 7-7 所示。

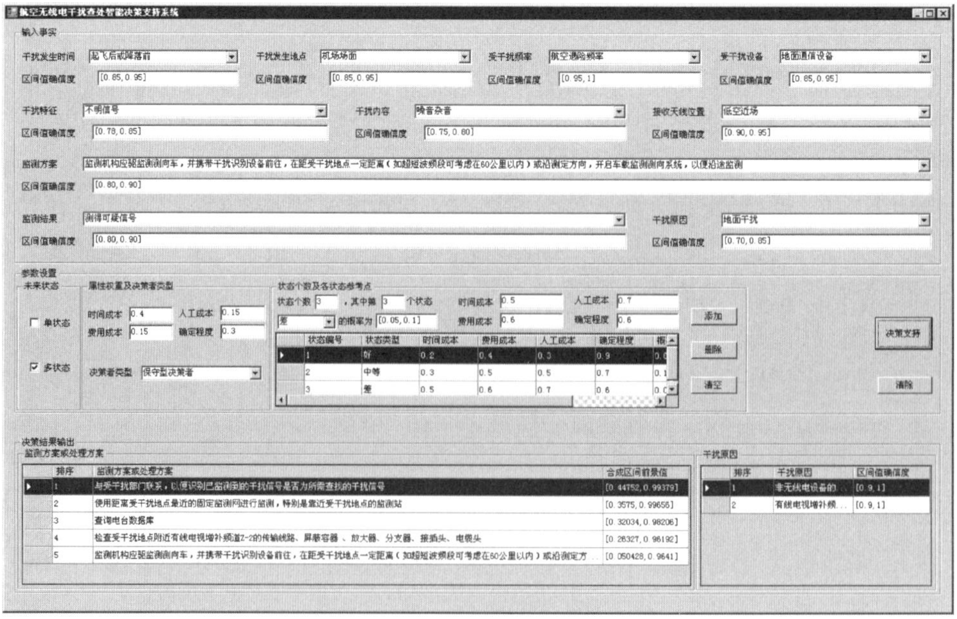

图 7-7　多状态多属性决策模型的决策结果

从图 7-6 和图 7-7 的“监测方案或处理方案”的排序结果可以看出，无论是未来状态唯一还是存在多种未来状态，航空无线电干扰查处智能决策支持系统均能为无线电管理者提供决策支持。但是，由于知识获取难度较大、知识库仍不完整、无线电干扰形式复杂多样，因而会出现航空无线电干扰查处智能决策支持系统无法给出监测方案的情况。在这种情况下，系统会给出提示，建议使用者提供更多的信息或者采用其他方法帮助干扰查处，如图 7-8 所示。

下面给出航空无线电干扰查处智能决策支持系统给出的决策结果与实际案例的查处结果的对比分析。

表 7-3 所示内容是依据实际航空无线电干扰案例提取的干扰表征及其区间值确信度（区间值确信结构）。表 7-4 所示内容是依据实际航空无线电干扰案例提取的未来状态、属性权重集、决策者类型以及参考点等决策参数。表 7-5 所示内容是实际航空无线电干扰查处过程中，无线电管理者实际执行的监测方案和真实的干扰原因。将表 7-3 中的干扰表征和区间值确信度以及表 7-4 的决策参数输入航空无线电干扰查处智能决策支持系统，得到监测方案和干扰原因的排序，如表 7-6 所示。

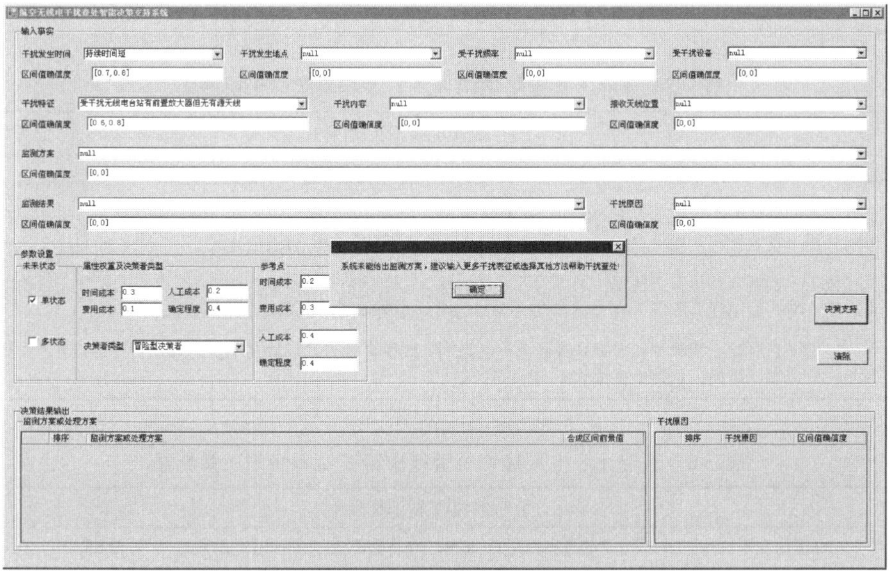

图 7-8　知识库中不包含匹配的监测方案和干扰原因

表 7-3　干扰表征及其区间值确信度

案例	来源	干扰发生时间	干扰发生地点	受干扰频率	受干扰设备
1	陈亮和王强，2013	(持续时间长, [0.8,0.9])	(空中飞行器电台, [0.7,0.8])	(航向信标频率, [0.6,0.8])	(机载导航设备, [0.7,0.8])
2	高云等，2009	(起飞后或降落前, [0.9,1])	(机场附近, [0.8,0.9])	(二次雷达工作频率, [0.7,0.8])	(雷达系统, [0.8,0.9])
3	谢星航，2006	(无明显规律, [0.8,0.9])	(机场附近, [0.7,0.8])	(地空数据链通信频率, [0.8,0.9])	(机载通信设备, [0.9,1])
4	王丹，2007	——	——	(空对空通信频率, [0.7,0.8])	(地面通信设备, [0.8,0.9])

续表

案例	来源	干扰特征	干扰内容	接收天线位置
1	陈亮和王强，2013	——	(噪音杂音, [0.8,0.9])	——
2	高云等，2009	(固定监测网不能接收干扰, [0.9,1])	(噪音杂音, [0.7,0.9])	(低空近场, [0.7,0.8])
3	谢星航，2006	(不明信号, [0.8,0.9])	(语音, [0.6,0.8])	(低空近场, [0.8,1])
4	王丹，2007	——	(广播电视音, [0.9,1])	——

表 7-4 决策参数

案例	未来状态	属性权重集(时间成本，费用成本，人工成本，确定程度)	决策者类型	参考点(时间成本，费用成本，人工成本，确定程度)
1	单状态	(0.25, 0.25, 0.25, 0.25)	中立型决策者	(0.3, 0.4, 0.3, 0.9)
2	多状态(2)	(0.4, 0.1, 0.4, 0.1)	保守型决策者	好，[0.7,0.8]，(0.2, 0.4, 0.4, 0.9) 差，[0.15,0.2]，(0.4, 0.6, 0.6, 0.7)
3	单状态	(0.4, 0.1, 0.4, 0.1)	冒险型决策者	(0.2, 0.4, 0.4, 0.7)
4	单状态	(0.3, 0.2, 0.2, 0.3)	保守型决策者	(0.3, 0.3, 0.5, 0.7)

表 7-5 实际干扰查处中的监测方案和真实的干扰原因

案例	监测方案/干扰原因
1	迅速开启临近区域固定监测站，对受干扰频点及附近广播电视频段进行了监听、监测
2	首先，在大量分析的基础上认定：排除雷达系统故障；其次，在机场附近监测，但未发现进一步干扰，花费大量时间分析干扰表征和干扰机理，扩大范围监测方圆 10km 范围内的所有通信基站
3	通过分析干扰机理并排查干扰发生地点附近区域，最终认定三个干扰源，分别是：①有线电视分支器的空余端口未封闭；②有线电视分配器上有一条多余的同轴电缆；③两条同轴电缆且电缆搭接错误
4	在固定监测点对受干扰频率和广播电视频率进行监听，改变解调方式以确定干扰内容是否一致；通过对比监测结果与往期监测频谱图，认定干扰原因/广播互调干扰

表 7-6 航空无线电干扰查处智能决策支持系统的决策结果

案例	监测方案/干扰原因
1	(“使用距离受干扰地点最近的固定监测网进行监测，特别是靠近受干扰地点的监测站”, [0.88,1])
2	(“监测机构应驱监测测向车，并携带干扰识别设备前往，在距受干扰地点一定距离或沿测定方向，开启车载监测测向系统沿途监测”, [0.21825, 0.9958])
3	(“检查受干扰地点附近有线电视增补频道 Z-1 的传输线路、屏蔽容器 、放大器、分支器、接插头、电缆头”, [0.79873,1])/(有线电视增补频道 Z-1 信号泄漏, [0.88799,0.99621])
4	(“系统未能给出监测方案，建议输入更多的干扰表征或选择其他方法帮助干扰查处!” /(广播互调干扰, [0.87839,0.99])

对比表 7-5 和表 7-6 得到下述结论：①区间值确信规则库适用于描述航空无线电干扰查处专家经验知识；②区间值确信规则库推理模型能够依据航空无线电干扰查处区间值确信规则库和干扰表征，推理得到实用监测方案或处理方案以及可能的干扰原因，单状态区间值确信结构多属性决策方法和多状态区间值确信结构多属性决策方法能够结合航空无线电干扰查处专家经验、无线电管理者的行为特征及其对无线电干扰查处的相关判断对推

理得到的监测方案或处理方案和干扰原因进行排序；③航空无线电干扰查处智能决策支持系统能够较好地结合决策者的行为特征，根据带有不确定性的航空无线电干扰表征，完成对监测方案或处理方案和干扰原因的推理决策，实现其决策支持功能；④航空无线电干扰查处智能决策支持系统所得到的监测方案或处理方案和干扰原因是比较准确和高效的，即使规则库中经验知识不完整也可以提醒无线电管理者提供更多的信息或采用其他辅助手段帮助干扰查处。

具体而言，航空无线电干扰查处智能决策支持系统的准确性主要体现在：①与案例 1、案例 2 和案例 3 的监测方案一致；②与案例 3 和案例 4 认定的干扰原因基本一致。高效性主要体现在案例 2 和案例 3 中无线电管理者在认定干扰原因之前，花费较多时间监听、分析数据，而航空无线电干扰查处智能决策支持系统仅通过干扰表征就能给出相同的监测方案，大大缩短了查处时间。另外，虽然针对案例 4，航空无线电干扰查处智能决策支持系统未能给出监测方案，但是无线电管理者可以通过“知识库维护”将案例 4 中的监测方案、监测结果和干扰原因等知识添入航空无线电干扰查处智能决策支持系统的知识库，以支持后期航空无线电干扰查处工作。

综上所述，航空无线电干扰查处智能决策支持系统能够支持无线电管理者的干扰查处工作，区间值确信结构知识表示形式符合人类认知，界面友好便于理解和使用，该系统具有可行性和有效性。

7.5　本 章 小 结

本章属于本书的应用研究部分。在理论研究的基础上，本章针对无线电管理者在航空无线电干扰查处工作中遇到的实际问题，应用前面的研究成果构建航空无线电干扰查处智能决策支持系统。按照航空无线电干扰查处智能决策支持系统的构建过程，本章依次介绍了知识积累、知识获取和系统实现，并结合系统结构和系统使用方法说明前面所提方法在系统中的具体应用情况。本章首先介绍无线电干扰查处相关基础知识，主要包括无线电干扰分类、无线电干扰识别和查找设备、无线电干扰查处步骤。无线电干扰查处基础知识对航空无线电干扰查处智能决策支持系统的实现起到重要支撑作用。其次，结合知识工程和知识管理，说明航空无线电干扰查处专家知识获取和知识表示过程。根据第 4 章的区间值确信规则库知识表示方法，分析无线电干扰查处的影响因素和结果因素，给出了航空无线电干扰查处区间值确信规则库。再次，介绍航空无线电干扰查处智能决策支持系统的逻辑结构和工作流程，借助 SQLite、Matlab 和 Visual Studio (C#) 工具实现了航空无线电干扰查处智能决策支持系统。结合航空无线电干扰查处智能决策支持系统的界面设计，说明该系统如何应用区间值确信规则库知识表示、区间值确信规则库推理和基于区间值确信结构的不确定性多属性决策方法实现其决策支持功能。最后，通过案例分析说明航空无线电干扰查处智能决策支持系统的可行性和有效性。

第 8 章　结论与研究展望

8.1　结　　论

本书针对实际决策问题中的知识表示和知识推理需求，围绕不确定性推理和不确定性多属性决策理论与方法展开研究。建立了面向信息融合的确信度证据推理和基于确信度证据推理的确信规则库推理模型，进一步得到了基于区间值确信结构的不确定性推理模型。本着从推理到决策的研究思路，结合不确定性推理和前景理论研究确信结构多属性决策方法和区间确信结构多属性决策方法。主要成果如下：

(1)在 MYCIN 类确定因子的基础上，构造了确信结构并讨论了确信结构的相似度。从不确定性推理的角度出发，得到了面向不确定性信息融合的确信度证据推理。将确信结构引入 If-then 规则，形成了确信规则库推理模型，验证了该模型是不确定性推理模型。

(2)考虑了在获取信息和知识时较难精确描述事件的确定程度而只能提供取值范围的实际情况，结合区间数和确信结构，构造了区间值确信结构。在保留数据的不确定性、避免信息丢失的前提下，得到了随机变量、模糊数等不同类型信息转化为区间值确信结构的转化方法。在确信度证据推理的基础上，得到了区间值确信度证据推理。进一步，形成了区间值确信规则库推理模型，验证了该模型是不确定性推理模型。

(3)考虑属性值往往具有非线性变化规律的特征，提出了三种属性值规范化方法并将其扩展为区间属性值规范化方法。结合决策环境、决策信息和未来状态的不确定性以及决策者的行为特征，根据确信度证据推理和前景理论得到了基于确信结构的不确定性多属性决策方法。进一步，得到了基于区间值确信结构的不确定性多属性决策方法。这些不确定性多属性决策方法能够解决带有多种不确定性的多属性决策问题。

(4)考虑无线电管理部门在航空无线电干扰查处中遇到的实际问题，根据领域专家描述知识和经验的表达习惯，结合知识工程和知识管理中的相关内容，构建了航空无线电干扰查处区间值确信规则库。在本书所提出的基于区间值确信结构的不确定性推理(第 4 章)以及不确定性多属性决策方法(第 6 章)的基础上，借助 Matlab、SQLite 数据库和 C#语言，构建了航空无线电干扰查处智能决策支持系统。该智能决策支持系统能够帮助无线电管理部门做出决策，提高工作效率。

综上所述，本书针对已有基于规则的知识表示不能完整描述知识不确定性且形式复杂、不易理解的实际情况，综合考虑了前提、结论和规则的不确定性，得到了一种新的知识表示——确信规则库。结合确信规则库和证据推理得到了新的不确定性推理模型——确信规则库推理模型。考虑了决策环境、决策信息和未来状态以及决策者的决策行为的不确定性，在确信度证据推理和前景理论的基础上，得到了不确定性多属性决策方法。进一步，考虑了区间型知识表示形式更加符合人类认知，研究了基于区间值的不确定性推理方法和不确定性多属性决策方法，得到了区间值确信度证据推理、区间值确信规则库、区间值确信规则库推理以及基于区间值确信结构的不确定性多属性决策方法，并将所提方法成功应用于无线电管理工作中。本书的研究工作，为规范性决策理论和描述性决策理论的融合研究提供了新的研究思路，并具有一定的应用价值。

8.2 研究展望

然而，本书对不确定性推理模型和不确定性多属性决策方法的研究与应用尚处于起步阶段，仍有值得进一步深入研究和改进的内容：

(1) 除区间数，直觉模糊数和语言变量等同样符合人们的使用习惯，并且取得了大量的研究成果。研究基于不同类型确信度的不确定性推理以及不确定多属性决策理论和方法具有一定的理论研究意义和实际应用价值。

(2) 本书得到的不确定性多属性决策方法均建立在属性权重和参考点为数值型数据这一假设基础之上。但在部分决策问题中，属性权重和参考点也具有不确定性。因而，将本书所提方法推广至带有不确定属性权重和参考点的多属性决策方法，将是后续研究的重要内容。

(3) 航空无线电干扰查处区间值确信规则库仍不完善，有待补充。另外，航空无线电干扰查处智能决策支持系统的知识库和模型库只包含了三个模型，不排除其他模型对航空无线电干扰查处的适用性。为更好地实现航空无线电干扰查处智能决策支持系统的决策支持功能，有必要优化、扩充知识库和模型库。

考虑不确定性的普遍存在性，不确定性推理和不确定性多属性决策理论与方法的应用领域广泛，如何深入研究、完善基于确信结构的不确定性推理以及不确定性多属性决策理论和方法，并将其合理应用于解决实际问题，增强其解决实际问题的能力，将是一项长期而艰巨的工作。

参 考 文 献

蔡经球，1995. 在区间[0,1]上的不精确推理模型[J]. 厦门大学学报(自然科学版)，34(1): 131-133.

蔡自兴，姚莉，2006. 人工智能及其在决策系统中的应用[M]. 长沙：国防科技大学出版社.

蔡自兴，于光祐. 2015. 人工智能及其应用(第4版)[M]. 北京：清华大学出版社.

曾建敏，2007. 实验检验累积前景理论[J]. 暨南大学学报(自然科学版), 28(1): 44-47, 65.

陈亮，王强，2013. 电视杂散信号干扰航空频率[J]. 中国无线电，11: 69-70.

陈文伟，陈晟，2010. 知识工程与知识管理[M]. 北京：清华大学出版社.

程贲，姜江，谭跃进，2011. 基于证据推理的武器装备体系能力需求满足度评估方法[J]. 系统工程理论与实践，31(11): 2210-2216.

程铁军，吴凤平，李锦波，2014. 基于累积前景理论的不完全信息下应急风险决策模型[J]. 系统工程，32(4): 70-75.

丁勇，2011. 语言型多属性群决策方法及其应用研究[D]. 合肥：合肥工业大学.

E. 艾蒂安，2004. 模糊集理论与近似推理[M]. 黄崇福, 阮达, 译. 武汉: 武汉大学出版社.

高云，畅洪涛，聂宏斌，2009. 一起公众移动通信基站信号干扰航空二次雷达的案例分析[J]. 中国无线电，11: 67-71.

龚本刚，2007. 基于证据理论的不完全信息多属性决策方法研究[D]. 合肥：中国科学技术大学.

龚承柱，李兰兰，卫振锋，2014. 基于前景理论和隶属度的混合型多属性决策方法[J]. 中国管理科学，22(10): 122-128.

郝晶晶，朱建军，刘思峰，2015. 基于前景理论的多阶段随机多准则决策方法[J]. 中国管理科学，23(1): 73-81.

和媛媛，2009. 基于模糊集理论的不完全信息多属性决策方法与应用研究[D]. 南京：南京航空航天大学.

胡军华，陈晓红，刘咏梅，2009. 基于语言评价和前景理论的多准则决策方法[J]. 控制与决策，24(10): 1477-1482.

胡明礼，范成贤，史开泉，2013. 区间数决策矩阵规范化方法的性质分析[J]. 计算机科学，40(10): 203-207.

江文奇，2015. 基于前景理论和统计推断的区间数多准则决策方法[J]. 控制与决策，30(2): 375-379.

姜广田，樊治平，刘洋，2009. 一种具有正态随机变量的多属性决策方法[J]. 控制与决策，24(8): 1187-1191, 1197.

姜广田. 2014. 考虑决策者心理行为的混合型随机多属性决策方法[J]. 中国管理科学，2(6): 78-84.

李剑雄，2011. 频谱分析与测量技术基础[M]. 北京: 人民邮电出版社: 8.

李鹏，刘思峰，朱建军，2013. 基于MYCIN不确定因子和前景理论的随机直觉模糊决策方法[J]. 系统工程理论与实践，33(6): 1509-1515.

李鹏，刘思峰，朱建军，2012. 基于前景理论的随机直觉模糊决策方法[J]. 控制与决策，27(11): 1601-1606.

李为相，2010. 基于区间数的不确定决策理论与方法研究[D]. 南京：南京航空航天大学.

李喜华，2012. 基于前景理论的复杂大群体直觉模糊多属性决策方法[D]. 长沙：中南大学.

刘培德，2011. 一种基于前景理论的不确定语言变量风险型多属性决策方法[J]. 控制与决策，26(6): 893-897.

刘云志，樊治平，李铭洋，2014. 考虑决策者给出参照点的风险型模糊多属性决策方法[J]. 系统工程与电子技术，36(7): 1354-1367.

马方立，2004. 无线电干扰的监测分类与通用识别[J]. 中国无线电，3: 32-36.

马健，孙先霞，2011. 基于效用曲线改进的前景理论价值函数[J]. 信息与控制，40(4): 501-506.

M. R. 谢尔顿，2014. 概率论基础教程[M]. 童行伟, 梁宝生, 译. 北京: 机械工程出版社.

N. 格里高利·曼昆，2009. 经济学原理: 微观经济学分册(第 5 版)[M]. 梁小民，译. 北京: 北京大学出版社.

汪伟，钟金宏，李兴国，2012. 基于证据推理的快餐店顾客满意度评价方法[J]. 计算机技术与发展，22(5): 258-261.

王丹，2007. 关于广电信号对航空频率干扰的分析与思考[J]. 中国无线电, 9: 64-65.

王桂芳，王应明，2012. 关于 MADM 中属性值规范化方法的探讨[J]. 统计与决策，20: 20-22.

王国俊，2007. 数理逻辑引论与归结原理[M]. 北京：科学出版社.

王坚强，孙腾，陈晓红，2009. 基于前景理论的信息不完全的模糊多准则决策方法[J]. 控制与决策，24(8): 1198-1202.

王坚强，2005. 几类信息不完全确定的多准则决策方法研究[D]. 长沙: 中南大学.

王正新，党建国，裴玲玲，2010. 基于累积前景理论的多指标灰关联决策方法[J]. 控制与决策，25(2): 232-236.

文杏梓，罗新星，欧阳军林，2014. 基于决策者信任度的风险型混合多属性群决策方法[J]. 控制与决策，29(3): 481-486.

翁木云，2009. 频谱管理与监测[M]. 北京：电子工业出版社.

吴江，黄登仕，2004. 区间数排序方法研究综述[J]. 系统工程，22(8): 1-4.

谢星航，2006. 有线电视系统对航空无线电业务干扰研究[J]. 中国无线电，3: 68-71, 76.

徐明远，陈德章，冯云，2008. 无线电信号频谱分析[M]. 北京：科学出版社.

徐扬，乔全喜，陈超平，1994. 不确定性推理[M]. 成都：西南交通大学出版社.

杨恶恶，2013. 基于双语言信息的多准则决策方法研究[D]. 长沙：中南大学.

岳超源，2010. 决策理论与方法[M]. 北京：科学出版社.

张睿，周峰，郭隆庆，2012. 无线通信仪表与测试应用[M]. 北京：人民邮电出版社.

张晓，樊治平，2012. 一种基于前景理论的风险型区间多属性决策方法[J]. 运筹与管理，21(3): 44-50.

赵坤，高建伟，祁之强，2015. 基于前景理论及云模型风险型多准则决策方法[J]. 控制与决策，30(3): 395-402.

周鸿顺，2006. 频谱监测手册[M]. 北京：人民邮电出版社.

周谧. 2009. 基于证据推理的多属性决策中若干问题的研究[D]. 合肥：合肥工业大学.

周维，王明哲，2005. 基于前景理论的风险决策权重研究[J]. 系统工程理论与实践，2: 74-78.

朱庆厚，2005. 无线电监测与通信侦察[M]. 北京：人民邮电出版社.

Ansaripoor A H, Oliveira F S, Liret A, 2014. A risk management system for sustainable fleet replacement[J]. European Journal of Operation Research, 237(2): 701-712.

Armbruster B, Delage E, 2015. Decision making under uncertainty when preference information is incomplete[J]. Management Science, 16(1): 111-128.

Atanassov K, 1986. Intuitionistic fuzzy sets[J]. Fuzzy Sets and Systems, 20(1): 87-96.

Bandler W, Kohout L. 1980. Fuzzy power sets and fuzzy implication operators[J]. Fuzzy Sets and Systems, 4(1): 109-120.

Bazargan-Lari M R, 2014. An evidential reasoning approach to optimal monitoring of drinking water distribution systems for detecting deliberate contamination events[J]. Journal of Cleaner Production, 78: 1-14.

Behret H, 2014. Group decision making with intuitionistic fuzzy preference relations[J]. Knowledge-Based Systems, 70: 33-43.

Bielza C, Robles V, Larranaga P, 2011. Regularized logistic regression without a penalty term: An application to cancer classification with microarray data[J]. Expert Systems with Applications, 38(5): 5110-5118.

Bishop C M, 2007. Pattern Recognition And Machine Learning[M]. New Yark: Springer.

Bleichrodt H, 2000. A parameter-free elicitation of the probability weighting function in medical decision analysis[J]. Management Science, 46(11): 1485-1496.

Calzada A, Liu J, Wang H, 2011. An Intelligent Decision Support Tool based on Belief Rule-Based Inference Methodology[C]. 2011 IEEE International Conference on Fuzzy Systems: 2638-2643.

Carminati M, Caron R, Maggi F, 2015. BankSealer: A decision support system for online banking fraud analysis and investigation[J]. Computers & Security: 53, 175-186.

Challagulla V U B, Bastani F B, Yen I L, 2008. Empirical assessment of machine learning based software defect prediction techniques[J]. International Journal on Artificial Intelligence Tools, 17(2): 389-400.

Chen D P, Chu X N, Sun X W, 2015. An information axiom based decision making approach under hybrid uncertain environments[J]. Information Sciences, 312: 25-39.

Chen J N, Huang H K, Tian F Z, et al., 2008. A selective Bayes classifier for classifying incomplete data based on gain ratio[J]. Knowledge-Based Systems, 21(7): 530-534.

Chen L, Fang B, Shang Z W, et al., 2015. Negative samples reduction in cross-company software defects prediction[J]. Information and Software Technology, 62: 67-77.

Chen S J, 2011. Measure of similarity between interval-valued fuzzy numbers for fuzzy recommendation process based on quadratic-mean operator[J]. Expert Systems with Applications, 38(3): 2386-2394.

Chen T Y, Fu C, 2008. The interval-valued fuzzy TOPSIS method and experimental analysis[J]. Fuzzy Sets and Systems, 159(11): 1410-1428.

Chen Y W, Yang J B, Xu D L, et al., 2011. Inference analysis and adaptive training for belief rule based systems[J]. Expert Systems with Applications, 38(10): 12845-12860.

Chen Y, Shu L, Burbey T J, 2014. An integrated risk assessment model of township-scaled land subsidence based on an evidential reasoning algorithm and fuzzy set theory[J]. Risk Analysis, 34(4): 656-669.

Cheng M Y, Tsai H C, Chuang K H, 2011. Supporting international entry decisions for construction firms using fuzzy preference relations and cumulative prospect theory[J]. Expert Systems with Applications, 38(12): 15151-15158.

Chin K S, Fu C, 2014. Integrated evidential reasoning approach in the presence of cardinal and ordinal preferences and its applications in software selection[J]. Expert Systems with Applications, 41(15): 6718-6727.

Chin K S, Xu D L, Yang J B, et al., 2008. Group-based ER-AHP system for product project screening[J]. Expert Systems with Applications, 35(4): 1909-1929.

Chin K S, Yang J B, Guo M, et al., 2009. An evidential-reasoning-interval-based method for new product design assessment[J]. IEEE Transactions on Engineering Management, 56(1): 142-156.

Churchman C W, 1957. Introduction to Operations Research[M]. New York: Wiley.

Couso I, Garrido L, Sanchez L, 2013. Similarity and dissimilarity measures between fuzzy sets: A formal relational study[J]. Information Sciences, 229: 122-141.

Czibula G, Garrido L, Sanchez L, 2014. Software defect prediction using relational association rule mining[J]. Information Sciences, 264: 260-278.

Damghani K K, Sadi-Nezhad S, Aryanezhad M B, 2011. A modular decision support system for optimum investment selection in presence of uncertainty: Combination of fuzzy mathematical programming and fuzzy rule based system[J]. Expert Systems with Applications, 38(1): 824-834.

Dayanik A, 2010. Feature interval learning algorithms for classification[J]. Knowledge-Based Systems, 23(5): 402-417.

De Miguel L D, Bustince H, Fernandez J, et al., 2016. Construction of admissible linear orders for interval-valued Atanassov intuitionistic fuzzy sets with an application to decision making[J]. Information Fusion, 27: 189-197.

Dempster A P, 1967. Upper and lower probabilities induced by a multivalued mapping[J]. Annals of Mathematical Statistics, 38(2): 325-339.

Deschrijver G, Kerre E E, 2003. On the relationship between some extensions of fuzzy set theory[J]. Fuzzy Sets and Systems, 133(2): 227-235.

Dios M, Jose M, Pariente M, et al., 2015. A decision support system for operating room scheduling[J]. Computers & Industrial Engineering, 88: 430-443.

Dong M G, Li S Y, Zhang H Y, 2015. Approaches to group decision making with incomplete information based on power geometric operators and triangular fuzzy AHP[J]. Expert Systems with Applications, 42(21): 7846-7857.

Dong Y C, Luo N, Liang H M, 2015. Consensus building in multiperson decision making with heterogeneous preference representation structures: a perspective[J]. Applied Soft Computing Journal, 35: 898-910.

Esposito F, Malerba D, Semeraro G, 1997. A comparative analysis of methods for pruning decision trees[J]. IEEE Transactions on Pattern Analysis and Machine Intelligence, 19(5): 476-491.

Fan Z P, Zhang X, Chen F D, et al., 2013. Multiple attribute decision making considering aspiration-levels: a method based on prospect theory[J]. Computers & Industrial Engineering, 65(2): 341-350.

Feng B, Lai F J, 2014. Multi-attribute group decision making with aspirations: A case study[J]. Omega, 44: 136-147.

Fishburn P C, 1965. Analysis of decisions with incomplete knowledge of probabilities[J]. Operations Research, 13(2): 217-237.

Fox C R, Tversky A, 1998. A belief-based account of decision under uncertainty[J]. Management Science, 44(7): 879-895.

Fraile A, Larrode E, Alberto M, et al., 2016. Decision model for siting transport and logistic facilities in urban environments: A methodological approach[J]. Journal of Computational and Applied Mathematics, 291: 478-487.

Fu C, Huhns M, Yang S L, 2014. A consensus framework for multiple attribute group decision analysis in an evidential reasoning context[J]. Information Fusion, 17: 22-35.

Fu C, Wang Y M, 2015. An interval difference based evidential reasoning approach with unknown attribute weights and utilities of assessment grades[J]. Computers & Industrial Engineering, 81: 109-117.

Gonzalez R, Wu G, 1999. On the shape of the probability weighting function[J]. Cognitive Psychology, 38(1): 129-166.

Gorry G A, 1971. A framework for management information systems[J]. Sloan management Review, 13(1): 21-36.

Guo K H, Li W L, 2012. An attitudinal-based method for constructing intuitionistic fuzzy information in hybrid MADM under uncertainty[J]. Information Sciences, 208: 28-38.

Guo M, Yang J B, Chin K S, 2007. Evidential reasoning based preference programming for multiple attribute decision analysis under uncertainty[J]. European Journal of Operational Research, 182(3): 1294-1312.

Guo Z X, Ngai E W T, Yang C, et al., 2015. An RFID-based intelligent decision support system architecture for production monitoring and scheduling in a distributed manufacturing environment[J]. International Journal of Production Economics, 159: 16-28.

Gurevich G, Kliger D, Levy O, 2009. Decision-making under uncertainty—A field study of cumulative prospect theory[J]. Journal of Banking & Finance, 33(7): 1221-1229.

Heath C, Larrick R P, Wu G, 1999. Goals as reference points[J]. Cognitive Psychology, 38(1): 79-109.

Heidi W, Thumfart S, Lughofer E, et al., 2013. Machine learning based analysis of gender differences in visual inspection decision making[J]. Information Sciences, 224: 62-76.

Herrera F, Herrera-Viedma E, Verdegay J L, 1996. A model of consensus in group decision making under linguistic assessments[J]. Fuzzy Sets and Systems, 78(1): 73-87.

Holland J H, 1975. Adaptation in Natural and Artificial Systems: An Introductory Analysis with Applications to Biology, Control, and Artificial Intelligence[M]. Ann Arbor: The University of Michigan Press.

Hu C H, Si X S, Yang J B, 2010. System reliability prediction model based on evidential reasoning algorithm with nonlinear optimization[J]. Expert Systems with Applications, 37(3): 2550-2562.

Hu Z H, Sheng Z H, 2014. A decision support system for public logistics information service management and optimization[J]. Decision Support Systems, 59: 219-229.

Hwang C L, Yoon K S, 1981. Multiple Attribute Decision Making—Methods and Application, A State of the Art Survey[M]. New York: Springer.

Jiang J, Li Xuan, Zhou Z J, 2011. Weapon system capability assessment under uncertainty based on the evidential reasoning approach[J]. Expert Systems with Applications, 38(11): 13773-13784.

Kahneman D, Tversky A, 1979. Prospect theory: An analysis of decision under risk[J]. Econometrica, 47(2): 263-292.

Kemel E, Paraschiv C, 2013. Prospect Theory for joint time and money consequences in risk and ambiguity[J]. Transportation Research Part B: Methodological, 56: 81-95.

Khalili-Damghani K, Sadi-Nezhad S, Lotfi F H, et al., 2013. A hybrid fuzzy rule-based multi-criteria framework for sustainable project portfolio selection[J]. Information Sciences, 220: 442-462.

Kim S H, Ahn B S, 1999a. Interactive group decision making procedure under incomplete information[J]. European Journal of Operational Research, 116(3): 498-507.

Kim S H, Ahn B S, 1999b. An interactive procedure for multiple attribute group decision making with incomplete information: Range-based approach[J]. European Journal of Operational Research, 118(1): 139-152.

Kong G L, Xu D L, Yang J B, et al., 2015. Combined medical quality assessment using the evidential reasoning approach[J]. Expert Systems with Applications, 42(13): 5522-5530.

Kononenko I, 1994. Estimating Attributes: Analysis and extension of Relief[C]. The Seventh European Conference in Machine Learning: 171-182.

Krohling R A, De Souza T T M, 2012. Combining prospect theory and fuzzy numbers to multi-criteria decision making[J]. Expert Systems with Applications, 39(13): 11487-11493.

Kulak O, Goren H G, Supciller A A, 2015. A new multi criteria decision making approach for medical imaging systems considering risk factors[J]. Applied Soft Computing, 35: 931-941.

Lahdelma R, Salminen P, 2009. Prospect theory and stochastic multicriteria acceptability analysis (SMAA)[J]. Omega, 37(5): 961-971.

Laradji I H, Alshayeb M, Ghouti L, 2015. Software defect prediction using ensemble learning on selected features[J]. Information and Software Technology, 58: 388-402.

Lessmann S, 2008. Benchmarking classification models for software defect prediction: A proposed framework and novel findings[J]. IEEE Transaction on Software Engineering, 34(4): 485-496.

Li B, Wang H W, Yang J B, 2011. A belief-rule-based inventory control method under nonstationary and uncertain demand[J]. Expert Systems with Applications, 38(12): 14997-15008.

Li D Q, Zeng W Y, Li J H, 2015. New distance and similarity measures on hesitant fuzzy sets and their applications in multiple criteria decision making[J]. Engineering Applications of Artificial Intelligence, 40: 11-16.

Li X H, Chen X H, 2015. Multi-criteria group decision making based on trapezoidal intuitionistic fuzzy information[J]. Applied Soft Computing, 30: 454-461.

Li Y F, Qin K Y, He X X, 2014. Some new approaches to constructing similarity measures[J]. Fuzzy Sets and Systems, 234: 46-60.

Liu J, Martinez L, Calzada A, et al., 2013. A novel belief rule base representation, generation and its inference methodology[J]. Knowledge-Based Systems, 53: 129-141.

Liu J, Martinez L, Wang H, et al., 2012. A New Belief Rule base Representation Scheme and its Generation by Learning from Examples[C]. Istanbul: The 10th International FLINS Conference on Uncertainty Modelling in Knowledge Engineering and Decision Making (FLINS2012):1030-1035.

Liu J, Yang J B, Ruan D, 2008. Self-tuning of fuzzy belief rule based for engineering system safety analysis[J]. Annals of Operations Research, 163(1): 143-168.

Liu P D, Jin F, Zhang X, 2011. Research on the multi-attribute decision-making under risk with interval probability based on prospect theory and the uncertainty linguistic variables[J]. Knowledge-Based Systems, 24(4): 554-561.

Liu Y M, Li T T, Hu J H, et al., 2011. A study on preference reversal on WTA, WTP and Choice under the third generation prospect theory[J]. Systems Engineering Procedia, 1: 414-421.

Liu Y, Fang Z P, Zhang Y, 2014. Risk decision analysis in emergency response: A method based on cumulative prospect theory[J]. Computers & Operations Research, 42: 75-82.

Lopes L L, Oden G C, 1999. The role of aspiration level in risky choice: a comparison of cumulative prospect theory and SP/A theory[J]. Journal of Mathematical Psychology, 43(2): 286-313.

Manzini R, 2012. A top-down approach and a decision support system for the design and management of logistic networks[J]. Transportation Research Part E: Logistics and Transportation Review, 48(6): 1185-1204.

Mardani A, Jusoh A, Zavadskas E K, 2015. Fuzzy multiple criteria decision-making techniques and applications——Two decades review from 1994 to 2004[J]. Expert Systems with Applications, 42(8): 4126-4148.

Marzouk M, Abubakr A, 2016. Decision support for tower crane selection with building information models and genetic algorithms[J]. Automation in Construction, 61: 1-15.

Meng F Y, Chen X H, 2015. A new method for group decision making with incomplete fuzzy preference relations[J]. Knowledge-Based Systems, 73: 111-123.

Merigo J M, Palacios-Marques D, Zeng S Z, 2016. Subjective and objective information in linguistic multi-criteria group decision making[J]. European Journal of Operational Research, 248(2): 522-531.

Mizumoto M, Zimmermann H J, 1982. Comparison of fuzzy reasoning methods[J]. Fuzzy Sets and Systems, 8(3): 253-285.

Mokhtari K, Ren J, Roberts C, et al., 2012. Decision support framework for risk management on sea ports and terminals using fuzzy set theory and evidential reasoning approach[J]. Expert Systems with Applications, 39(5): 5087-5103.

Moore R, Lodwick W, 2003. Interval analysis and fuzzy set theory[J]. Fuzzy Sets and Systems, 135(1): 5-9.

Ngan S C, 2015. Evidential reasoning approach for multiple-criteria decision making: A simulation-based formulation[J]. Expert Systems with Applications, 42(9): 4381-4396.

Opricovic S, 1998. Multicriteria Optimization of civil Engineering Systems[M]. Belgrade: Faculty of Civil Engineering.

Ozkan G, Inal M. 2014. Comparison of neural network application for fuzzy and ANFIS approaches for multi-criteria decision making problems[J]. Applied Soft Computing, 24: 232-238.

Pacheco A P, Claro J, Fernandes P M, et al., 2015. Cohesive fire management within an uncertain environment: A review of risk handing and decision support systems[J]. Forest Ecology and Management, 347(1): 1-17.

Park J H, 2011. Extension of the TOPSIS method for decision making problems under interval-valued intuitionistic fuzzy environment[J]. Applied Mathematical Modelling, 35(5): 2544-2556.

Park K S, Kim S H, 1997. Tools for interactive multi attribute decision making with incompletely identified information[J]. European Journal of Operational Research, 98(1): 111-123.

Patra K, Mondal S K, 2015. Fuzzy risk analysis using area and height based similarity measure on generalized trapezoidal fuzzy numbers and its application[J]. Applied Soft Computing, 28: 276-284.

Pedrycz W, Song M L, 2014. A granulation of linguistic information in AHP decision-making problems[J]. Information Fusion, 17: 93-101.

Pereira J G, Ekel P Y, Palhares R M, et al., 2015. On multicriteria decision making under conditions of uncertainty[J]. Information Sciences, 324: 44-59.

Perez-Fermamdez R, Alonso P, Bustince H, et al., 2016. Applications of finite interval-valued hesitant fuzzy preference relations in group decision making[J]. Information Sciences, 326: 89-101.

Prelec D, 1998. The probability weighting function[J]. Econometrica, 66(3): 497-527.

Qi X W, Liang C Y, Zhang J L, 2015. Generalized cross-entropy based group decision making with unknown expert and attribute weights under interval-valued intuitionistic fuzzy environment[J]. Computers & Industrial Engineering, 79: 52-64.

Qin J D, Liu X W, Pedrycz W, 2015. An extended VIKOR method based on prospect theory for multiple attribute decision making under interval type-2 fuzzy environment[J]. Knowledge-Based Systems, 86: 116-130.

Rines G E, 2006. Encyclopedia Americana[M]. New York: Grolier Educational.

Roy B, 1971. Problems and methods with multiple objective functions[J]. Mathematical Programming, 1: 239-266.

Saaty T L, 1990. How to make a decision: The analytic hierarchy process[J]. European Journal of Operational Research, 48(1): 9-26.

Saez J A, Derrac J, Luengo J, et al., 2014. Statistical computation of feature weighting schemes through data estimation for nearest neighbor classifiers[J]. Pattern Recognition, 47(12): 3941-3948.

Schmidt U, Starmer C, Sugden R, 2005. Explaining Preference Reversal with Third-generation Prospect Theory[R]. Nottingham: University of Nottingham, CeDEx Discussion Paper, No. 2005-19.

Schmidt U, Starmer C, Sugden R, 2008. Third-generation prospect theory[J]. Journal of Risk and Uncertainty, 36(3): 203-223.

Senguta A, Pal T K, 2000. On comparing interval numbers[J]. European Journal of Operational Research, 127(1): 28-43.

Shafer G, 1976. A Mathematical Theory of Evidence[M]. Princeton: Princeton University Press.

Shepperd M, Song Q B, Sun Z B, et al., 2013. Data quality: Some comments on the NASA software defect datasets[J]. IEEE Transactions on Software Engineering, 39(9): 1208-1215.

Shortliffe E H, Buchanan B G, 1975. A model of inexact reasoning in medicine[J]. Mathematical Biosciences, 23(3-4): 351-379.

Silverman B G, 1995. Knowledge-based systems and the decision sciences[J]. Interfaces, 25(6): 67-82.

Simon H A, 1997. Administrative Behavior: A Study of Decision Making Processes in Administrative Organizations (4th Edition)[M]. New Yark: Simon and Schuster.

Simon H A, 1982. Models of Bounded Rationality: Empirically Grounded Economic Reason[M]. Cambridge: MIT Press.

Singhaputtangkul N, Low S P, Teo A L, et al., 2013. Knowledge-based decision support system quality function deployment (KBDSS-QFD) tool for assessment of building envelopes[J]. Automation in Construction, 35: 314-328.

Sonmez M, 2007. Data transformation in the evidential reasoning-based decision making process[J]. International Transactions in Operational Research, 14(5): 411-429.

Sugden R, 2003. Reference-dependent subjective expected utility[J]. Journal of Economic Theory, 111(2): 172-191.

Tamura H, 2005. Behavioral models for complex decision analysis[J]. European Journal of Operational Research, 166(3): 655-665.

Tamura H, 2008. Behavioral models of decision making under risk and/or uncertainty with application to public sectors[J]. Annual Reviews in Control, 32(1): 99-106.

Tang D W, Wong T C, Chin K S, et al., 2014. Evaluation of user satisfaction using evidential reasoning-based methodology[J]. Neurocomputing, 142: 86-94.

Tank D W, Hopfield F, 1986. Simple "neural" optimization networks: An A/D converter, signal decision circuit, and a linear programming circuit[J]. IEEE Transactions on Circuits and Systems, 33(5): 533-541.

Tock L, Marechal F, 2015. Decision support for ranking Pareto optimal process designs under uncertain market conditions[J]. Computers & Chemical Engineering, 83(5): 165-175.

Tran L, Duckstein L, 2002. Comparison of fuzzy numbers using a fuzzy distance measure[J], Fuzzy Sets and Systems, 130(3): 331-341.

Tsabadze T, 2015. A method for aggregation of trapezoidal fuzzy estimates under group decision-making[J]. Fuzzy Sets and Systems, 266: 114-130.

Turban E, Aronson J E, 2010. Decision Support Systems and Intelligent Systems (9th Edition)[M]. Upper Saddle River: Prentice Hall.

Turksen I B, Zhong Z, 1988. An approximate analogical reasoning approach based on similarity measures[J]. IEEE Transactions on Systems, Man, and Cybernetics, 18(6): 1049-1056.

Tversky A, Fox C R, 1995. Weighting risk and uncertainty[J]. Psychological Review, 102(2): 269-283.

Tversky A, 1992. Advances in prospect theory: cumulative representation of uncertainty[J]. Journal of Risk and Uncertainty, 5: 297-323.

Von Neumann J, Morgenstern O, 2004. Theory of Games and Economic Behavior[M]. Princeton: Princeton University Press.

Wakker P P, Zank H, 2002. A simple preference foundation of cumulative prospect theory with power utility[J]. European Economic Review, 46(7): 1253-1271.

Wan S P, Dong J Y, 2015. Interval-valued intuitionistic fuzzy mathematical programming method for hybrid multi-criteria group decision making with interval-valued intuitionistic fuzzy truth degrees[J]. Information Fusion, 26: 49-65.

Wang G J, Zhou H J, 2009. Introduction to Mathematical Logic and Resolution Principle (Second Edition)[M]. BeiJing: Science Press.

Wang J Q, Li K J, Zhang H Y, 2012. Interval-valued intuitionistic fuzzy multi-criteria decision-making approach based on prospect score function[J]. Knowledge-Based Systems, 27: 119-125.

Wang J Q, Nie R R, Zhang H Y, et al., 2013. Intuitionistic fuzzy multi-criteria decision-making method based on evidential reasoning[J]. Applied Soft Computing, 13(4): 1823-1831.

Wang J Q, Wu J T, Wang J, et al., 2014. Interval-valued hesitant fuzzy linguistic sets and their applications in multi-criteria decision making problems[J]. Information Sciences, 288: 55-72.

Wang J Q, Zhang H Y, 2013. Multicriteria decision-making approach based on Atanassov's intuitionistic fuzzy sets with incomplete certain information on weights[J]. IEEE Transactions on Fuzzy Systems, 21(3): 510-515.

Wang L, Zhang Z X, Wang Y M, 2015. A prospect theory-based interval dynamic reference point method for emergency decision making[J]. Expert Systems with Applications, 42(23): 9379-9388.

Wang Y M, Elhag T M S, 2006. On the normalization of interval and fuzzy weights[J]. Fuzzy Sets and Systems, 157(18): 2456-2471.

Wang Y M, Yang J B, Xu D L, et al. 2007., On the combination and normalization of interval-valued belief structures[J]. Information Sciences, 177(5): 1230-1247.

Wang Y M, Xu D L, Wang J B, 2006a, The evidential reasoning approach for multiple attribute decision analysis using interval belief degrees[J]. European Journal of Operational Research, 175(1): 35-66.

Wang Y M, Xu D L, Wang J B, 2006b. Environmental impact assessment using the evidential reasoning approach[J]. European Journal of Operational Research, 174(3): 1885-1913.

Wu W, Xing E P, Myers C, et al., 2005. Evaluation of normalization methods for cDNA microarray data by k-NN classification[J]. BMC Bioinformatics, 6(1): 191.

Wu Z B, Xu J P, 2012. A consistency and consensus based decision support model for group decision making with multiplicative preference relations[J]. Decision Support Systems, 52(3): 757-767.

Xidonas P, Mavrotas G, Psarras J, 2009. A multicriteria methodology for equity selection using financial analysis[J]. Computers & Operations Research, 36(12): 3187-3203.

Xidonas P, Mavrotas G, Psarras J, 2010. Equity portfolio construction and selection using multiobjective mathematical programming[J]. Journal of Global Optimization, 47(2): 185-209.

Xu D L, Yang J B, 2005. Intelligent decision system based on the evidential reasoning approach and its applications[J]. Journal of Telecommunications and Information Technology, 3: 73-80.

Xu D L, Yang J B, 2003. Intelligent decision system for self-assessment[J]. Journal of Multi-Criteria Decision Analysis, 12(1): 43-60.

Xu H L, Zhou J, Xu W, 2011. A decision-making rule for modeling travelers' route choice behavior based on cumulative prospect theory[J]. Transportation Research Part C: Emerging Technologies, 19(2): 218-228.

Xu Y, Liu J, Ruan D, 2006. On the consistency of rule Bases based on lattice-valued first-order logic LF(X)[J]. International Journal of Intelligent Systems, 21(4): 399-424.

Xu Y, Liu J, Martinez L, et al., 2010. Some views on information fusion and logic based approaches in decision making under uncertainty[J]. Journal of Universal Computer Science, 16(1): 3-21.

Xu Z S, Liao H C, 2015. A survey of approaches to decision making with intuitionistic fuzzy preference relations[J]. Knowledge-Based Systems, 80: 131-142.

Xu Z S, Zhang X L, 2013. Hesitant fuzzy multi-attribute decision making based on TOPSIS with incomplete weight information[J]. Knowledge-Based Systems, 52: 53-64.

Xu Z S, Zhao N, 2016. Information fusion for intuitionistic fuzzy decision making: An overview[J]. Information Fusion, 28: 10-23.

Yan H B, Ma T J, 2015. A group decision-making approach to uncertain quality function deployment based on fuzzy preference relation and fuzzy majority[J]. European Journal of Operational Research, 241(3): 815-829.

Yang J B, Liu J, Wang J, et al., 2006a. Belief rule-base inference methodology using the evidential reasoning approach—RIMER[J]. IEEE Transactions on Systems, Man, and Cybernetics——Part A: Systems and Humans, 36(2): 266-285.

Yang J B, Sen P, 1994. A general multi-level evaluation process for hybrid MADM with uncertainty[J]. IEEE Transactions on Systems, Man, and Cybernetics, 24(10): 1458-1473.

Yang J B, Singh M G, 1994. An evidential reasoning approach for multiple-attribute decision making with uncertainty[J]. IEEE Transactions on Systems, Man, and Cybernetics, 24(1): 1-18.

Yang J B, Wang Y M, Xu D L, et al., 2012. Belief rule-based methodology for mapping consumer preferences and setting product targets[J]. Expert Systems with Applications, 39(5): 4749-4759.

Yang J B, Wang Y M, Xu D L, et al., 2006b. The evidential reasoning approach for MADA under both probabilistic and fuzzy uncertainties[J]. European Journal of Operational Research, 171(l): 309-343.

Yang J B, Xu D L, 2013. Evidential reasoning rule for evidence combination[J]. Artificial Intelligence, 205: 1-29.

Yang J B, Xu D L, 2002a. On the evidential reasoning algorithm for multiple attribute decision analysis under uncertainty[J]. IEEE Transactions on Systems, Man, and Cybernetics——Part A: Systems and Humans, 32(3): 289-304.

Yang J B, Xu D L, 2002b. Nonlinear information aggregation via evidential reasoning in multiattribute decision analysis under uncertainty[J]. IEEE Transactions on Systems, Man, and Cybernetics——Part A: Systems and Humans, 32(3): 376-393.

Yang J B, 2001. Rule and utility based evidential reasoning approach for multiattribute decision analysis under uncertainties[J]. European Journal of Operational Research, 131(1): 31-61.

Yu Y, Gan D, Wu H, et al., 2010. Frequency induced risk assessment for a power system accounting uncertainties in operation of protective equipments[J]. Electrical Power and Energy Systems, 32(6): 688-696.

Yue Z L, 2013. Group decision making with multi-attribute interval data[J]. Information Fusion, 14(4): 551-561.

Zadeh L A, 1965. Fuzzy sets[J]. Information and Control, 8(3): 338-353.

Zadeh L A, 1975. The concept of a linguistic variable and its application to approximate reasoning[J]. Information Sciences, 8(3): 199-249.

Zhou L G, Liu J P, Zhou L G, et al., 2014. Continuous interval-valued intuitionistic fuzzy aggregation operators and their applications to group decision making[J]. Applied Mathematical Modelling, 38(7-8): 2190-2205.

Zhuang Z Y, Wilkin G L, Ceglowski A, 2013. A framework for an intelligent decision support system: A case in pathology test ordering[J]. Decision Support Systems, 55(2): 476-487.

附　　录

以 Matlab 实现航空无线电干扰查处智能决策支持系统中的区间值确信规则库模块、单状态区间值确信结构多属性决策模块和多状态区间值确信结构多属性决策模块。

1 区间值确信规则库模块

```
function[ CCC,CCCL,CCCU ] = AIRER( RA,RAL,RAU,RC,RCL,RCU,W,RL,RU,RW,Input,InputL,InputU,Eq )
%    RA 规则库的前提属性值矩阵，包含 K 条规则 I 个属性，K*I
%    RAL 规则库的前提属性值的区间值确信度的下限矩阵，与 RA 对应，  K*I
%    RAU 规则库的前提属性值的区间值确信度的上限矩阵，与 RA 对应，  K*I
%    RC 规则库的结论属性值矩阵，包括 K 条规则 J 个属性，K*J
%    RCL 规则库的结论属性值的区间值确信度的下限矩阵，与 RC 对应，  K*I
%    RCU 规则库的结论属性值的区间值确信度的上限矩阵，与 RC 对应，  K*I
%    W 前提属性的权重, 1*I
%    RL 规则库的规则区间值确信度的下限，K*1
%    RU 规则库的规则区间值确信度的上限，K*1
%    RW 规则库的规则的权重，K*1
%    Input 输入事实矩阵，1*I
%    InputL 输入事实对应的区间值确信度的下限，1*I
%    InputU 输入事实对应的区间值确信度的上限，1*I
%    Eq 记录前提属性和结论属性的重叠部分，2*2
%    CCC 推理得到的结论属性值矩阵 10*J      限制在 10 个以内，多的截取
%    CCCL 结论属性值对应的区间值确信度的下限  10*J
%    CCCU 结论属性值对应的区间值确信度的上限  10*J
[K,I]=size(RA);            % 读取前提属性的个数 I 和矩阵的条数 K
[K,J]=size(RC);            % 读取结论属性的个数 J 和矩阵的条数 K
C=zeros(1,J);              % 每次循环中的变量
CL=zeros(1,J);
CU=zeros(1,J);
CCCN=zeros(1,J);           % 结论属性值个数
CCC=zeros(10,J);
CCCL=zeros(10,J);
CCCU=zeros(10,J);
%---------------------建立 18 个矩阵，分别存放匹配成功的前提及其区间值确信度、结论及其区间值确信度、规则的权重和规则的区间值确信度，剩余的前提及其区间值确信度、结论及其区间值确信度、规则的权重和规则的区间值确信度；再建立 2 个矩阵，存放匹配成功的规则的编号以及剩余规则的编号----------------------------------------------------------
%------------------注意保持顺序一致且对应，一共有 20 个矩阵-----------------------------------------------------
MCA=zeros(K,I);            % 用于存放匹配成功的规则的前提属性值
MCAL=zeros(K,I);           % 用于存放匹配成功的规则的前提属性值对应的区间值确信度的下限
MCAU=zeros(K,I);           % 用于存放匹配成功的规则的前提属性值对应的区间值确信度的上限
MCC=zeros(K,J);            % 用于存放匹配成功的规则的结论属性值
MCCL=zeros(K,J);           % 用于存放匹配成功的规则的结论属性值对应的区间值确信度的下限
```

```
MCCU=zeros(K,J);                   % 用于存放匹配成功的规则的结论属性值对应的区间值确信度的上限
MCRW=zeros(K,1);                   % 用于存放匹配成功的规则的权重
MCRL=zeros(K,1);                   % 用于存放匹配成功的规则的区间值确信度的下限
MCRU=zeros(K,1);                   % 用于存放匹配成功的规则的区间值确信度的上限
MCK=zeros(K,1);                    % 用于存放匹配成功的规则的编号
REA=zeros(K,I);                    % 用于存放剩余的规则的前提属性值
REAL=zeros(K,I);                   % 用于存放剩余的规则的前提属性值对应的区间值确信度的下限
REAU=zeros(K,I);                   % 用于存放剩余的规则的前提属性值对应的区间值确信度的上限
REC=zeros(K,J);                    % 用于存放剩余的规则的结论属性值
RECL=zeros(K,J);                   % 用于存放剩余的规则的结论属性值对应的区间值确信度的下限
RECU=zeros(K,J);                   % 用于存放剩余的规则的结论属性值对应的区间值确信度的上限
RERW=zeros(K,1);                   % 用于存放剩余的规则的权重
RERL=zeros(K,1);                   % 用于存放剩余的规则的区间值确信度的下限
RERU=zeros(K,1);                   % 用于存放剩余的规则的区间值确信度的上限
REK=zeros(K,1);                    % 用于存放匹配成功的规则的编号
%-----------------------------------------------------------初始化---------------------------------------------------------
for i=1:I                          % 前提属性值相关矩阵赋值
    for k=1:K
        REA(k,i)=RA(k,i);
        REAL(k,i)=RAL(k,i);
        REAU(k,i)=RAU(k,i);
    end
end
for j=1:J                          % 结论属性值相关矩阵赋值
    for k=1:K
        REC(k,j)=RC(k,j);
        RECL(k,j)=RCL(k,j);
        RECU(k,j)=RCU(k,j);
    end
end
for k=1:K                          % 规则的权重，区间值确信度和编号矩阵的赋值
    RERW(k,1)=RW(k,1);
    RERL(k,1)=RL(k,1);
    RERU(k,1)=RU(k,1);
    REK(k,1)=k;
end

while (numel(REA)~=0),                   % 剩余矩阵不为空
    Mi=0;                                % 记录匹配成功的规则的条数
    for k=1:K                            % 输入事实与规则库中的规则逐一匹配
        Sign=zeros(1,I);                 % 建立一个标示矩阵，存放每条规则的每个前提属性是否匹配成
功的信息，
%---------如果规则属性值与输入事实属性值相同或规则属性值为空(即后三位为 000)，则认为匹配成功，
赋值为 1------
        for i=1:I
            if mod(REA(k,i),1000)==0 || REA(k,i)==Input(1,i)
                Sign(1,i)=1;
            end
        end
        Si=1;                            % 是否匹配成功的标示值
        for i=1:I
            Si=Si*Sign(1,i);
        end
```

```
        if Si==1                        % 如果匹配成功
            Mi=Mi+1;
            MCK(Mi,1)=k;                % 存放匹配成功的规则的编号
            MCRW(Mi,1)=RERW(k,1);                % 存放匹配成功的规则的权重
            MCRL(Mi,1)=RERL(k,1);                % 存放匹配成功的规则的区间值确信度的下限
            MCRU(Mi,1)=RERU(k,1);                % 存放匹配成功的规则的区间值确信度的上限
            for i=1:I                            % 向匹配成功的前提相关矩阵中赋值
                MCA(Mi,i)=REA(k,i);
                MCAL(Mi,i)=REAL(k,i);
                MCAU(Mi,i)=REAU(k,i);
            end
            for j=1:J                            % 向匹配成功的结论相关矩阵中赋值
                MCC(Mi,j)=REC(k,j);
                MCCL(Mi,j)=RECL(k,j);
                MCCU(Mi,j)=RECU(k,j);
            end
        end
    end
    if Mi~=0                            %  有规则匹配成功
        %---------------匹配成功的矩阵赋值结束，下面根据 MCK 矩阵对剩余矩阵中多余的规则进行
删除-----------------
        %----------------首先给出需要被删除的行的编号矩阵，1*Mi，一共有 Mi 条规则匹配成功---------
        Del=zeros(1,Mi);
        for k=1:Mi
            Del(1,k)=MCK(k,1);
        end
        %---------------------------然后根据被删除的行的编号矩阵对剩余矩阵进行删除----------------------
        for k=length(Del):-1:1
            REA(Del(1,k),:)=[];
            REAL(Del(1,k),:)=[];
            REAU(Del(1,k),:)=[];
            REC(Del(1,k),:)=[];
            RECL(Del(1,k),:)=[];
            RECU(Del(1,k),:)=[];
            RERW(Del(1,k),:)=[];
            RERL(Del(1,k),:)=[];
            RERU(Del(1,k),:)=[];
            REK(Del(1,k),:)=[];
        end

%------------------------------------------不确定性的传播------------------------------------------------------------------
        %----------------------------------顺序传播-----------------------------------------------------------------------
        IMCC=zeros(Mi,J);    % 匹配成功的规则的结论属性值构成的矩阵
        IMCCL=zeros(Mi,J);   % 根据顺序传播算法计算的得到的输入事实条件下的结论的区间值确
信度的下限
        IMCCU=zeros(Mi,J);   % 根据顺序传播算法计算的得到的输入事实条件下的结论的区间值确
信度的上限
        %-----------------------前提属性值的激活区间值确信度和激活权重-------------------------------------
        ActAAL=zeros(Mi,I);                % 前提属性值的激活区间值确信度的下限
        ActAAU=zeros(Mi,I);                % 前提属性值的激活区间值确信度的上限
        ActAAW=zeros(Mi,I);                % 前提属性值的激活权重
        SumAAW=zeros(Mi,1);                % 权重和矩阵
        ActAAw=zeros(Mi,I);                % 前提属性值的中间权重
```

```
MaxAAW=zeros(Mi,1);                  % 激活权重的最大值
for k=1:Mi
    for i=1:I
        if mod(MCA(k,i),1000)==0             % 规则中属性值为空
            ActAAL(k,i)=1;
            ActAAU(k,i)=1;
            ActAAw(k,i)=0;
        else

            ActAAL(k,i)=min(min(1-MCAL(k,i)+InputL(1,i),1-InputL(1,i)+MCAL(k,i)),min(
            1-MCAU(k,i)+InputU(1,i),1-InputU(1,i)+MCAU(k,i)));

            ActAAU(k,i)=max(min(1-MCAL(k,i)+InputL(1,i),1-InputL(1,i)+MCAL(k,i)),min
            (1-MCAU(k,i)+InputU(1,i),1-InputU(1,i)+MCAU(k,i)));
            ActAAw(k,i)=W(1,i);
        end
    end
end
for k=1:Mi
    for i=1:I
        SumAAW(k,1)=SumAAW(k,1)+ActAAw(k,i);
    end
end
for k=1:Mi
    for i=1:I
        ActAAW(k,i)=ActAAw(k,i)./SumAAW(k,1);          % 激活权重
    end
end
for k=1:Mi
    MaxAAW(k,1)=ActAAW(k,1);
    for i=2:I
        if ActAAW(k,i)>MaxAAW(k,1)
            MaxAAW(k,1)=ActAAW(k,i);
        end
    end
end
%------------------------前提的激活区间值确信度-----------------------------------------------------------
ActAL=ones(Mi,1);                  % 前提属性值的激活区间值确信度(Activate)的下限
ActAU=ones(Mi,1);                  % 前提属性值的激活区间值确信度的上限
for k=1:Mi
    for i=1:I
        ActAL(k,1)=ActAL(k,1)*((ActAAL(k,i).^(ActAAW(k,i)./MaxAAW(k,1))).^(1./I));
        ActAU(k,1)=ActAU(k,1)*((ActAAU(k,i).^(ActAAW(k,i)./MaxAAW(k,1))).^(1./I));
    end
end
%------------------------前提和规则的激活区间权重--------------------------------------------------------
ActAWL=zeros(Mi,1);
ActAWU=zeros(Mi,1);
ActRWL=zeros(Mi,1);
ActRWU=zeros(Mi,1);
for k=1:Mi
    ActRWL(k,1)=MCRL(k,1)./(ActAU(k,1)+MCRL(k,1));
    ActRWU(k,1)=MCRU(k,1)./(ActAL(k,1)+MCRU(k,1));
    ActAWL(k,1)=ActAL(k,1)./(ActAL(k,1)+MCRU(k,1));
    ActAWU(k,1)=ActAU(k,1)./(ActAU(k,1)+MCRL(k,1));
```

```
end
%------------------------基本指派函数------------------------------------------------------------------------
mCIRL=zeros(Mi,1);
mCIRU=zeros(Mi,1);
mIRL=zeros(Mi,1);
mIRU=zeros(Mi,1);
mIRWL=zeros(Mi,1);
mIRWU=zeros(Mi,1);
mCAL=zeros(Mi,1);
mCAU=zeros(Mi,1);
mAL=zeros(Mi,1);
mAU=zeros(Mi,1);
mAWL=zeros(Mi,1);
mAWU=zeros(Mi,1);
for k=1:Mi
    mCIRL(k,1)=ActRWL(k,1)*MCRL(k,1);
    mCIRU(k,1)=ActRWU(k,1)*MCRU(k,1);
    mIRL(k,1)=1-ActRWU(k,1)*MCRU(k,1);
    mIRU(k,1)=1-ActRWL(k,1)*MCRL(k,1);
    mIRWL(k,1)=1-ActRWU(k,1);
    mIRWU(k,1)=1-ActRWL(k,1);
    mCAL(k,1)=ActAWL(k,1)*ActAL(k,1);
    mCAU(k,1)=ActAWU(k,1)*ActAU(k,1);
    mAL(k,1)=1-ActAWU(k,1)*ActAU(k,1);
    mAU(k,1)=1-ActAWL(k,1)*ActAL(k,1);
    mAWL(k,1)=1-ActAWU(k,1);
    mAWU(k,1)=1-ActAWL(k,1);
end
%------------------------合成指派函数------------------------------------------------------------------------
mCL=zeros(Mi,1);
mCU=zeros(Mi,1);
mWL=zeros(Mi,1);
mWU=zeros(Mi,1);
for k=1:Mi
    mCL(k,1)=mCIRL(k,1)*mCAL(k,1)+mCIRL(k,1)*mAU(k,1)+mIRU(k,1)*mCAL(k,1);
    mCU(k,1)=mCIRU(k,1)*mCAU(k,1)+mCIRU(k,1)*mAL(k,1)+mIRL(k,1)*mCAU(k,1);
    mWL(k,1)=mIRWL(k,1)*mAWL(k,1);
    mWU(k,1)=mIRWU(k,1)*mAWU(k,1);
end
%------------------------结论的区间值确信度--------------------------------------------------------------
BL=zeros(Mi,1);
BU=zeros(Mi,1);
for k=1:Mi
    BL(k,1)=min(1,mCL(k,1)./(1-mWL(k,1)));
    BU(k,1)=min(1,mCU(k,1)./(1-mWU(k,1)));
end
%---------------------结论属性值的区间值确信度-----------------------------------------------------------
for k=1:Mi
    for j=1:J
        IMCC(k,j)=MCC(k,j);
        IMCCL(k,j)=min(1,(min(1-MCCL(k,j)+BL(k,1),1-MCCU(k,j)+BU(k,1)))*MCCL(k,j));
        IMCCU(k,j)=min(1,(max(1-MCCL(k,j)+BL(k,1),1-MCCU(k,j)+BU(k,1)))*MCCU(k,j));
    end
```

```
end
%------------------------平行传播算法--------------------------------------------------------------------------
CC=zeros(Mi,J);                     % 存放结论属性值的取值
CCL=zeros(Mi,J);
CCU=zeros(Mi,J);
%------思路：先建立结论属性值的矩阵，把已知事实条件下的所有结论属性值都提取出来
CCN=zeros(1,J);                     % 存放每个结论属性的属性值个数
for j=1:J
    for k=1:Mi                      % IMCC 结论属性值的矩阵的行
        n=1;
        for m=1:Mi                  % CC 结论属性值的矩阵的行
            if  IMCC(k,j)~=0  && IMCC(k,j)~=CC(m,j)        % 属性值没有重复
                n=n*1;
            else
                n=n*0;
            end
        end
        if n==1                                     % 属性值没有重复
            CCN(1,j)=CCN(1,j)+1;                    % 第几个未重复的属性值
            CC(CCN(1,j),j)=IMCC(k,j);
        end
    end
end
%----------------------思路:根据 CC 统计每个属性值重复的次数------------------------------------------
CCM=zeros(Mi,J);
for j=1:J
    for k=1:Mi                                          % CC 的属性值的行
        if  mod(CC(k,j),1000)~=0
            for m=1:Mi                                  % IMCC 的属性值的行
                if IMCC(m,j)==CC(k,j)
                    CCM(k,j)=CCM(k,j)+1;
                end
            end
        end
    end
end
%--------思路:从 CC 中依次提取属性值,根据顺序传播算法得到属性值的区间值确信度-----------
for j=1:J
    for k=1:Mi                                  % CC 的属性值的行
        if CCM(k,j)~=0
            if CCM(k,j)==1                      % 属性值只出现一次，不需要合成
                for m=1:Mi                      % IMCC 的属性值的行
                    if IMCC(m,j)==CC(k,j)
                        CCL(k,j)=IMCCL(m,j);
                        CCU(k,j)=IMCCU(m,j);
                    end
                end
            else                                % 属性值出现不止一次，需要合成
                LCCL=zeros(CCM(k,j),1);      % 临时矩阵，存放属性值为 CC(k,j)的规则
在输入事实条件下的区间值确信度的下限
                LCCU=zeros(CCM(k,j),1);      % 临时矩阵，存放属性值为 CC(k,j)的规则
在输入事实条件下的区间值确信度的上限
                LCCW=zeros(CCM(k,j),1);      % 临时矩阵，存放属性值为 CC(k,j)的规则
的规则权重
```

```
                    n=0;
                    for m=1:Mi
                        if IMCC(m,j) ==CC(k,j)
                            n=n+1;
                            LCCL(n,1)=IMCCL(m,j);
                            LCCU(n,1)=IMCCU(m,j);
                            LCCW(n,1)=RW(MCK(m,1),1);      % MCK(Mi,1)存放匹配成功的规则的编号
                        end
                    end
                    %------------计算偏好权重------------------------------------------------------------------
                    ComPW=zeros(1,CCM(k,j));                      % 偏好权重矩阵
                    PW=zeros(1,CCM(k,j));
                    % 对偏好矩阵 PW 进行赋值
                    for x=1:CCM(k,j)
                        for y=1:CCM(k,j)
                            PW(x,y)=LCCW(x,1)/LCCW(y,1);
                        end
                    end
                    %---------------计算偏好矩阵的特征值-------------------------------------------------
                    [SV DV]=eig(PW);                  % i 个特征值
                    DV_len = size(DV);
                    DV_max = max(max(DV));     % 特征向量中 值最大
                    SV_min = min(SV);                 % 特征 SV 列最小
                    SV_seek = zeros();
                    for x = 1:DV_len(1)
                        if DV(x,x) == DV_max && SV_min(x) >= 0
                            SV_seek = SV(:,x);
                        end
                    end
                    z=0;
                    for x=1:DV_len(1)
                        z=z+SV_seek(x,1);
                    end
                    for x=1:DV_len(1)
                        ComPW(1,x)=SV_seek(x,1)/z;
                    end
                    %----------------------------------开始合成------------------------------------------------
                    WBL=1;
                    WBU=1;
                    WW=1;
                    for m=1:CCM(k,j)
                        WBL=WBL.*(1-ComPW(1,m).*LCCL(m,1));
                        WBU=WBU.*(1-ComPW(1,m)*LCCU(m,1));
                        WW=WW.*(1-ComPW(1,m));
                    end
                    CCL(k,j)=(1-WBL)./(1-WW);
                    CCU(k,j)=(1-WBU)./(1-WW);
                end
            end
        end
    end
    %-----------------------------平行传播后确定每个属性对应几个属性值-------------------------------------
    JN=zeros(1,J);
```

```
for j=1:J
    for k=1:Mi
        if mod(CC(k,j),1000)~=0
            JN(1,j)=JN(1,j)+1;
        end
    end
end
XX=ones(1,J);
for j=1:J
    for k=1:Mi
        if mod(CC(k,j),1000)~=0
            CCC(CCCN(1,j)+XX(1,j),j)=CC(k,j);
            CCCL(CCCN(1,j)+XX(1,j),j)=CCL(k,j);
            CCCU(CCCN(1,j)+XX(1,j),j)=CCU(k,j);
            XX(1,j)=XX(1,j)+1;
        end
    end
end
for j=1:J
    CCCN(1,j)=CCCN(1,j)+JN(1,j);
end
%------------平行传播后选出每个属性对应的区间值确信度最大的属性值及其区间值确信度-----
MaxCC=zeros(1,J);
MaxCCL=zeros(1,J);
MaxCCU=zeros(1,J);
%----------------------根据基于 TOPSIS 和欧氏距离的区间值排序方法进行排序----------------------
for j=1:J
    if JN(1,j)==0
        MaxCC(1,j)=C(1,j);
        MaxCCL(1,j)=CL(1,j);
        MaxCCU(1,j)=CU(1,j);
    end
    if JN(1,j)==1
        MaxCC(1,j)=CC(1,j);
        MaxCCL(1,j)=CCL(1,j);
        MaxCCU(1,j)=CCU(1,j);
    end
    if JN(1,j)>1
        PID=zeros(Mi,1);                    % 与正理想的距离，P 正 I 理想 D 距离
        NID=zeros(Mi,1);                    % 与负理想的距离，N 负 I 理想 D 距离
        for k=1:Mi
            if CC(k,j)~=0
                PID(k,1)=(((1-CCL(k,j)).^2+(1-CCU(k,j)).^2).^0.5)./(2.^0.5);
                NID(k,1)=(((0-CCL(k,j)).^2+(0-CCU(k,j)).^2).^0.5)./(2.^0.5);
            end
        end
        T=zeros(Mi,1);                      % 相对贴进度
        for k=1:Mi
            if CC(k,j)~=0
                T(k,1)=NID(k,1)./(PID(k,1)+NID(k,1));
            end
        end
        TRank=zeros(Mi,4);                  % 排序结果矩阵
        for k=1:Mi
```

```
                TRank(k,1)=k;
                TRank(k,2)=T(k,1);
                TRank(k,3)=CCL(k,1);
                TRank(k,4)=CCU(k,1);
            end
            TRANK=sortrows(TRank,-2);
            MaxCC(1,j)=CC(TRANK(1,1),j);
            MaxCCL(1,j)=TRANK(1,3);
            MaxCCU(1,j)=TRANK(1,4);
        end
    end
    %----------------平行传播后的结果与已经存放在结论中的结果比较,相同则合成,不同则取大-----
    for j=1:J
        if MaxCC(1,j)==C(1,j) && C(1,j)~=0   &&   JN(1,j)~=0        % 结论相同则合成

            UC=1-(1-(CU(1,j).^2)./(MaxCCL(1,j)+CU(1,j))).*(1-((MaxCCU(1,j).^2)./(MaxC
            CU(1,j)+CL(1,j))));

            LC=1-(1-(CL(1,j).^2)./(MaxCCU(1,j)+CL(1,j))).*(1-((MaxCCL(1,j).^2)./(MaxC
            CL(1,j)+CU(1,j))));

            LCW=1-(1-CL(1,j)./(MaxCCU(1,j)+CL(1,j))).*(1-MaxCCL(1,j)./(MaxCCL(1,j)+C
            U(1,j)));

            UCW=1-(1-CU(1,j)./(MaxCCL(1,j)+CU(1,j))).*(1-MaxCCU(1,j)./(MaxCCU(1,j)+
            CL(1,j)));
          CL(1,j)=LC./LCW;
          CU(1,j)=UC./UCW;
        end
        if MaxCC(1,j)~=C(1,j) && C(1,j)~=0   &&   JN(1,j)~=0    % 结论不同则取大
          PCI=(((1-CL(1,j)).^2+(1-CU(1,j)).^2).^0.5)./(2.^0.5);    % C 的区间值确信度与正
理想[1,1]的距离
          NCI=(((0-CL(1,j)).^2+(0-CU(1,j)).^2).^0.5)./(2.^0.5);    % C 的区间值确信度与负
理想[0,0]的距离
          PCC=(((1-MaxCCL(1,j)).^2+(1-MaxCCU(1,j)).^2).^0.5)./(2.^0.5);        % 结论
MaxCC 与正理想[1,1]的距离
          NCC=(((0-MaxCCL(1,j)).^2+(0-MaxCCU(1,j)).^2).^0.5)./(2.^0.5);        % 结论
MaxCC 与负理想[0,0]的距离
          %---------------------------------计算贴进度---------------------------------------------------------
          if (NCC/(PCC+NCC)) > (NCI/(PCI+NCI))
              C(1,j)=MaxCC(1,j);
              CL(1,j)=MaxCCL(1,j);
              CU(1,j)=MaxCCU(1,j);
          end
        end
        if C(1,j)==0 || JN(1,j)==0
          C(1,j)=MaxCC(1,j);
          CL(1,j)=MaxCCL(1,j);
          CU(1,j)=MaxCCU(1,j);
        end
    end
    %----------------演绎传播,比较输入事实和输入事实条件下的结论属性值-----------------------------
   [KK,KJ]=size(Eq);
```

```
        if KK~=0
            for i=1:KK                                    % 取 Eq 中的值，对比输入事实中对应的属性
值和结论中对应的属性值，不同取大，相同合成
                if Input(1,Eq(i,1))==C(1,Eq(i,2))          % 输入事实中对应属性值与结论对应属性
值相同，合成

                        UZ=1-(1-((InputU(1,Eq(i,1)).^2)./(CL(1,Eq(i,2))+InputU(1,Eq(i,1))))).*(1-
                        ((CU(1,Eq(i,2)).^2)./(CU(1,Eq(i,2))+InputL(1,Eq(i,1)))));

                        LZ=1-(1-((InputL(1,Eq(i,1)).^2)./(CU(1,Eq(i,2))+InputL(1,Eq(i,1))))).*(1-(
                        (CL(1,Eq(i,2)).^2)./(CL(1,Eq(i,2))+InputU(1,Eq(i,1)))));

                        LZW=1-(1-(InputL(1,Eq(i,1))./(CU(1,Eq(i,2))+InputL(1,Eq(i,1))))).*(1-(CL
                        (1,Eq(i,2))./(CL(1,Eq(i,2))+InputU(1,Eq(i,1)))));

                       UZW=1-(1-(InputU(1,Eq(i,1))./(CL(1,Eq(i,2))+InputU(1,Eq(i,1))))).*(1-(CU
                       (1,Eq(i,2))./(CU(1,Eq(i,2))+InputL(1,Eq(i,1)))));
                    InputL(1,Eq(i,1))=min(LZ./(1-LZW),1);
                    InputU(1,Eq(i,1))=min(UZ./(1-UZW),1);
                else    % 输入事实中对应属性值与结论对应属性值不相同，基于 TOPSIS 和欧氏距
离比较大小

                        PI=(((1-InputL(1,Eq(i,1))).^2+(1-InputU(1,Eq(i,1))).^2).^0.5)./(2.^0.5);
                            % Input 与正理想[1,1]的距离

                        NI=(((0-InputL(1,Eq(i,1))).^2+(0-InputU(1,Eq(i,1))).^2).^0.5)./(2.^0.5);
                            % Input 与负理想[0,0]的距离

                        PC=(((1-CL(1,Eq(i,2))).^2+(1-CU(1,Eq(i,2))).^2).^0.5)./(2.^0.5);
                            % 结论 MaxCC 与正理想[1,1]的距离

                        NC=(((0-CL(1,Eq(i,2))).^2+(0-CU(1,Eq(i,2))).^2).^0.5)./(2.^0.5);
                           % 结论 MaxCC 与负理想[0,0]的距离
                    %-------------计算贴进度---------------------------
                    if (NC/(PC+NC)) > (NI/(PI+NI))
                        Input(1,Eq(i,1))=C(1,Eq(i,2));
                        InputL(1,Eq(i,1))=CL(1,Eq(i,2));
                        InputU(1,Eq(i,1))=CU(1,Eq(i,2));
                    end
                end
            end
        end
        K=K-Mi;
    else
        break;
    end
end
    MaxCN=0;
    for j=1:J
        if CCCN(1,j)>=MaxCN
            MaxCN=CCCN(1,j);
        end
    end
    CCC(MaxCN+1:10,:)=[];
```

```
    CCCL(MaxCN+1:10,:)=[];
    CCCU(MaxCN+1:10,:)=[];
end
```

2 单状态区间值确信结构多属性决策模块

```
function [ RANK ] = SIIPD( AL,AU,CL,CU,DMW,SO,AC,DM )
%    AL 属性值的下限矩阵    I*J
%    AU 属性值的上限矩阵    I*J
%    CL 确定因子的下限矩阵    I*J
%    CU 确定因子的上限矩阵    I*J
%    DMW 属性权重向量    1*J
%    SO 参考点向量    1*J
%    AC 属性类型 0是效益型，1是成本型，1*J矩阵，航空
%    DM 决策者类型，0中立型，1保守型，2冒险型
%    RANK 方案排序，四列，第一列为原序号，第二列为相对贴进度，第三列为合成前景值下限，第四列为合成前景值上限
%------------------------------前景理论参数设置--------------------------------------------------------------------------
if DM==0
      a=1;                         % 价值函数收益时的系数
      b=1;                         % 价值函数损失时的系数
      c=1;                         % 价值函数收益时的指数
      d=1;                         % 价值函数损失时的指数
      e=1;                         % 权重函数收益时的系数
      f=1;                         % 权重函数损失时的系数
      g=1;                         % 权重函数收益时的指数
      h=1;                         % 权重函数损失时的指数
end

if DM==1
    a=1;                           % 价值函数收益时的系数
    b=2.25;                        % 价值函数损失时的系数
    c=1.21;                        % 价值函数收益时的指数
    d=1.02;                        % 价值函数损失时的指数
    e=1.083;                       % 权重函数收益时的系数
    f=1.083;                       % 权重函数损失时的系数
    g=0.535;                       % 权重函数收益时的指数
    h=0.533;                       % 权重函数损失时的指数
end

if DM==2
    a=1;                           % 价值函数收益时的系数
    b=2.25;                        % 价值函数损失时的系数
    c=0.89;                        % 价值函数收益时的指数
    d=0.92;                        % 价值函数损失时的指数
    e=0.938;                       % 权重函数收益时的系数
    f=0.938;                       % 权重函数损失时的系数
    g=0.603;                       % 权重函数收益时的指数
    h=0.605;                       % 权重函数损失时的指数
end
[I,J]=size(AL);
%--------------------------------------价值函数和权重函数-----------------------------------------------------------------
```

```
VmL=zeros(I,J);               % 价值矩阵
VmU=zeros(I,J);               % 价值矩阵
for j=1:J
    if AC(1,j)==0                        % 效益型属性
        for i=1:I
            if AL(i,j)>=SO(1,j)                      % 收益
                VmL(i,j)=a*(AL(i,j)-SO(1,j)).^c;
                VmU(i,j)=a*(AU(i,j)-SO(1,j)).^c;
            end
            if AU(i,j)>=SO(1,j)   &&   AL(i,j)<SO(1,j)                      % 收益
                VmL(i,j)=a*(min((AU(i,j)-SO(1,j)),(SO(1,j)-AL(i,j)))).^c;
                VmU(i,j)=a*(max((AU(i,j)-SO(1,j)),(SO(1,j)-AL(i,j)))).^c;
            end
            if AU(i,j)<SO(1,j)                       % 损失
                VmL(i,j)=(-1)*b*(SO(1,j)-AL(i,j)).^d;
                VmU(i,j)=(-1)*b*(SO(1,j)-AU(i,j)).^d;
            end
        end
    end
    if AC(1,j)==1                        % 成本型属性
        for i=1:I
            if AU(i,j)<=SO(1,j)                      % 收益
                VmL(i,j)=a*(SO(1,j)-AU(i,j)).^c;
                VmU(i,j)=a*(SO(1,j)-AL(i,j)).^c;
            end
            if AU(i,j)>SO(1,j) && AL(i,j)<=SO(1,j)                      % 收益
                VmL(i,j)=a*(min(SO(1,j)-AL(i,j),AU(i,j)-SO(1,j))).^c;
                VmU(i,j)=a*(max(SO(1,j)-AL(i,j),AU(i,j)-SO(1,j))).^c;
            end
            if AL(i,j)>=SO(1,j)                      % 损失
                VmL(i,j)=(-1)*b*(AU(i,j)-SO(1,j)).^d;
                VmU(i,j)=(-1)*b*(AL(i,j)-SO(1,j)).^d;
            end
        end
    end
end
WLm=zeros(I,J);               % 权重下限矩阵
WUm=zeros(I,J);               % 权重上限矩阵
for j=1:J
    if AC(1,j)==0                        % 效益型属性
        for i=1:I
            if AU(i,j)>=SO(1,j)                      % 收益
                if CL(i,j)==0
                    WLm(i,j)=0;
                else
                    WLm(i,j)=exp((-1)*e*((-1)*log(CL(i,j))).^g);
                end
                if CU(i,j)==0
                    WUm(i,j)=0;
                else
                    WUm(i,j)=exp((-1)*e*((-1)*log(CU(i,j))).^g);
                end
            end
            if AU(i,j)<SO(1,j)                       % 损失
```

```
                if CL(i,j)==0
                    WLm(i,j)=0;
                else
                    WLm(i,j)=exp((-1)*f*((-1)*log(CL(i,j))).^h);
                end
                if CU(i,j)==0
                    WUm(i,j)=0;
                else
                    WUm(i,j)=exp((-1)*f*((-1)*log(CU(i,j))).^h);
                end
            end
        end
    end
    if AC(1,j)==1                          % 成本型属性
        for i=1:I
            if AL(i,j)<=SO(1,j)                              % 收益
                if CL(i,j)==0
                    WLm(i,j)=0;
                else
                    WLm(i,j)=exp((-1)*e*((-1)*log(CL(i,j))).^g);
                end
                if CU(i,j)==0
                    WUm(i,j)=0;
                else
                    WUm(i,j)=exp((-1)*e*((-1)*log(CU(i,j))).^g);
                end
            end
            if AL(i,j)>=SO(1,j)                              % 损失
                if CL(i,j)==0
                    WLm(i,j)=0;
                else
                    WLm(i,j)=exp((-1)*f*((-1)*log(CL(i,j))).^h);
                end
                if CU(i,j)==0
                    WUm(i,j)=0;
                else
                    WUm(i,j)=exp((-1)*f*((-1)*log(CU(i,j))).^h);
                end
            end
        end
    end
end
%------------------------------------------------------计算规范前景值------------------------------------------------
PLvm=zeros(I,J);                              % 前景值下限矩阵
PUvm=zeros(I,J);                              % 前景值上限矩阵
for j=1:J
    for i=1:I
        PLvm(i,j)=VmL(i,j)*WLm(i,j);
        PUvm(i,j)=VmU(i,j)*WUm(i,j);
    end
end
%-------------------------------------前景值规范化（极差-对数变换法）---------------------------------------------
JL=10000*ones(1,J);                           % 每个属性下限的最小值
JU=(-1)*10000*ones(1,J);                      % 每个属性上限的最大值
for j=1:J
```

```
    for i=1:I
        if PLvm(i,j)<=JL(1,j)
            JL(1,j)=PLvm(i,j);
        end
        if PUvm(i,j)>JU(1,j)
            JU(1,j)=PUvm(i,j);
        end
    end
end
NPLvm=zeros(I,J);
NPUvm=zeros(I,J);
for j=1:J
    for i=1:I
        NPLvm(i,j)=log2(((PLvm(i,j)-JL(1,j))./(JU(1,j)-JL(1,j)))+1);
        NPUvm(i,j)=log2(((PUvm(i,j)-JL(1,j))./(JU(1,j)-JL(1,j)))+1);
    end
end
%--------------------------------------------计算合成前景值------------------------------------------------------------
%------------------------------------------构造基本指派函数------------------------------------------------------------
FLm=zeros(I,J);                    % 未指派下限矩阵
FUm=zeros(I,J);                    % 未指派上限矩阵
FWm=zeros(I,J);                    % 权重引起的未指派矩阵
for j=1:J
    for i=1:I
        FLm(i,j)=1-DMW(1,j)*NPUvm(i,j);
        FUm(i,j)=1-DMW(1,j)*NPLvm(i,j);
        FWm(i,j)=1-DMW(1,j);
    end
end
%-----------------------------------------------合成指派函数-----------------------------------------------------------
OALm=ones(I,1);                    % 已指派下限矩阵
OAUm=ones(I,1);                    % 已指派上限矩阵
OLm=ones(I,1);                     % 未指派下限矩阵
OUm=ones(I,1);                     % 未指派上限矩阵
OWm=ones(I,1);                     % 权重引起的未指派矩阵
%----------------------------------------------解析算法-----------------------------------------------------------------
for i=1:I
    for j=1:J
        OLm(i,1)=OLm(i,1)*FLm(i,j);
        OUm(i,1)=OUm(i,1)*FUm(i,j);
        OWm(i,1)=OWm(i,1)*FWm(i,j);
    end
    OALm(i,1)=1-OUm(i,1);
    OAUm(i,1)=1-OLm(i,1);
end
%----------------------------------------------合成前景值--------------------------------------------------------------
CPLm=zeros(I,1);
CPUm=zeros(I,1);
for i=1:I
    CPLm(i,1)=OALm(i,1)./(1-OWm(i,1));
    CPUm(i,1)=OAUm(i,1)./(1-OWm(i,1));
end
%----------------------------根据基于TOPSIS和欧氏距离的区间值排序方法进行排序----------------------------
PID=zeros(I,1);                    % 与正理想的距离，P正I理想D距离
```

```
NID=zeros(I,1);                      % 与负理想的距离，N 负 I 理想 D 距离
for i=1:I
    PID(i,1)=(((1-CPLm(i,1)).^2+(1-CPUm(i,1)).^2).^0.5)./(2.^0.5);
    NID(i,1)=(((0-CPLm(i,1)).^2+(0-CPUm(i,1)).^2).^0.5)./(2.^0.5);
end
T=zeros(I,1);                    % 相对贴进度
for i=1:I
    T(i,1)=NID(i,1)./(PID(i,1)+NID(i,1));
end
Rank=zeros(I,4);                 % 排序结果矩阵
for i=1:I
    Rank(i,1)=i;
    Rank(i,2)=T(i,1);
    Rank(i,3)=CPLm(i,1);
    Rank(i,4)=CPUm(i,1);
end
RANK=sortrows(Rank,-2);
end
```

3 多状态区间值确信结构多属性决策模块

```
function[ RANK ] = IMIPD( AL,AU,CL,CU,PL,PU,W,O,AC,DM )
%   AL 属性值的下限矩阵,I*(J*S)矩阵，I 个方案，J 个属性，S 个状态
%   AU 属性值的上限矩阵,I*(J*S)矩阵，I 个方案，J 个属性，S 个状态
%   CL 区间值确信度的下限矩阵，I*(J*S)矩阵，与属性值矩阵相对应
%   CU 区间值确信度的上限矩阵，I*(J*S)矩阵，与属性值矩阵相对应
%   PL 状态概率的下限矩阵，1*S 矩阵
%   PU 状态概率的上限矩阵，1*S 矩阵
%   W 属性权重矩阵,1*J 矩阵
%   O 动态参考点信息,1*(J*S)矩阵
%   AC 属性类型，0 是效益型，1 是成本型,1*J 矩阵
%   DM 决策者类型，0 中立型，1 保守型，2 冒险型
%   RANK 方案排序，四列，第一列为原序号，第二列为相对贴进度，第三列为合成前景值下限，第四列为合成前景值上限
%-----------------------------确定方案个数 I,属性个数 J,状态个数 S----------------------------------------------------
[I,K]=size(AL);              % K=J*S;
[K1,S]=size(PL);             % K1=1;
[K1,J]=size(W);              % K1=1;
%---------------------------------------合并属性值的不确定性和概率的不确定性---------------------------------------
L=zeros(I,K);                         % 合并后的区间值确信度的下限矩阵
U=zeros(I,K);                         % 合并后的区间值确信度的上限矩阵
PPL=zeros(1,K);                       % 概率扩张到 J 个属性的 S 个状态，下限
PPU=zeros(1,K);                       % 概率扩张到 J 个属性的 S 个状态，上限
for j=1:J
    for s=1:S
        PPL(1,(j-1)*S+s)=PL(1,s);
        PPU(1,(j-1)*S+s)=PU(1,s);
    end
end
for i=1:I
    for k=1:K
        L(i,k)=CL(i,k)*PPL(1,k);
        U(i,k)=CU(i,k)*PPU(1,k);
```

```
    end
end
%------------------------------------针对不同类型决策者给出参数------------------------------------------------
if DM==0
    a=1;                        % 价值函数收益时的系数
    b=1;                        % 价值函数损失时的系数
    c=1;                        % 价值函数收益时的指数
    d=1;                        % 价值函数损失时的指数
    e=1;                        % 权重函数收益时的系数
    f=1;                        % 权重函数损失时的系数
    g=1;                        % 权重函数收益时的指数
    h=1;                        % 权重函数损失时的指数
end

if DM==1
    a=1;                        % 价值函数收益时的系数
    b=2.25;                     % 价值函数损失时的系数
    c=1.21;                     % 价值函数收益时的指数
    d=1.02;                     % 价值函数损失时的指数
    e=1.083;                    % 权重函数收益时的系数
    f=1.083;                    % 权重函数损失时的系数
    g=0.535;                    % 权重函数收益时的指数
    h=0.533;                    % 权重函数损失时的指数
end

if DM==2
    a=1;                        % 价值函数收益时的系数
    b=2.25;                     % 价值函数损失时的系数
    c=0.89;                     % 价值函数收益时的指数
    d=0.92;                     % 价值函数损失时的指数
    e=0.938;                    % 权重函数收益时的系数
    f=0.938;                    % 权重函数损失时的系数
    g=0.603;                    % 权重函数收益时的指数
    h=0.605;                    % 权重函数损失时的指数
end
%--------------------根据价值函数，根据属性类型计算各状态下属性值的区间标示价值-------------------------
VIL=zeros(I,K);                         % 区间标示价值的下限
VIU=zeros(I,K);                         % 区间标示价值的上限
for j=1:J
    if AC(1,j)==0                       % 效益型属性
        for i=1:I
            for s=1:S
                if  AL(i,(j-1)*S+s)>=O(1,(j-1)*S+s)                             % 判断是否为
收益
                    VIL(i,(j-1)*S+s)=a*((AL(i,(j-1)*S+s)-O(1,(j-1)*S+s)).^c);          % 收益
                    VIU(i,(j-1)*S+s)=a*((AU(i,(j-1)*S+s)-O(1,(j-1)*S+s)).^c);
                end
                if  AL(i,(j-1)*S+s)<O(1,(j-1)*S+s)  &&    AU(i,(j-1)*S+s)>=O(1,(j-1)*S+s)           %
判断是否为收益

                      VIL(i,(j-1)*S+s)=a*((min(AU(i,(j-1)*S+s)-O(1,(j-1)*S+s),O(1,(j-1)*S+s)-A
                      L(i,(j-1)*S+s))).^c);          % 收益

                      VIU(i,(j-1)*S+s)=a*((max(AU(i,(j-1)*S+s)-O(1,(j-1)*S+s),O(1,(j-1)*S+s)-
```

```
                        AL(i,(j-1)*S+s))).^c);
                end
                if AU(i,(j-1)*S+s)<O(1,(j-1)*S+s)                                         %
损失
                    VIL(i,(j-1)*S+s)=(-1)*b*((O(1,(j-1)*S+s)-AL(i,(j-1)*S+s)).^d);
                    VIU(i,(j-1)*S+s)=(-1)*b*((O(1,(j-1)*S+s)-AU(i,(j-1)*S+s)).^d);
                end
            end
        end
    end
    if AC(1,j)==1                          % 成本型属性
        for i=1:I
            for s=1:S
                if  AU(i,(j-1)*S+s)<=O(1,(j-1)*S+s)                          % 判断是否为
收益
                    VIL(i,(j-1)*S+s)=a*((O(1,(j-1)*S+s)-AU(i,(j-1)*S+s)).^c);        % 收益
                    VIU(i,(j-1)*S+s)=a*((O(1,(j-1)*S+s)-AL(i,(j-1)*S+s)).^c);
                end
                if  AU(i,(j-1)*S+s)>O(1,(j-1)*S+s)   &&   AL(i,(j-1)*S+s)<=O(1,(j-1)*S+s)

VIL(i,(j-1)*S+s)=a*((min(O(1,(j-1)*S+s)-AL(i,(j-1)*S+s),AU(i,(j-1)*S+s)-O(1,(j-1)*S+s))).^c);
  % 收益

VIU(i,(j-1)*S+s)=a*((max(O(1,(j-1)*S+s)-AL(i,(j-1)*S+s),AU(i,(j-1)*S+s)-O(1,(j-1)*S+s))).^c);
                end
                if  AL(i,(j-1)*S+s)>O(1,(j-1)*S+s)                            % 损失
                    VIL(i,(j-1)*S+s)=(-1)*b*((AU(i,(j-1)*S+s)-O(1,(j-1)*S+s)).^d);
                    VIU(i,(j-1)*S+s)=(-1)*b*((AL(i,(j-1)*S+s)-O(1,(j-1)*S+s)).^d);
                end
            end
        end
    end
end
%------------------------------------------------极差-对数变换法规范化区间标示价值--首先确定每个属性的最
大值---------------------------------
NVL=zeros(I,K);                               % 规范区间标示价值下限矩阵
NVU=zeros(I,K);                               % 规范区间标示价值上限矩阵

JL=10000*ones(1,J);                           % 每个属性下限的最小值
JU=(-1)*10000*ones(1,J);                      % 每个属性上限的最大值
for j=1:J
    for i=1:I
        for s=1:S
            if VIL(i,(j-1)*S+s)<=JL(1,j)
                JL(1,j)=VIL(i,(j-1)*S+s);
            end
            if VIU(i,(j-1)*S+s)>=JU(1,j)
                JU(1,j)=VIU(i,(j-1)*S+s);
            end
        end
    end
end
for j=1:J
    for i=1:I
        for s=1:S
```

```
            NVL(i,(j-1)*S+s)=log2(((VIL(i,(j-1)*S+s)-JL(1,j))./(JU(1,j)-JL(1,j)))+1);
            NVU(i,(j-1)*S+s)=log2(((VIU(i,(j-1)*S+s)-JL(1,j))./(JU(1,j)-JL(1,j)))+1);
        end
    end
end
%--------------------------------------根据规范区间标示价值对状态进行排序----------------------------------------
ZVL=zeros(I,K);                          % 排序后的区间标示价值矩阵的下限
ZVU=zeros(I,K);                          % 排序后的区间标示价值矩阵的上限
ZCL=zeros(I,K);                          % 排序后的区间值确信度的下限
ZCU=zeros(I,K);                          % 排序后的区间值确信度的上限
QS=zeros(I,J);                           % 强损失的个数
for i=1:I
    for j=1:J
        Mm=zeros(S,5);          % 一个中间矩阵，存放每个方案在每个属性下的全状态价值，并根据价值进行排序,
% 第一列是区间标示价值的下限，第二列是区间标示价值的上限，第三列是区间值确信度的下限，第四列是区间值确信度的上限 第五列存放相对贴进度（欧氏距离）
        for s=1:S
            Mm(s,1)=NVL(i,((j-1)*S+s));
            Mm(s,2)=NVU(i,((j-1)*S+s));
            Mm(s,3)=L(i,((j-1)*S+s));
            Mm(s,4)=U(i,((j-1)*S+s));

Mm(s,5)=((((0-Mm(s,1)).^2+(0-Mm(s,2)).^2).^0.5)./(2.^0.5))./((((0-Mm(s,1)).^2+(0-Mm(s,2)).^2).^0.5)./(2.^0.5)+(((1-Mm(s,1)).^2+(1-Mm(s,2)).^2).^0.5)./(2.^0.5));
        end
        Zm=sortrows(Mm,5);                 % 区间标示价值是效益型属性，根据第五列从小到大排序
        for s=1:S
            ZVL(i,((j-1)*S+s))=Zm(s,1);
            ZVU(i,((j-1)*S+s))=Zm(s,2);
            ZCL(i,((j-1)*S+s))=Zm(s,3);
            ZCU(i,((j-1)*S+s))=Zm(s,4);
        end
        %-----------------------------------记录强损失的个数---------------------------------------------------------
        if AC(1,j)==0                      % 效益型属性，用上限排序
            for s=1:S
                if AU(i,(j-1)*S+s)<O(1,(j-1)*S+s)
                    QS(i,j)=QS(i,j)+1;
                end
            end
        end
        if AC(1,j)==1                      % 成本型属性，用下限排序
            for s=1:S
                if AL(i,(j-1)*S+s)>O(1,(j-1)*S+s)
                    QS(i,j)=QS(i,j)+1;
                end
            end
        end
    end
end
```

%根据排序后的区间标示价值以及与其对应的考虑状态发生概率的区间值确信度，计算各状态下的区间值确信度权重

```
WIL=zeros(I,K);
WIU=zeros(I,K);
for i=1:I
    for j=1:J
        if QS(i,j)==0                                               % 强损失个数=0
            for k=(S*(j-1)+1):(S*(j-1)+S)
                l=k-S*(j-1);
                if l==1
                    if ZCL(i,k)==0
                        WIL(i,k)=0;
                    else
                        WIL(i,k)=exp((-1).*e.*(((-1).*log(ZCL(i,k))).^g));
                    end
                    if ZCU(i,k)==0
                        WIU(i,k)=0;
                    else
                        WIU(i,k)=exp((-1).*e.*(((-1).*log(ZCU(i,k))).^g));
                    end
                end
                if l>1 && l<S
                    CFL=0;
                    CFU=0;
                    for t=l:S
                        CFL=CFL+ZCL(i,S.*(j-1)+t);                  % 有等号    大于等于
                        CFU=CFU+ZCU(i,S.*(j-1)+t);
                    end
                    CFLn=CFL-ZCL(i,S.*(j-1)+l);                     % 没等号    大于
                    CFUn=CFU-ZCU(i,S.*(j-1)+l);
                    if CFL==0
                        ca=0;
                    else
                        ca=exp((-1).*e.*(((-1).*log(CFL)).^g));
                    end
                    if CFLn==0
                        cb=0;
                    else
                        cb=exp((-1).*e.*(((-1).*log(CFLn)).^g));
                    end
                    if CFU==0
                        cc=0;
                    else
                        cc=exp((-1).*e.*(((-1).*log(CFU)).^g));
                    end
                    if CFUn==0
                        cd=0;
                    else
                        cd=exp((-1).*e.*(((-1).*log(CFUn)).^g));
                    end
                    WIL(i,k)=max((ca-cd),0);
                    WIU(i,k)=cc-cb;
                end
                if l==S
                    if ZCL(i,k)==0
                        WIL(i,k)=0;
                    else
```

```
                WIL(i,k)=exp((-1).*e.*(((-1).*log(ZCL(i,k))).^g));
            end
            if ZCU(i,k)==0
                WIU(i,k)=0;
            else
                WIU(i,k)=exp((-1).*e.*(((-1).*log(ZCU(i,k))).^g));
            end
        end
    end
end
if QS(i,j)>0  &&  QS(i,j)<S                                    % 0<强损失个数<N
    for k=(S*(j-1)+1):(S*(j-1)+S)
        l=k-S.*(j-1);
        if l==1
            if ZCL(i,k)==0
                WIL(i,k)=0;
            else
                WIL(i,k)=exp((-1).*f.*(((-1).*log(ZCL(i,k))).^h));
            end
            if ZCU(i,k)==0
                WIU(i,k)=0;
            else
                WIU(i,k)=exp((-1).*f.*(((-1).*log(ZCU(i,k))).^h));
            end
        end
        if l>1 && l<=QS(i,j)
            CFL=0;
            CFU=0;
            for t=1:(l-1)
                CFL=CFL+ZCL(i,S.*(j-1)+t);                     % 没等号    小于
                CFU=CFU+ZCU(i,S.*(j-1)+t);
            end
            CFLn=CFL+ZCL(i,S.*(j-1)+l);                        % 有等号    小于等于
            CFUn=CFU+ZCU(i,S.*(j-1)+l);
            if CFL==0
                ca=0;
            else
                ca=exp((-1).*f.*(((-1).*log(CFL)).^h));
            end
            if CFLn==0
                cb=0;
            else
                cb=exp((-1).*f.*(((-1).*log(CFLn)).^h));
            end
            if CFU==0
                cc=0;
            else
                cc=exp((-1).*f.*(((-1).*log(CFU)).^h));
            end
            if CFUn==0
                cd=0;
            else
                cd=exp((-1).*f.*(((-1).*log(CFUn)).^h));
            end
            WIL(i,k)=max((cb-cc),0);
```

```
                WIU(i,k)=cd-ca;
            end
            if l<S && l>=QS(i,j)+1
                CFL=0;
                CFU=0;
                for t=l:S
                    CFL=CFL+ZCL(i,S.*(j-1)+t);              % 有等号    大于等于
                    CFU=CFU+ZCU(i,S.*(j-1)+t);
                end
                CFLn=CFL-ZCL(i,S.*(j-1)+l);                 % 没等号    大于
                CFUn=CFU-ZCU(i,S.*(j-1)+l);
                if CFL==0
                    ca=0;
                else
                    ca=exp((-1).*e.*(((-1).*log(CFL)).^g));
                end
                if CFLn==0
                    cb=0;
                else
                    cb=exp((-1).*e.*(((-1).*log(CFLn)).^g));
                end
                if CFU==0
                    cc=0;
                else
                    cc=exp((-1).*e.*(((-1).*log(CFU)).^g));
                end
                if CFUn==0
                    cd=0;
                else
                    cd=exp((-1).*e.*(((-1).*log(CFUn)).^g));
                end
                WIL(i,k)=max((ca-cd),0);
                WIU(i,k)=cc-cb;
            end
            if l==S
                if ZCL(i,k)==0
                    WIL(i,k)=0;
                else
                    WIL(i,k)=exp((-1).*e.*(((-1).*log(ZCL(i,k))).^g));
                end
                if ZCU(i,k)==0
                    WIU(i,k)=0;
                else
                    WIU(i,k)=exp((-1).*e.*(((-1).*log(ZCU(i,k))).^g));
                end
            end
        end
    end
    if QS(i,j)==S                                           % 强损失个数=S
        for k=(S*(j-1)+1):(S*(j-1)+S)
            l=k-S.*(j-1);
            if l==1
                if ZCL(i,k)==0
                    WIL(i,k)=0;
                else
```

```
                WIL(i,k)=exp((-1).*f.*(((-1).*log(ZCL(i,k))).^h));
            end
            if ZCU(i,k)==0
                WIU(i,k)=0;
            else
                WIU(i,k)=exp((-1).*f.*(((-1).*log(ZCU(i,k))).^h));
            end
        end
        if l>1 && l<S
            CFL=0;
            CFU=0;
            for t=1:(l-1)
                CFL=CFL+ZCL(i,S.*(j-1)+t);                    % 没等号      小于
                CFU=CFU+ZCU(i,S.*(j-1)+t);
            end
            CFLn=CFL+ZCL(i,S.*(j-1)+l);                       % 有等号      小于等于
            CFUn=CFU+ZCU(i,S.*(j-1)+l);
            if CFL==0
                ca=0;
            else
                ca=exp((-1).*f.*(((-1).*log(CFL)).^h));
            end
            if CFLn==0
                cb=0;
            else
                cb=exp((-1).*f.*(((-1).*log(CFLn)).^h));
            end
            if CFU==0
                cc=0;
            else
                cc=exp((-1).*f.*(((-1).*log(CFU)).^h));
            end
            if CFUn==0
                cd=0;
            else
                cd=exp((-1).*f.*(((-1).*log(CFUn)).^h));
            end
            WIL(i,k)=max((cb-cc),0);
            WIU(i,k)=cd-ca;
        end
        if l==S
            if ZCL(i,k)==0
                WIL(i,k)=0;
            else
                WIL(i,k)=exp((-1).*f.*(((-1).*log(ZCL(i,k))).^h));
            end
            if ZCU(i,k)==0
                WIU(i,k)=0;
            else
                WIU(i,k)=exp((-1).*f.*(((-1).*log(ZCU(i,k))).^h));
            end
        end
      end
    end
  end
end
```

```
%----------------------------------对各方案在各属性下的区间值确信度权重进行规范化-----------------------------
NWL=zeros(I,K);
NWU=zeros(I,K);
for i=1:I
    for j=1:J
        SumNMWL=0;
        SumNMWU=0;
        for s=1:S
            SumNMWL=SumNMWL+WIL(i,(j-1)*S+s);
            SumNMWU=SumNMWU+WIU(i,(j-1)*S+s);
        end
        for s=1:S
            NWL(i,(j-1)*S+s)=WIL(i,(j-1)*S+s)./(WIL(i,(j-1)*S+s)+SumNMWU);
            NWU(i,(j-1)*S+s)=WIU(i,(j-1)*S+s)./(WIU(i,(j-1)*S+s)+SumNMWL);
        end

    end
end
%------------------------------根据区间值确信度证据推理,计算各方案在各属性下的区间前景值-----------------
PVL=zeros(I,J);                 % 区间前景值的下限
PVU=zeros(I,J);                 % 区间前景值的上限
PMCL=ones(I,J);                 % 基本指派的下限
PMCU=ones(I,J);                 % 基本指派的上限
PMWL=ones(I,J);                 % 由权重引起的未指派的基本指派的下限
PMWU=ones(I,J);                 % 由权重引起的未指派的基本指派的上限
for i=1:I
    for j=1:J
        for s=1:S
            PMCL(i,j)=PMCL(i,j)*(1-NVL(i,(j-1)*S+s)*NWL(i,(j-1)*S+s));
            PMCU(i,j)=PMCU(i,j)*(1-NVU(i,(j-1)*S+s)*NWU(i,(j-1)*S+s));
            PMWL(i,j)=PMWL(i,j)*(1-NWL(i,(j-1)*S+s));
            PMWU(i,j)=PMWU(i,j)*(1-NWU(i,(j-1)*S+s));
        end
    end
end
for i=1:I
    for j=1:J
        PVL(i,j)=(1-PMCL(i,j))./(1-PMWU(i,j));
        PVU(i,j)=(1-PMCU(i,j))./(1-PMWL(i,j));
    end
end
%-----------根据区间数属性值规范化方法对属性值的区间前景值进行规范化，得到规范区间前景值--------
%-----------------极差-对数变换法规范化区间前景值--首先确定每个属性的最大值 PVL,PVU------------------
NPVL=zeros(I,J);                                % 规范区间前景值下限矩阵
NPVU=zeros(I,J);                                % 规范区间前景值上限矩阵

JPL=10000*ones(1,J);                            % 每个属性下限的最小值
JPU=(-1)*10000*ones(1,J);                       % 每个属性上限的最大值
for j=1:J
    for i=1:I
        if PVL(i,j)<=JPL(1,j)
            JPL(1,j)=PVL(i,j);
        end
        if PVU(i,j)>=JPU(1,j)
            JPU(1,j)=PVU(i,j);
```

```
            end
        end
end
for j=1:J
        for i=1:I
            NPVL(i,j)=log2(((PVL(i,j)-JPL(1,j))./(JPU(1,j)-JPL(1,j)))+1);
            NPVU(i,j)=log2(((PVU(i,j)-JPL(1,j))./(JPU(1,j)-JPL(1,j)))+1);
        end
end
PL=zeros(I,1);
PU=zeros(I,1);
MCL=ones(I,1);
MCU=ones(I,1);
MW=ones(I,1);
for i=1:I
        for j=1:J
            MCL(i,1)=MCL(i,1)*(1-W(1,j)*NPVL(i,j));
            MCU(i,1)=MCU(i,1)*(1-W(1,j)*NPVU(i,j));
            MW(i,1)=MW(i,1)*(1-W(1,j));
        end
end
for i=1:I
        PL(i,1)=(1-MCL(i,1))./(1-MW(i,1));
        PU(i,1)=(1-MCU(i,1))./(1-MW(i,1));
end
%-----根据基于 TOPSIS 的区间值排序方法对合成区间前景值进行排序，合成前景值最大的方案为最优方案------------
PID=zeros(I,1);
NID=zeros(I,1);
for i=1:I
        PID(i,1)=(((1-PL(i,1)).^2+(1-PU(i,1)).^2).^0.5)./(2.^0.5);                % 欧氏距离
        NID(i,1)=(((0-PL(i,1)).^2+(0-PU(i,1)).^2).^0.5)./(2.^0.5);
end
%--------------------------------计算贴进度------------------------------------------------------------------------------------
T=zeros(I,1);                            % 相对贴进度
for i=1:I
        T(i,1)=NID(i,1)./(PID(i,1)+NID(i,1));
end
Rank=zeros(I,4);
for i=1:I
        Rank(i,1)=i;
        Rank(i,2)=T(i,1);
        Rank(i,3)=PL(i,1);
        Rank(i,4)=PU(i,1);
end
RANK=sortrows(Rank,-2);
end
```

索　引